L. BRISSET (O. I. P.)
Inspecteur de l'Enseignement primaire

Leçons de Sciences

AVEC APPLICATIONS

à l'Agriculture et à l'Hygiène

Physique et Chimie, Anatomie, Zoologie
Botanique, Géologie, Agriculture

COURS MOYEN

75 Leçons, 369 Résumés et 400 Figures

PARIS
Librairie **HATIER**
8, Rue d'Assas, 8

PRIX : **1 fr. 25**

LEÇONS DE SCIENCES

avec applications

à l'Agriculture et à l'Hygiène

L. BRISSET (O. I. ⬥)

Inspecteur de l'Enseignement primaire

🔲 🔲 🔲

Leçons de Sciences

AVEC APPLICATIONS

à l'Agriculture et à l'Hygiène

🔲 🔲 🔲

**Physique et Chimie, Anatomie, Zoologie
Botanique, Géologie, Agriculture**

🔲 🔲 🔲 🔲

COURS MOYEN

75 Leçons, 369 Résumés et 400 figures

PARIS

Librairie **HATIER**

8, Rue d'Assas, 8

—

1915

PRÉFACE

Cette nouvelle édition des « Leçons de Sciences » se distingue de la précédente par un développement plus complet donné aux notions d'Agriculture.

L'importance, si justifiée d'ailleurs, qu'on veut donner à l'enseignement agricole nous a engagé à faire de cette partie de l'ouvrage un cours complet où les élèves trouveront les connaissances essentielles, sans avoir recours à un ouvrage distinct.

Nous n'avons rien retranché pour cela de la partie consacrée aux sciences physiques et naturelles. L'ordre et la disposition des leçons restent les mêmes.

Dès les premières leçons de sciences physiques, ensuite avec l'étude des animaux et des végétaux, les applications à l'agriculture sont mises en relief et préparent déjà l'élève à l'enseignement agricole proprement dit qui, plus tard, fait l'objet de leçons spéciales.

Les notions élémentaires sur l'état des corps, sur l'air, l'eau, l'acide carbonique, étant nécessaires pour bien comprendre un certain nombre de phénomènes de la vie animale et végétale (respiration, nutrition), il a paru préférable de modifier, pour cette partie, les indications du programme officiel. Rien n'empêche d'ailleurs le maître, une fois ces premières notions étudiées (jusqu'à la 10ᵉ leçon), de mener de front l'étude des sciences physiques et celle des sciences naturelles.

Les leçons sont présentées en faisant surtout appel à l'observation des élèves. De nombreuses gravures, souvent théoriques pour plus de clarté, préciseront ce que l'on veut enseigner mieux qu'une longue description. — Les expériences indiquées peuvent toutes être réalisées à l'école primaire.

Chaque leçon est suivie d'un résumé établi dans le même ordre que la leçon, et offrant autant de paragraphes que la leçon comprend de parties.

Ce résumé peut servir en même temps de questionnaire pour le maître. Il suffit de le reprendre, sous la forme interrogative, pour trouver les questions à poser aux élèves ; il remplacera avantageusement le questionnaire proprement dit, en laissant au maître une plus grande initiative.

LEÇONS DE SCIENCES

AVEC APPLICATIONS

A L'INDUSTRIE ET A L'HYGIÈNE

NOTIONS PRÉLIMINAIRES

1. Objet des sciences physiques et naturelles.
— Les sciences physiques et naturelles ont pour objet l'étude des corps de la nature. Elles nous font connaître leurs propriétés et leur organisation.

2. Les trois règnes de la nature. — Tous ces corps se distinguent les uns des autres par des différences profondes. Au premier aspect, nous distinguons une pierre ou un morceau de fer, qui sont des êtres *bruts, inertes* et *sans vie,* d'un chat et d'un chou qui sont au contraire des *êtres vivants,* dont le corps est formé *d'organes* qui entretiennent la vie, qui *naissent, s'accroissent,* se *développent* et *meurent.*

Le chat se distingue lui-même du végétal parce qu'il se *déplace,* fait des *mouvements* et qu'il *ressent* le mal qu'on lui fait, tandis que le chou est dépourvu de *mouvement* et de *sensibilité.*

Ces trois grandes divisions forment les trois règnes de

Fig. 1.
Chat (animal).

Fig. 2.
Chou (végétal).

Fig. 3.
Pierre (minéral).

la nature : le **règne animal** (chat), le **règne végétal** (chou),
le **règne minéral** (pierre).

3. Utilité des sciences. — L'homme qui vit au
milieu de tous ces corps, cherche à les utiliser pour ses
besoins.

Des animaux et des végétaux, il retire les produits qui
servent à sa nourriture et à son habillement. La production des uns et des autres constitue l'**agriculture**,
qui a pour objet la culture du sol et l'élevage des animaux. Pour les obtenir de la manière la plus avantageuse,
il doit connaître leur organisation et leurs conditions
d'existence : cette étude constitue les **sciences naturelles**.

Du règne minéral, l'homme retire les matériaux employés à la construction de ses habitations, les matières
premières transformées par l'industrie et indispensables
à la satisfaction de ses besoins : il a encore intérêt à
connaître leurs propriétés pour en tirer le meilleur parti
possible.

Enfin, animaux, végétaux et minéraux sont soumis
à différentes forces extérieures : chaleur, lumière, pesanteur, électricité, dont l'action influe sur leur organisation

et leurs conditions d'existence et qui peuvent les modifier.

Les **sciences physiques** ont pour objet l'étude des propriétés des corps et de l'action sur eux des forces de la nature.

4. Nous étudierons successivement dans ces leçons les **sciences physiques** et les **sciences naturelles**, avec leurs applications à l'*Agriculture*, à l'*Hygiène*, à l'*Industrie* et à l'*Économie domestique*.

RÉSUMÉ

1. Les corps de la nature se divisent en trois règnes : le *règne animal*, le *règne végétal* et le *règne minéral*.

2. Les animaux sont des êtres *vivants* qui naissent, se développent et meurent, et qui sont doués de mouvement et de sensibilité.

3. Les végétaux sont aussi des êtres vivants, mais ils ne sentent pas et ne font pas de mouvements.

4. Les minéraux sont des corps *bruts, inertes*, qui ne s'accroissent pas, et qui ne disparaissent que sous l'action d'une force extérieure.

5. L'étude des corps de la nature est utile à l'homme qui les utilise pour ses différents besoins.

DEVOIR. — *Comment distinguez-vous un animal d'un végétal et d'un minéral? Donnez des exemples.*

Sciences physiques

1ʳᵉ LEÇON

PROPRIÉTÉS GÉNÉRALES DES CORPS

1. Les trois états des corps. — Tous les corps se présentent à nous sous trois états : ils sont **solides**, comme le fer, le bois, la pierre ; **liquides**, comme l'eau, le lait, l'huile, ou **gazeux**, comme l'air, la fumée, la vapeur d'eau.

Les solides ont une forme propre, bien déterminée, qu'ils conservent tant qu'une cause ou force extérieure ne vient pas la modifier. Ils offrent une résistance, plus ou moins grande, quand on veut en séparer les différentes parties.

Les liquides prennent

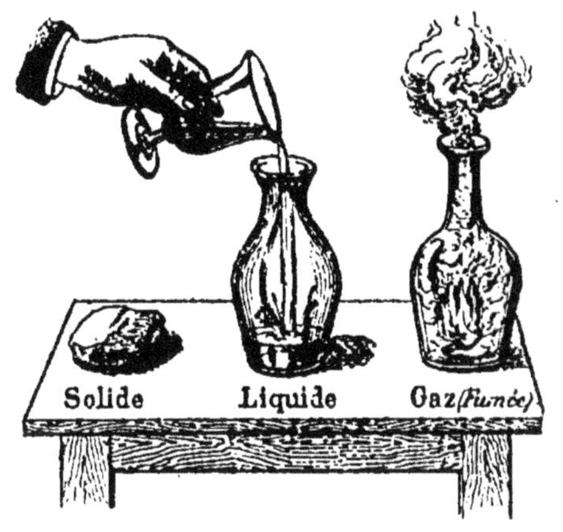

Fig. 4. — Les trois états des corps.

la forme des vases qui les contiennent ; mais, quelle que soit leur forme, leur volume reste le même.

Les gaz prennent non seulement la forme des vases qui les renferment, mais ils occupent tout l'espace libre qu'ils peuvent occuper : si l'on fait communiquer une pièce remplie de fumée avec une autre pièce, les deux pièces ne tardent pas à être pleines de fumée, mais la fumée est moins épaisse.

Tandis que les différentes parties ou *molécules* d'un solide sont fortement unies entre elles, celles d'un liquide roulent facilement les unes sur les autres ; celles d'un gaz se repoussent et exercent une *pression* sur les parois des vases qui les contiennent.

2. Compressibilité et force élastique des gaz.

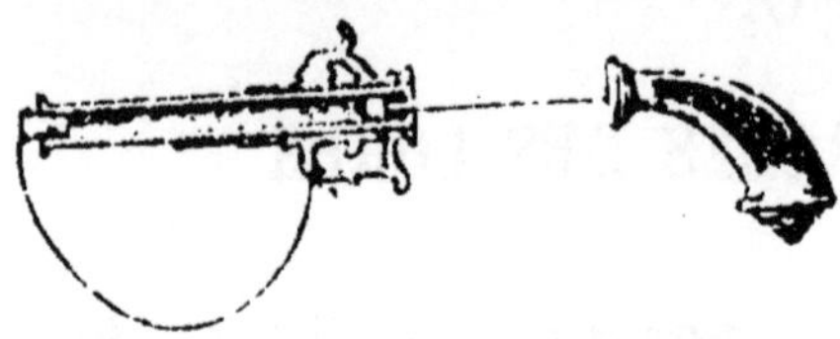

Fig. 5. — Pistolet à air.

L'air comprimé par le piston chasse violemment le bouchon.

— Le pistolet à air comprimé dont se servent les enfants, montre que les gaz sont *compressibles*, et qu'ils ont une *force élastique* qui augmente quand leur volume diminue.

3. Changement d'état des corps.

— En hiver, l'eau se transforme en glace, elle se *solidifie;* elle fond et

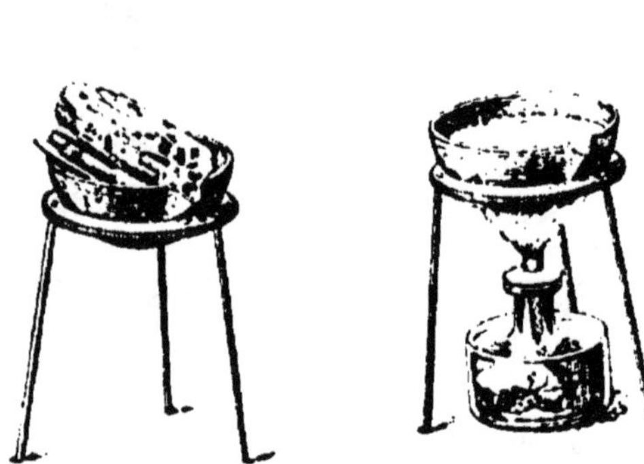

Fig. 6. — Changements d'état de l'eau.

se *liquéfie* quand la température s'élève. De même, un morceau de plomb fond quand on le chauffe ; en se refroidissant, il redevient solide.

L'eau placée sur le feu ou exposée à l'air disparaît sous

forme de *vapeur*. En plaçant une assiette froide dans la vapeur, au-dessus de l'eau en ébullition, cette vapeur se condense en gouttelettes *liquides*.

Les corps peuvent donc changer d'état; et un même corps, comme l'eau, peut prendre les trois états.

RÉSUMÉ

1. Les corps se présentent à l'état *solide*, à l'état *liquide* ou à l'état *gazeux*.

2. Les corps solides ont une forme déterminée, ils sont *résistants*; les liquides prennent la forme des vases qui les contiennent, mais leur volume reste le même pour une même quantité de liquide. Les gaz, au contraire, cherchent à occuper le plus grand espace possible; ils sont compressibles.

3. *Les corps peuvent changer d'état :* l'eau se solidifie sous le nom de glace, et se réduit en vapeur.

DEVOIR. — *Montrez par des exemples qu'un corps peut changer d'état. — Indiquez les changements d'état de l'eau.*

❋ ❋ ❋

2ᵉ LEÇON

L'AIR

4. Sa présence. — Il nous semble qu'en dehors des corps que nous pouvons voir, sentir, toucher, il n'y a *rien* autour de nous; nous disons qu'une bouteille est *vide* quand elle ne contient aucun liquide.

Cependant le vent qui fait remuer les feuilles des arbres, l'impression que nous ressentons quand on agite une feuille de carton devant notre figure, indiquent bien la présence d'un corps gazeux, invisible parce qu'il est incolore. Ce corps, c'est l'**air.**

Nous pouvons mettre en évidence sa présence dans cette

bouteille : en l'enfonçant dans l'eau, le goulot en bas, nous constatons que l'eau n'y pénètre pas ; elle en est empêchée par un corps qui remplit la bouteille et qui s'en échappe sous forme de bulles gazeuses quand on incline la bouteille.

Nous pouvons même recueillir ce gaz en plaçant au-

Fig. 7. — L'eau ne pénètre pas dans la bouteille renversée.

Fig. 8. — L'air s'échappe de la bouteille et peut être transvasé.

dessus un autre flacon plein d'eau, comme l'indique la figure ci-dessus.

Ce corps qui remplissait la bouteille et que nous pouvons transvaser, c'est encore de l'air.

5. L'atmosphère. — L'air existe donc à la surface de la terre, il pénètre partout. Il forme autour du globe une couche gazeuse au milieu de laquelle nous vivons et que l'on appelle **atmosphère**. Quand on s'élève en ballon, ou quand on fait l'ascension d'une montagne, on constate que l'air se raréfie. Au delà d'une certaine hauteur, il n'y a plus d'air. On évalue approximativement à 60 ou 80 kilomètres l'épaisseur de l'atmosphère.

d'environ $0^m,76$ de hauteur, ce qui permet de dire que la *pression atmosphérique*, exercée sur une surface déterminée, *est équivalente au poids d'une colonne de mercure de même section et de 76 centimètres de hauteur.* Elle est d'environ *1 kg. 033* par centimètre carré.

On comprend que cette hauteur de la colonne de mercure doive varier suivant la pression atmosphérique ; ce sont ces variations que l'on mesure avec l'instrument appelé **baromètre**.

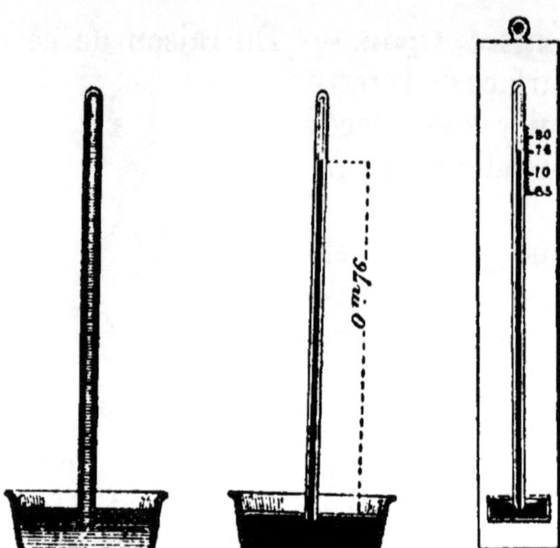

Fig. 11. — L'eau est refoulée jusqu'au haut du tube.

Fig. 12. — Le mercure est soulevé jusqu'à une hauteur de $0^m,76$.

Fig. 13.— Baromètre ordinaire à cuvette.

Le baromètre se compose d'un tube disposé, comme nous l'avons dit précédemment, sur une cuvette à mercure.

Le niveau du liquide *monte* ou *descend* dans le tube suivant que la pression atmosphérique *augmente* ou *diminue :* une graduation indique ces variations.

Le baromètre peut aussi servir à la prévision du temps. Quand le temps est à la pluie, l'air chargé d'humidité est moins dense, et le baromètre baisse. Il remonte au contraire quand le temps est sec.

RÉSUMÉ

4. L'air est un corps *gazeux* qui nous entoure et pénètre partout.

5. Il forme à la surface de la terre une couche d'environ 60 à 80 kilomètres d'épaisseur : c'est l'*atmosphère*.

6. L'air est *pesant* : un litre d'air pèse 1 gr. 3.

7. L'air exerce une *pression* à la surface de la terre : cette pression est équivalente au poids d'une colonne de mercure de 76 centimètres de hauteur.

8. Le *baromètre* est un instrument qui sert à mesurer la valeur de la pression atmosphérique ; il sert aussi à la prévision du temps.

DEVOIR. — *Montrez par des expériences que l'air exerce une pression à la surface de la terre, et dites comment on peut la mesurer.*

※ ※ ※

3° LEÇON

L'AIR (*suite*).

9. Sa composition. — Dans une cloche placée sur une assiette pleine d'eau, si nous faisons brûler une bougie (ou un petit morceau de phosphore placé sur une rondelle de liège), nous constaterons au bout de quelque temps que la bougie *s'éteint*, que l'eau de l'assiette s'est élevée dans la cloche et que le volume du gaz a *diminué* d'environ 1/5.

En plongeant dans le gaz qui reste une bougie allumée, nous verrons de nouveau la bougie s'éteindre.

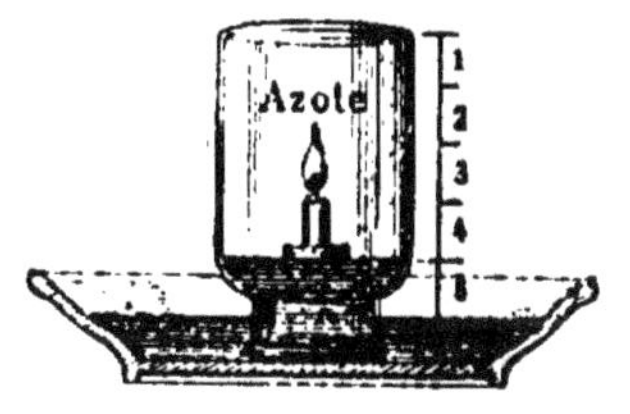

Fig. 14. — L'oxygène a disparu et le volume du gaz a diminué.

De cette expérience nous pouvons conclure : 1° qu'une partie de l'air a disparu pendant que la bougie brûlait ; 2° que le gaz qui a disparu entretenait la combustion ; 3° que celui qui reste n'entretient pas la combustion.

L'air est donc un corps composé, formé de deux gaz, l'un qui entretient la combustion et qui entre pour environ

1/5 dans sa composition; l'autre qui n'entretient pas la combustion et qui forme les 4/5 de l'air. Le premier est **l'oxygène**, le second est **l'azote**.

10. Oxygène. — L'oxygène est un corps très répandu dans la nature; il se trouve combiné avec d'autres corps. En chauffant dans un petit ballon un de ses composés appelé chlorate de potasse, l'oxygène se dégage et on peut le recueillir, au moyen d'un tube à dégagement,

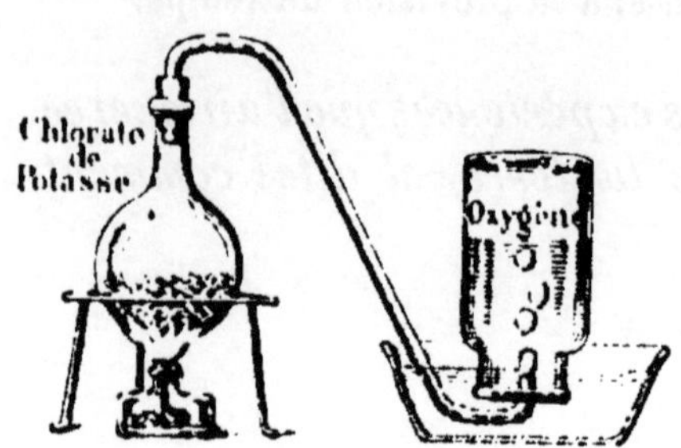

Fig. 15. — Préparation de l'oxygène.

dans une éprouvette ou un flacon, sur une cuve contenant de l'eau.

C'est un gaz *incolore* et *inodore*. Il a une propriété remarquable : si l'on y plonge une allumette présentant encore un point rouge, *elle se rallume et*

Fig. 16.   Fig. 17.   Fig. 18.

L'oxygène entretient et active la combustion.

brûle rapidement; un fil de fer chauffé au rouge, un morceau de charbon y brûlent également avec une grande vivacité et donnent naissance à de l'oxyde de fer (formé de fer et d'oxygène) ou à du gaz carbonique (formé de carbone et d'oxygène). *Il entretient et* **active** *la combustion.*

11. Composés de l'oxygène, acides, bases. — Un très grand nombre de corps peuvent ainsi se combiner à l'oxygène. Les uns, comme le soufre, le charbon, donnent des composés *acides* qui ont une saveur piquante et qui rougissent la teinture bleue de tournesol ; les autres, comme les métaux, donnent des *oxydes* qui ramènent au bleu la teinture de tournesol rougie par un acide ; on les appelle des *bases*. Les acides et les bases se combinent facilement entre eux pour donner des *sels*.

12. Azote. — L'azote, comme nous l'avons vu, est un gaz incolore et inodore comme l'oxygène, *mais il n'entretient ni la combustion, ni la vie :* un animal introduit sous une cloche contenant de l'azote y mourrait. C'est un corps *inerte* qui, dans l'air, tempère l'action trop vive de l'oxygène.

Fig. 19. — L'azote n'entretient ni la combustion, ni la respiration.

Il a des composés importants : l'*acide azotique* qui est un acide énergique, l'*ammoniaque* qui est une base.

13. Autres corps contenus dans l'air. — L'air contient également, mais en petite quantité, quelques autres corps : de l'*acide carbonique,* de la *vapeur d'eau* en quantité variable. Il contient aussi des matières solides en suspension ; on les aperçoit facilement quand un rayon lumineux traverse une chambre obscure. Parmi ces poussières, il y a des êtres vivants qui peuvent se développer et donner naissance à des maladies graves comme la tuberculose. On se préserve de ces *germes* ou **microbes,**

en aérant fréquemment, et en répandant dans l'air certaines substances (comme le phénol, l'acide sulfureux, le chlore) qui les détruisent.

RÉSUMÉ

9. L'air est un corps composé : il est formé d'un gaz qui entretient la combustion, c'est l'*oxygène*, et d'un autre gaz qui n'entretient ni la combustion ni la respiration, c'est l'*azote*. Il y a une partie d'oxygène contre quatre parties d'azote.

10. L'oxygène brûle les corps ; c'est un *comburant*.

11. Il brûle les corps en se combinant avec eux : les composés qu'il forme sont des *acides* ou des *bases*. Les acides et les bases donnent des *sels*.

12. L'azote est un corps *inerte*. Dans l'air, il tempère l'action de l'oxygène.

13. L'air contient encore de l'*acide carbonique* et de la *vapeur d'eau*.

DEVOIR. — *Montrez, en citant une expérience, que l'air est un corps composé, et dites quelle est sa composition.*

✳ ✳ ✳

4ᵉ LEÇON

COMBUSTION ET RESPIRATION

14. Combustion. — L'air et l'oxygène sont donc des gaz qui *brûlent* les corps *combustibles* en s'unissant à eux. La combustion dans l'oxygène est beaucoup plus vive que dans l'air à cause de la présence dans ce dernier de l'azote qui est impropre à la combustion.

Ceci nous explique pourquoi on souffle le feu quand on veut l'activer : la combustion du bois ou du charbon sera d'autant plus vive que la quantité d'oxygène sera plus grande. On l'augmente en soufflant avec un soufflet, ou, dans les cheminées, en baissant le tablier pour établir un courant d'air, dans les poêles, en augmentant le tirage au moyen d'une clef placée en travers du tuyau.

On éteint au contraire les feux de cheminée en empê-

Fig. 20. — On active la combustion en soufflant le feu.

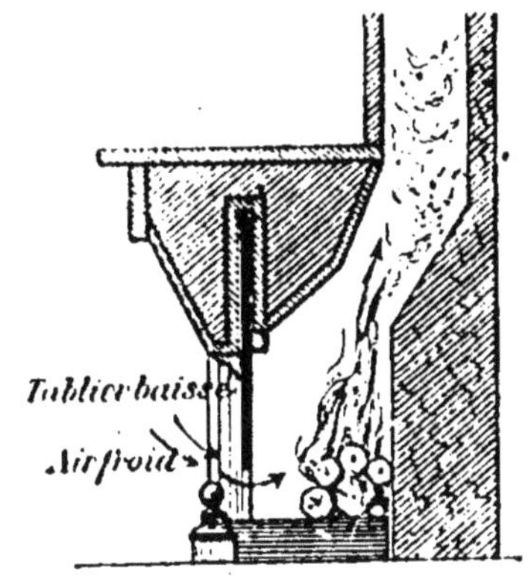

Fig. 21. — Le tablier baissé force l'air à passer sur le bois qui brûle.

chant l'air d'arriver au moyen d'une couverture ou d'un drap mouillé placé devant la cheminée.

Dans les lampes, le tirage est produit au moyen d'un verre qui entoure la flamme et d'ouvertures pratiquées au-dessous du bec pour laisser pénétrer l'air.

15. Produits de la combustion. — Tout corps qui brûle dans l'air se *combine* avec l'oxygène. Les produits de cette combustion sont des corps composés d'oxygène et du corps combustible. Le charbon donne naissance à un composé oxygéné du charbon, c'est le gaz carbonique. Cette combinaison se fait avec un dégagement de chaleur et de lumière. — Le fer exposé à l'air se combine à l'oxygène pour donner de l'oxyde de fer, comme dans le cas de la combustion du fer dans l'oxygène, mais ici il n'y a pas de dégagement apparent de chaleur, ni de lumière : c'est une *combustion lente* appelée ainsi par opposition aux combustions vives.

16. Respiration. — L'air est aussi nécessaire à la vie des animaux et des végétaux. Un animal, une plante mourraient s'ils étaient privés d'air. Nous étudierons plus tard comment, par la respiration, nous introduisons l'air dans notre corps et comment il en est rejeté par l'expiration, mais nous pouvons dire dès maintenant que le gaz rejeté ne contient plus autant d'oxygène et qu'il renferme du gaz carbonique.

Nous voyons l'analogie qui existe entre les produits de la combustion et ceux de la respiration : *la respiration n'est pas autre chose qu'une combustion lente.*

17. Applications à l'hygiène. — De même qu'il faut renouveler l'air pour assurer une bonne combustion, nous devons aussi renouveler l'air pour la respiration. Dans une pièce bien close et habitée par plusieurs personnes, l'oxygène est vite épuisé et remplacé par le gaz carbonique. C'est pour cela qu'il est nécessaire d'ouvrir les fenêtres et d'aérer largement les salles de classe, les chambres à coucher, même les chambres de malades, en prenant des précautions pour éviter le refroidissement.

18. Applications à l'agriculture. — Les plantes respirent comme les animaux, et l'air est aussi nécessaire à la vie de la plante qu'à celle de l'animal. Les labours, les hersages et les binages, entre autres effets, ont pour objet de faire arriver l'air aux graines et aux racines des plantes.

RÉSUMÉ

14. La combustion d'un corps dans l'air est la *combinaison* de ce corps avec l'oxygène de l'air. — On active la combustion en faisant arriver un courant d'air sur le corps qui brûle.

15. Les produits de la combustion sont des composés de l'oxygène avec le corps qui brûle. — La combustion est *vive* quand elle a lieu avec dégagement de lumière; elle est *lente* dans le cas contraire.

16. La *respiration* des animaux et des végétaux est une *combustion lente*.

17. L'air doit être renouvelé dans les appartements pour chasser les produits de la respiration et fournir une nouvelle quantité d'oxygène.

18. Les plantes ont besoin d'air comme les animaux.

Devoirs. I. — *Qu'est-ce que la combustion? Montrez l'analogie qui existe entre la combustion et la respiration.*

II. — *Quelles sont les causes qui peuvent vicier l'air d'un appartement? Comment peut-on y remédier?*

❊ ❊ ❊

5° LEÇON

GAZ OU ACIDE CARBONIQUE

19. Le gaz carbonique dans la nature. — Nous avons dit que le gaz carbonique se produisait dans la *combustion* du charbon, dans la *respiration* des animaux et des végétaux. Il se produit encore dans la *décomposition* des matières organiques et dans les *fermentations*, comme celle qui se produit dans la fabrication du vin.

Ceci explique sa présence dans l'air, et il semble même qu'il devrait s'y trouver en quantité beaucoup plus considérable et toujours croissante. Il n'en est rien parce que, comme nous le verrons plus tard, les végétaux l'absorbent pour leur nourriture, au moyen des feuilles, et limitent par conséquent la quantité d'acide carbonique contenue dans l'air.

Fig. 22. — L'acide carbonique s'échappe de la craie ou du marbre quand on y verse du vinaigre.

20. Combinaisons du gaz carbonique. — Le gaz carbonique se trouve en outre combiné avec d'autres corps, comme la chaux, et forme des *carbonates*.

Si nous versons un acide, du fort vinaigre par exemple, sur un morceau de craie ou de marbre, il se produit une effervescence causée par le dégagement d'un gaz qui est du gaz carbonique.

21. Préparation du gaz carbonique. — Nous pouvons préparer de cette manière le gaz carbonique. Dans un flacon contenant des morceaux de marbre, nous versons de l'acide chlorhydrique. Il se produit un vif dégagement de gaz que nous recueillerons dans un flacon au moyen d'un tube à dégagement.

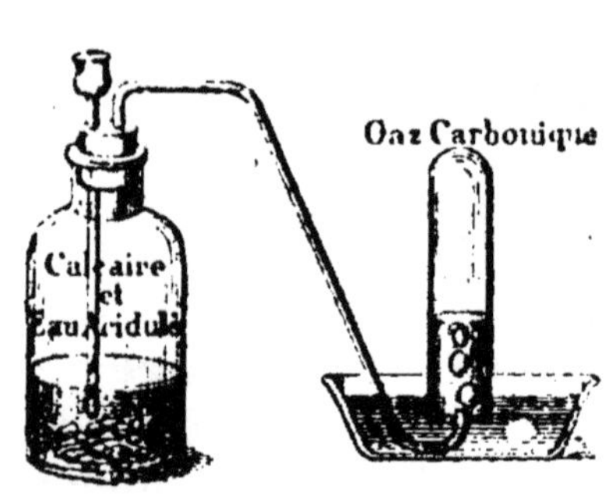

Fig. 23.
Préparation du gaz carbonique.

22. Propriétés. — C'est un gaz incolore, inodore, ce qui ne permet pas tout d'abord de reconnaître sa présence. Mais, si nous plongeons une bougie allumée dans ce gaz, elle s'éteint : *il n'entretient donc pas la combustion.*

Un oiseau enfermé dans un flacon contenant du gaz carbonique, périt asphyxié : *il n'entretient pas la vie.*

Quand on y verse de l'eau de chaux, elle se trouble
parce qu'il se forme un car-
bonate de chaux insoluble.
Le gaz carbonique est *plus*

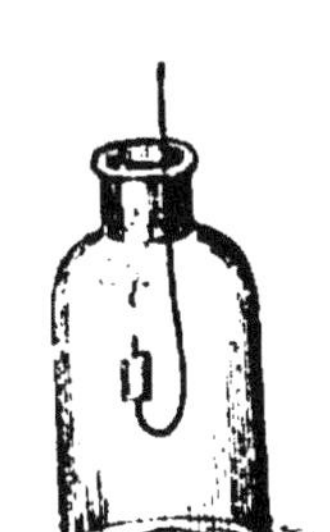
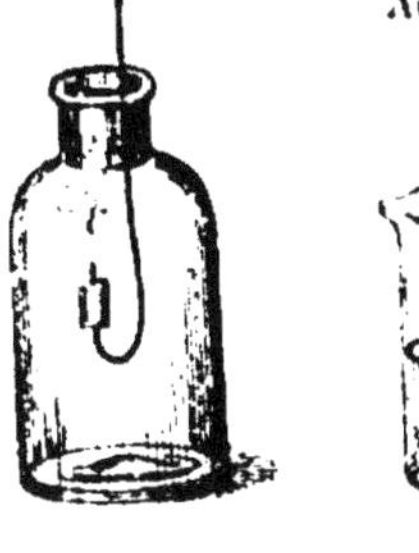

Fig. 24.— Une
bougie s'éteint
dans le gaz car-
bonique.

Fig. 25. —
Le gaz carboni-
que trouble l'eau
de chaux.

Fig. 26. —
Le gaz carbo-
nique est plus
lourd que l'air.

Fig. 27. —
La bougie brû-
le dans la partie
supérieure du
flacon et s'é-
teint dans la
partie inférieu-
re qui renfer-
me du gaz car-
bonique.

lourd que l'air; il reste à la partie inférieure des lieux qui en renferment.

23. Applications à l'hygiène. — Comme le gaz
carbonique est impropre à la vie, il peut y avoir du danger
à pénétrer dans un milieu qui en contient. On peut s'assurer
de sa présence en y plongeant une bougie allumée. Si la
bougie s'éteint, c'est que le gaz carbonique y est en trop
grande quantité pour entretenir la combustion et la respiration. On doit aérer avant d'y entrer.

24. Applications à l'agriculture. — Le gaz
carbonique joue un rôle extrêmement important dans la
nutrition des plantes. Au moyen des parties vertes de la
tige et des feuilles, et sous l'action de la lumière solaire,
les végétaux *décomposent le gaz carbonique de l'air,
s'emparent du carbone et rejettent l'oxygène.* Le carbone

ainsi absorbé constitue le charbon qui forme la partie principale du végétal.

RÉSUMÉ

19. Le gaz carbonique est le produit de la *combustion* du charbon et le résidu de la *respiration* des animaux et des végétaux : de là sa présence dans l'air.

20. Il existe aussi à l'état de combinaison dans les *carbonates*, comme le calcaire ou carbonate de chaux.

21. C'est de là qu'on l'extrait en versant sur le calcaire un acide comme l'acide chlorhydrique.

22-23. Il *n'entretient pas la combustion* et est *impropre à la vie*. Il est plus *lourd* que l'air; il *trouble l'eau de chaux*.

24. Le gaz carbonique de l'air sert à nourrir les plantes.

DEVOIR. — *Quelles sont les principales sources de production du gaz carbonique? Quelles sont ses propriétés, quel rôle joue-t-il dans la vie des végétaux?*

❀ ❀ ❀

6ᵉ LEÇON

L'EAU; ÉTAT NATUREL. — SES TROIS ÉTATS

25. État naturel. — L'eau est un corps très répandu dans la nature et aussi indispensable que l'air à la vie des plantes et des animaux. Elle forme à la surface de la terre les mers, les fleuves, les rivières, les lacs, etc.

26. État liquide. — Nous avons vu que l'eau peut prendre les trois états, solide, liquide ou gazeux. Mais c'est à l'état liquide qu'elle se trouve ordinairement.

L'eau à l'état liquide est incolore quand elle est vue sous une faible épaisseur; en masse profonde elle est bleu verdâtre; elle est inodore quand elle est pure; elle a une légère saveur qui permet de distinguer les eaux de sources différentes. — Un litre d'eau pèse 1 kilogramme.

27. État gazeux. — L'eau chauffée ou simplement exposée à l'air, se vaporise ; chauffée à 100°, elle entre en ébullition et se réduit également en vapeur. L'évaporation se fait à toute température à la surface des mers et des fleuves ; la vapeur d'eau produite se répand dans l'air.

Elle se fait d'autant plus rapidement que la température est plus élevée, que la surface du liquide est plus étendue et que l'air en contact avec le liquide se renouvelle plus fréquemment. Aussi l'évaporation est-elle plus abondante en été qu'en hiver ; les marais salants sont des bassins larges et peu profonds, ainsi disposés pour favoriser l'évaporation ; le linge mouillé sèche plus rapidement quand il fait du vent que si l'air est calme.

28. Nuages, pluie, brouillard, rosée. — La vapeur d'eau qui se forme s'élève dans l'air, se refroidit et se condense en gouttelettes liquides très fines qui forment les *nuages.* Qu'un courant d'air froid ou une autre cause active cette condensation, les gouttelettes grossissent et tombent en *pluie.*

Le même phénomène de condensation se produisant à la surface d'un lac, d'un fleuve ou d'une rivière, nous aurons un *brouillard* qui n'est autre chose qu'un nuage peu élevé.

Pendant la nuit, la surface de la terre se refroidit plus vite que la couche d'air qui l'environne. La vapeur d'eau en contact avec les objets placés à la surface du sol se condense et les recouvre de *rosée.*

29. État solide. — L'eau se solidifie quand la température se refroidit et descend au-dessous de *zéro.* Elle forme de la *glace.* En passant à cet état l'eau augmente de volume. Ainsi une bouteille pleine d'eau soumise à la gelée se brise quand l'eau se solidifie ; les corps de pompe et les tuyaux qui conduisent l'eau éclatent souvent en hiver quand on n'a pas soin de les préserver de la gelée.

30. Neige, gelée blanche, givre, verglas. — La

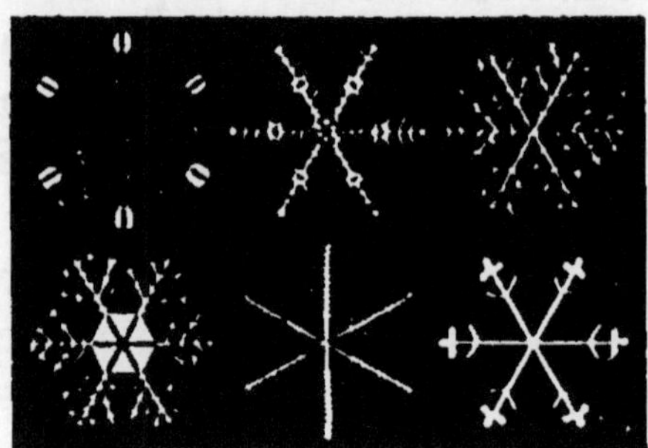

Fig. 28. — Différentes formes
de cristaux de neige et de glace.

congélation des gout-
telettes d'eau qui for-
ment les nuages donne
naissance à la *neige*.
La *gelée blanche* est
formée par la congé-
lation de la rosée. On
la considère avec rai-
son comme un signe
de pluie parce qu'elle
indique l'abondance de la vapeur d'eau dans l'air.

Le *grésil*, le *verglas*, la *grêle* sont encore produits par la

Fig. 29. — Circulation de l'eau dans la nature.

congélation de l'eau des nuages qui se solidifie en tombant
ou en arrivant à la surface du sol.

31. Circulation de l'eau dans la nature. —

En résumé, nous voyons que l'eau accomplit un *circuit*
dans la nature, sous ses différents états. Liquide dans les
mers et dans les fleuves, elle se transforme en vapeur et
forme les nuages. Puis elle se condense et se résout en

pluie ou en neige qui donnent naissance aux sources, et forment les ruisseaux, les rivières et les fleuves. Enfin elle revient à la mer, c'est-à-dire à son point de départ.

RÉSUMÉ

26. L'eau se présente le plus souvent à l'état *liquide* : elle forme les mers, les fleuves, les rivières.

27. Exposée à l'air ou chauffée, elle se change en *vapeur* et va former les nuages.

28. La condensation des nuages par le refroidissement produit la *pluie*.

Le *brouillard* est produit par la formation d'un nuage près de la surface du sol.

La *rosée* est due à la condensation de la vapeur d'eau de l'air, à la surface des objets placés sur le sol.

29. Le refroidissement de l'eau donne de la *glace*.

30. La neige est produite par la *congélation* des gouttelettes d'eau des nuages.

31. L'eau accomplit un circuit dans la nature sous ses différents états.

DEVOIR. — *Dites sous quels états se présente l'eau dans la nature, et montrez les différentes transformations d'une goutte d'eau ?*

✳ ✳ ✳

7e LEÇON

L'EAU; SA COMPOSITION. — HYDROGÈNE

32. Composition de l'eau. — Si nous introduisons rapidement sous l'eau un charbon enflammé, nous voyons se dégager à travers le liquide des bulles gazeuses que nous pouvons recueillir sous une cloche. C'est donc que l'eau a été décomposée. Le gaz ainsi recueilli est un de ses éléments. Il est incolore et inodore, mais il s'enflamme au contact d'une allumette enflammée. Il brûle avec une flamme pâle et produit en brûlant de la vapeur d'eau qui se condense sur les parois du vase. Ce gaz est de l'*hydrogène*. Si nous nous souvenons que la combustion d'un corps dans l'air est la combinaison de ce corps avec l'*oxygène*, nous en conclurons que *l'eau est un corps composé, formé d'oxygène et d'hydrogène.*

Fig. 30. — L'eau est décomposée par le charbon; l'hydrogène se dégage.

D'autres expériences permettent de recueillir séparément les deux gaz provenant de la décomposition de l'eau et nous montrent que l'eau est formée de 2 volumes d'hydrogène contre 1 volume d'oxygène.

33. Hydrogène. — Nous pouvons d'ailleurs décomposer l'eau par d'autres moyens et recueillir l'hydrogène produit.

Dans un flacon disposé comme l'indique la figure ci-contre, plaçons de l'eau et quelques morceaux de zinc; versons un peu d'acide sulfurique, il se dégage un gaz que nous re-

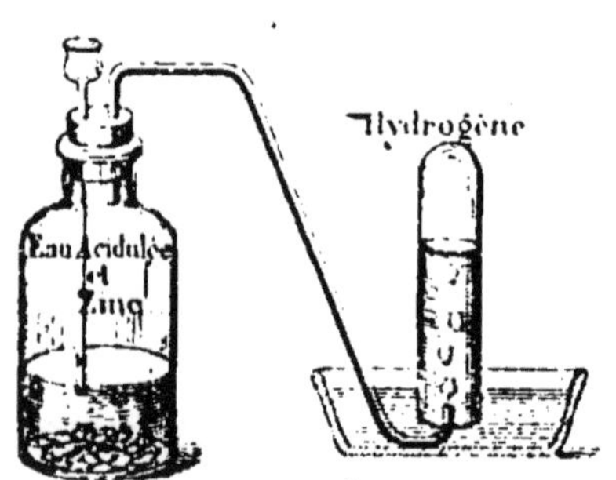

Fig. 31. — Préparation de l'hydrogène.

cueillerons dans des éprouvettes placées sur une cuve à eau.

Ce gaz a les propriétés que nous avons indiquées dans notre première expérience : il est incolore et inodore. —

En remplaçant le tube à dégagement par un tube effilé, nous pourrons enflammer le gaz à sa sortie du tube, et en plaçant une soucoupe froide au-dessus de la flamme nous verrons se former des gouttelettes d'eau : l'eau décomposée se reforme par la combustion de l'hydrogène.

L'hydrogène est un gaz très léger qui est employé au gonflement des ballons. A volume égal, il pèse 14 fois et demie moins que l'air.

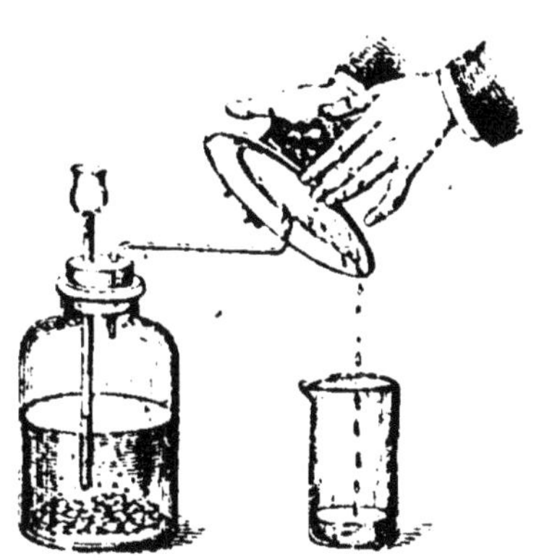

Fig. 32. — L'hydrogène en brûlant donne de l'eau.

34. Corps dissous dans l'eau. — Quand on plonge certains corps, comme le sucre, le sel, dans l'eau, ils fondent et disparaissent peu à peu, on dit qu'ils se *dissolvent*.

En faisant évaporer l'eau de la dissolution on retrouve le corps solide, au fond du vase, avec le même poids.

L'eau dissout donc certains corps qui sont appelés corps *solubles;* elle n'en dissout pas d'autres qui sont *insolubles*. Elle peut dissoudre des gaz aussi bien que des solides : l'air, le gaz carbonique sont dissous par l'eau en petite quantité. L'eau de pluie, en traversant l'atmosphère, en coulant à la surface du sol et en pénétrant dans la terre, dissout les corps solubles qu'elle rencontre. Aussi les eaux de puits, de sources, de rivières contiennent en dissolution cer-

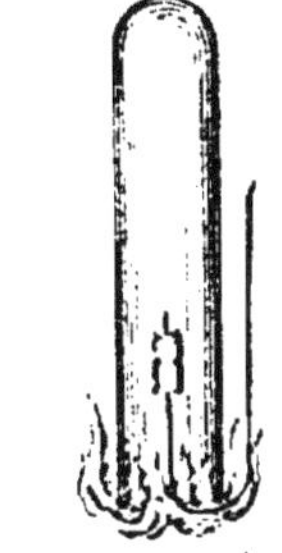

Fig. 33. — L'hydrogène s'enflamme au contact de la bougie, mais n'entretient pas la combustion.

taines substances solides, particulièrement des sels de chaux.

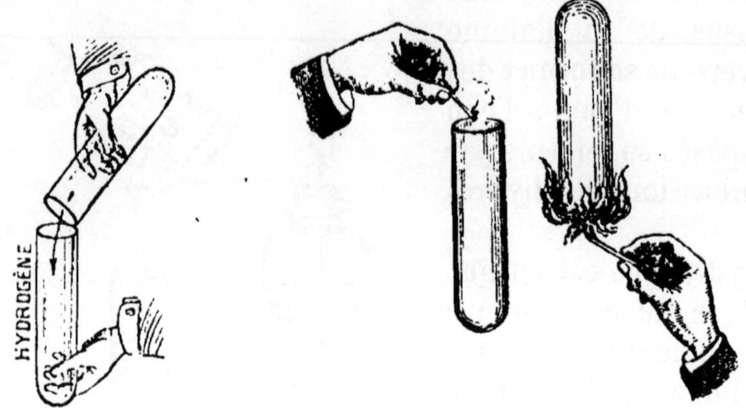

Fig. 34. — L'hydrogène est plus léger que l'air.

L'eau de pluie n'en contient pas, mais, en revanche, elle peut contenir en suspension des matières ou poussières très fines qu'elle rencontre dans l'air.

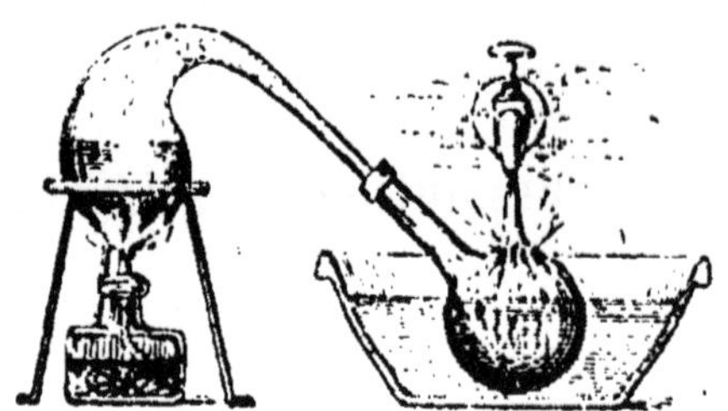

Fig. 35. — Distillation de l'eau.

35. Distillation; eau distillée. — Si l'on fait bouillir de l'eau et si l'on recueille la vapeur dans un vase refroidi où elle se condense, on obtient de l'eau dépourvue des corps en dissolution ou en suspension. C'est de l'*eau distillée*.

RÉSUMÉ

32. L'eau est formée par la combinaison de deux gaz, l'*oxygène* et l'*hydrogène*. Il y a 2 volumes d'hydrogène pour 1 volume d'oxygène.

33. L'hydrogène est un gaz *inflammable*, mais qui n'entretient pas la combustion. Il est 14 fois et demie plus *léger* que l'air.

34. L'eau peut *dissoudre* un certain nombre de corps solides comme des sels de chaux, ou gazeux comme l'air et le gaz carbonique.

35. La distillation débarrasse l'eau des corps qu'elle peut contenir : l'eau distillée est pure.

DEVOIR. — *Quelle est la composition de l'eau et quels sont les corps qu'elle contient en dissolution?*
Comment peut-on obtenir de l'eau pure?

✳ ✳ ✳

8ᵉ LEÇON

USAGES DE L'EAU

36. Usages domestiques. — L'eau est employée à un grand nombre d'usages. Elle est surtout utile à l'homme comme boisson ; c'est la meilleure et la plus saine de toutes les boissons. — Elle sert encore à la cuisson des aliments et au lavage du linge.

37. Conditions d'une eau potable. — Pour ces différents usages, toutes les eaux ne sont pas bonnes. On appelle *eau potable* celle qui peut servir aux usages domestiques. Une bonne eau potable doit être limpide, fraîche, aérée, sans odeur, d'une saveur faible et agréable.

L'eau contient souvent des *sels de chaux*. En petite quantité ces sels sont utiles dans l'alimentation de l'homme et des animaux parce que, comme nous le verrons, ils servent à la formation des os, mais ils deviennent nuisibles quand ils sont trop abondants. Les eaux chargées de sels calcaires sont malsaines ; de plus elles cuisent mal les légumes qu'elles durcissent : elles ne dissolvent pas le savon dans le blanchissage du linge. Les ménagères les appellent eaux dures ou eaux séléniteuses.

Les *matières organiques* rendent aussi l'eau impropre à l'alimentation ; elles contiennent des *germes* ou *microbes* qui, en se développant, quand on les absorbe, peuvent causer des maladies graves, comme la fièvre typhoïde.

38. Comment on peut rendre l'eau potable. — Il est possible de purifier l'eau en la *filtrant* ou en la *faisant bouillir.*

On filtre l'eau en la faisant passer sur des couches alternatives de sable et de charbon qui retiennent les ma-

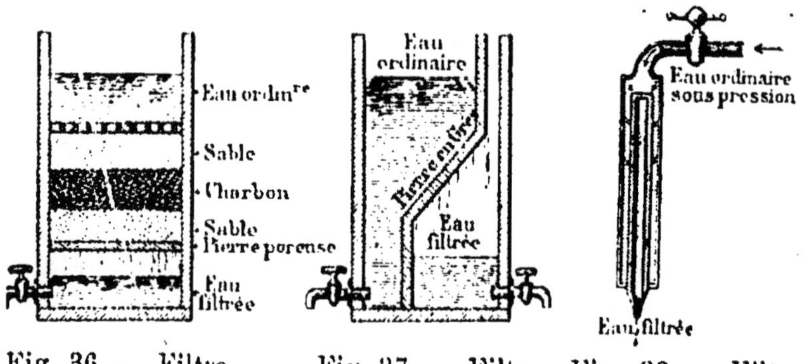

Fig. 36. — Filtre à charbon.　　Fig. 37 — Filtre en grès.　　Fig. 38. — Filtre en porcelaine.

tières en suspension et les gaz en dissolution : les filtres en grès ou en porcelaine donnent encore de meilleurs résultats.

Ils sont cependant insuffisants pour retenir les microbes ou ferments qui peuvent se trouver dans l'eau. L'ébullition seule peut les faire disparaître. Aussi, en cas d'épidémie, et quand on a des doutes sur la nature de l'eau, doit-on la faire bouillir pendant une dizaine de minutes. A la température d'ébullition, c'est-à-dire à 100°, les germes sont détruits.

L'eau bouillie est privée d'air, on doit l'aérer largement avant de s'en servir.

39. Applications dans l'industrie. — L'eau est employée à de nombreux usages dans l'industrie. A l'état de vapeur, elle sert à faire marcher les machines. A l'état liquide, elle fait tourner les moulins. Elle sert enfin au transport des bateaux.

RÉSUMÉ

36. L'eau est surtout employée comme *boisson*. Elle sert aussi au lavage du linge et à un grand nombre d'autres usages.

37. *L'eau potable* employée aux usages domestiques ne doit pas contenir de matières organiques et peu de sels de chaux.

Les eaux qui contiennent des sels de chaux en trop grande quantité sont malsaines ; elles ne cuisent pas les légumes et ne dissolvent pas le savon. Celles qui contiennent des matières organiques sont dangereuses à boire.

38. La *filtration* peut débarrasser l'eau d'une partie de ces matières ; mais l'*ébullition* seule peut les faire disparaître complètement.

39. L'eau est encore employée dans l'industrie, comme force motrice, pour mettre en mouvement les machines.

DEVOIR. — *Quelles sont les qualités d'une eau potable? Comment peut-on purifier l'eau?*

❋ ❋ ❋

9ᵉ LEÇON

L'EAU EN AGRICULTURE

40. L'eau est nécessaire aux végétaux. — L'eau est aussi indispensable à la vie des plantes qu'à l'alimentation de l'homme et des animaux.

Pour dissoudre les aliments solides qui ne peuvent être

absorbés qu'à l'état liquide, pour la germination des graines et pour la constitution des tissus végétaux qui en renferment une forte proportion, l'eau est nécessaire.

41. Absorption et évaporation. — L'absorption constante de l'eau du sol par les plantes peut être mise en évidence par l'expérience suivante :

Dans un flacon rempli d'eau, plongeons un pied vigoureux d'un végétal, et fermons hermétiquement le goulot avec de la cire ou de la terre glaise pour empêcher toute évaporation ; au bout de quelques jours, le niveau de l'eau dans le flacon aura baissé sensiblement montrant la quantité du liquide qui a été absorbée par la plante.

Fig. 39. — Le végétal absorbe l'eau par les racines.

Fig. 40. — L'eau s'évapore par les feuilles.

Par contre, si nous recouvrons d'une cloche un végétal bien garni de feuilles, nous constaterons au bout de peu de temps, sur la paroi intérieure de la cloche, de nombreuses gouttelettes d'eau produites par l'évaporation à travers les feuilles de la plante.

42. Eaux de pluie et arrosages. — La pluie qui tombe des nuages suffit en général pour donner la quantité d'eau nécessaire à l'agriculture. Dans certains cas, cependant, il est utile de suppléer au défaut de pluie par d'autres moyens. Ces moyens sont l'*arrosage* pour les jardins et la petite culture, les *irrigations* pour l'agriculture.

L'évaporation qui se fait pendant l'été à la surface de la terre enlève au sol une partie de l'eau qu'il renferme. L'expérience montre que cette évaporation se fait beaucoup plus rapidement dans un sol tassé et compact que dans un terrain meuble. De là l'avantage des binages fréquents, ce qui fait dire qu'un binage vaut un arrosage.

43. Irrigations. — Pour certaines cultures, en particulier les prairies, on pratique des *irrigations :* on creuse des rigoles en suivant une pente douce pour amener l'eau de la partie la plus élevée dans toutes les parties de la prairie à arroser.

44. Drainages. — S'il faut aux plantes une quantité d'eau suffisante, un excès d'eau serait nuisible à la végétation. Dans les terrains bas et humides, constitués par

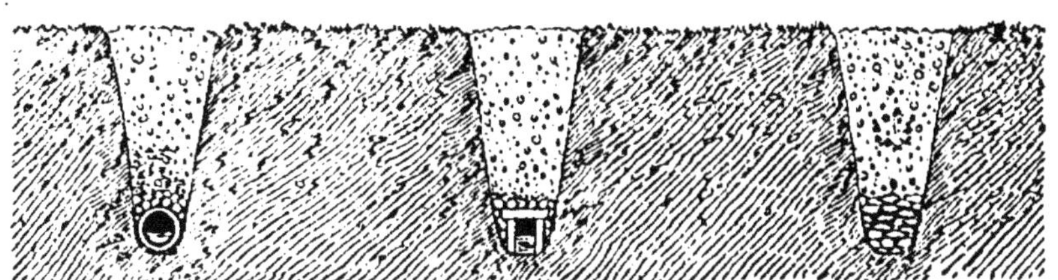

Fig. 41. — Différentes sortes de drains.

un sol imperméable comme l'argile, l'eau séjourne et fait pourrir les racines.

On remédie à ce défaut en pratiquant des *drainages*. On creuse à une certaine profondeur des fossés, en suivant la pente du terrain. On place au fond des *drains* ou conduits qui recueillent l'eau et la conduisent en dehors du champ *drainé*. Ces drains sont constitués par des tuyaux en poterie poreuse ou par de petites canalisations en pierres plates, ou plus simplement encore par des cailloux concassés qui laissent l'eau s'écouler à travers leurs interstices.

Les irrigations et les drainages ont une grande importance en agriculture ; le cultivateur soucieux de ses intérêts ne doit pas manquer de les pratiquer, quand cela est nécessaire.

RÉSUMÉ

40. L'eau joue un rôle extrêmement important en agriculture : elle est *indispensable* à la vie des plantes.

41. Les végétaux l'*absorbent* par leurs racines ; elle traverse les tissus de la plante et s'*évapore* par les feuilles.

42-43. L'eau de pluie, les *arrosages*, les *irrigations* fournissent aux plantes l'eau qui leur est nécessaire.

44. Un excès d'eau nuirait cependant à la végétation : on enlève cette eau au moyen des *drainages*.

DEVOIR. — *Quel est le rôle de l'eau en agriculture? Drainages et irrigations.*

❉ ❉ ❉

10ᵉ LEÇON

LA CHALEUR

45. Le chaud et le froid. — Nous disons qu'il fait *froid* ou qu'il fait *chaud*, qu'un corps est froid ou chaud suivant les impressions que nous ressentons. Cette impression dépend de l'état du corps et de celui de nos organes : nous jugeons par comparaison. Une cave nous paraît fraîche en été et chaude en hiver, parce que nous venons du dehors et que nos organes ont subi d'abord l'impression de l'air extérieur.

Le chaud et le froid sont donc causés par des différences de température.

46. Différentes sources de chaleur. — La chaleur nous vient du soleil. Pendant l'été, ses rayons nous chauffent plus fortement que pendant l'hiver parce qu'ils nous arrivent plus directement. C'est pour la même raison qu'il fait plus chaud quand nous nous rapprochons de l'équateur, et plus froid quand nous allons vers les pôles.

Les corps en brûlant nous donnent également de la chaleur, c'est la *chaleur de combustion*. Nous verrons prochainement comment nous produisons et utilisons cette chaleur dans les appareils de chauffage, et quels sont les corps employés comme *combustibles*.

47. Effets de la chaleur. Dilatation. — Quand on chauffe les corps, ils subissent certaines modifications : une barre de fer chauffée s'allonge, c'est la *dilatation;* un morceau de soufre fond, c'est un *changement d'état* du corps.

Fig. 42. — La barre de fer chauffée s'allonge.

Dilatation et changements d'état, tels sont les deux principaux effets produits par la chaleur sur les corps.

Plaçons une tige de fer fixée à une de ses extrémités et mobile à l'autre, comme l'indique la figure ci-dessus. Si nous la chauffons, l'allongement pourra être mis en évidence au moyen d'une aiguille placée à l'extrémité mobile.

Fig. 43. — Dilatation d'une boule.

Un sou, une boule de cuivre chauffés augmentent également de diamètre : la dilatation des solides se fait en longueur, en surface et en volume.

Les liquides se dilatent, eux aussi. Si nous prenons un ballon rempli d'eau et fermé par un bouchon traversé d'un tube en verre, nous verrons le liquide monter dans ce tube, quand nous plongerons le ballon dans l'eau chaude.

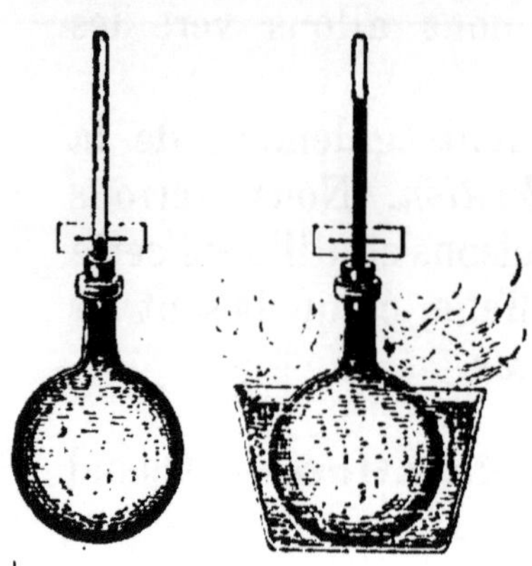

Fig. 44. — Dilatation d'un liquide.

La dilatation des gaz est encore plus apparente : une vessie fermée, à moitié pleine d'air, se gonfle quand on la chauffe. L'air d'un ballon disposé comme précédemment se dilate, et une goutte de liquide coloré, dans le tube, indique cette dilatation quand on chauffe le ballon.

48. Applications de la dilatation. — Thermomètre. — On tient compte de la dilatation des corps ou

Fig. 45. — On laisse un petit intervalle entre les rails pour permettre la dilatation.

Fig. 46. — On chauffe le cercle pour faire entrer la roue. En s'échauffant, le cercle se dilate ; en se refroidissant, il se contracte.

on la met à profit dans un grand nombre de circonstances

chauffent plus fortement que pendant l'hiver parce qu'ils nous arrivent plus directement. C'est pour la même raison qu'il fait plus chaud quand nous nous rapprochons de l'équateur, et plus froid quand nous allons vers les pôles.

Les corps en brûlant nous donnent également de la chaleur, c'est la *chaleur de combustion*. Nous verrons prochainement comment nous produisons et utilisons cette chaleur dans les appareils de chauffage, et quels sont les corps employés comme *combustibles*.

47. Effets de la chaleur. Dilatation. — Quand on chauffe les corps, ils subissent certaines modifications : une barre de fer chauffée s'allonge, c'est la *dilatation;* un morceau de soufre fond, c'est un *changement d'état* du corps.

Fig. 42. — La barre de fer chauffée s'allonge.

Dilatation et changements d'état, tels sont les deux principaux effets produits par la chaleur sur les corps.

Plaçons une tige de fer fixée à une de ses extrémités et mobile à l'autre, comme l'indique la figure ci-dessus. Si nous la chauffons, l'allongement pourra être mis en évidence au moyen d'une aiguille placée à l'extrémité mobile.

Un sou, une boule de cuivre

Fig. 43. — Dilatation d'une boule.

chauffés augmentent également de diamètre : la dilata-

6. Propriétés de l'air. — Nous avons vu que l'air est un corps gazeux, incolore et inodore. Comme tous les corps, même gazeux, il est *pesant*. On a pu déterminer son poids en pesant successivement un ballon vide, puis rempli d'air. On a trouvé que le poids d'un litre d'air était d'environ 1 gramme 3.

7. Pression atmosphérique. — En raison de ce poids, l'air exerce à la surface de la terre et sur tous les corps qui y sont placés une pression que l'on appelle **pression atmosphérique.**

Introduisons dans une carafe quelques morceaux de papier enflammés ; l'air qui y est contenu va s'échauffer, se dilater et s'échapper. Si à ce moment nous plaçons sur le goulot un œuf dur dépouillé de sa coquille, nous verrons peu à peu cet œuf s'enfoncer et pénétrer dans la carafe, poussé par la pression de l'air extérieur que ne contre-balance plus l'air intérieur sorti de la carafe.

Fig. 9. — L'œuf pénètre dans la carafe, poussé par la pression de l'air.

C'est encore la pression atmosphérique qui empêche cette feuille de papier que nous avons appliquée sur un verre plein d'eau de tomber quand on le renverse ; c'est elle qui maintient l'eau dans un tube complètement rempli et renversé sur un vase contenant de l'eau.

8. Mesure de la pression atmosphérique. — Baromètre. —En remplaçant l'eau par du mercure qui est treize fois et demie plus lourd,

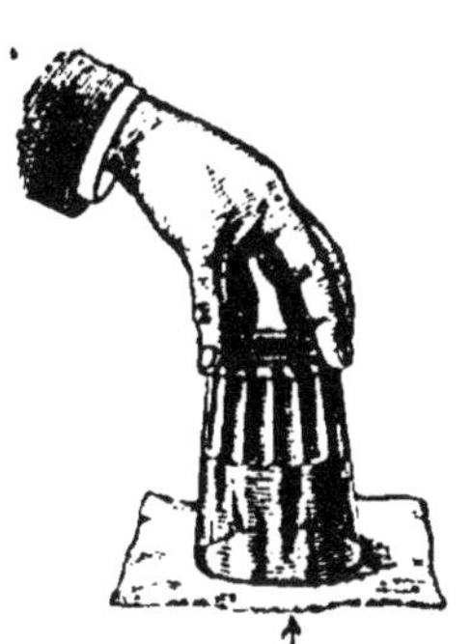

Fig. 10.—La pression atmosphérique maintient la feuille de papier.

la colonne soulevée par la pression atmosphérique serait

tion des solides se fait en longueur, en surface et en volume.

Les liquides se dilatent, eux aussi. Si nous prenons un ballon rempli d'eau et fermé par un bouchon traversé d'un tube en verre, nous verrons le liquide monter dans ce tube, quand nous plongerons le ballon dans l'eau chaude.

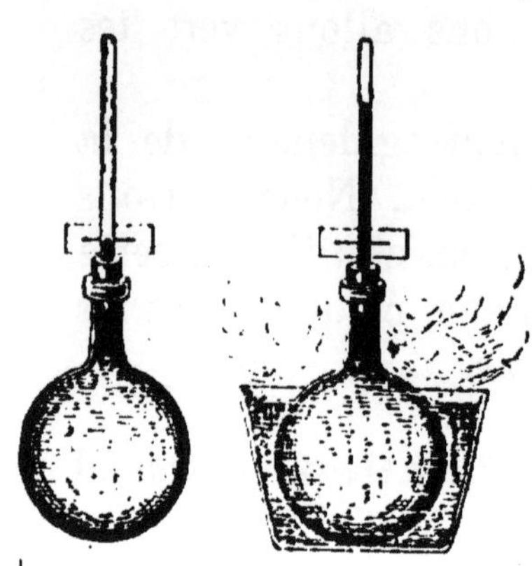

Fig. 44. — Dilatation d'un liquide.

La dilatation des gaz est encore plus apparente : une vessie fermée, à moitié pleine d'air, se gonfle quand on la chauffe. L'air d'un ballon disposé comme précédemment se dilate, et une goutte de liquide coloré, dans le tube, indique cette dilatation quand on chauffe le ballon.

48. Applications de la dilatation. — Thermomètre. — On tient compte de la dilatation des corps ou

Fig. 45. — On laisse un petit intervalle entre les rails pour permettre la dilatation.

Fig. 46. — On chauffe le cercle pour faire entrer la roue. En s'échauffant, le cercle se dilate ; en se refroidissant, il se contracte.

on la met à profit dans un grand nombre de circonstances

Ainsi, dans la pose des rails de chemin de fer, on laisse entre eux un petit espace de quelques millimètres pour qu'ils puissent s'allonger sans s'arc-bouter.

Dans les constructions métalliques composées de pièces assemblées, comme les ponts, les grilles, les chaudières à vapeur, les couvertures en tôle ou en zinc, on laisse un peu de jeu à ces pièces pour leur permettre de se dilater sans se déformer.

Le forgeron qui veut ferrer une roue chauffe le cercle en fer qu'il a fabriqué d'un diamètre un peu plus petit que celui de la roue. Le cercle se *dilate* et la roue peut entrer. En se refroidissant, il se *contracte,* en resserrant les différentes pièces de la roue et en les consolidant.

Le **thermomètre,** qui sert à *mesurer* la température, est également une application de la dilatation. Il se compose d'un réservoir et d'un tube fin contenant un liquide, *mercure* ou *alcool.* Quand le liquide *s'échauffe,* il se dilate

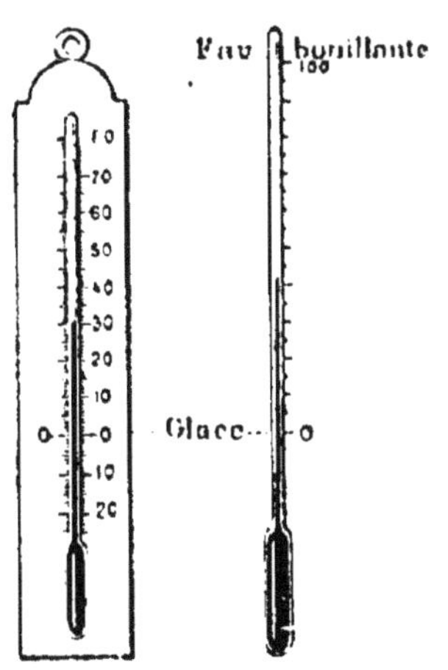

Fig. 47. — Thermomètre.

et *monte* dans le tube; quand il se *refroidit,* il diminue de volume et *baisse.*

On peut ainsi constater les variations de température et les mesurer en établissant des divisions. Pour cela, on le *gradue* : on marque 0° au point où s'arrête le liquide quand le thermomètre est plongé dans la *glace fondante,* et 100° à l'endroit indiqué par le niveau du liquide dans la *vapeur d'eau bouillante.* L'intervalle est divisé en 100 parties égales ou *degrés ;* la graduation se continue au-dessous de zéro pour les basses températures.

49. Changements d'état des corps. — Quand on

chauffe un morceau de plomb ou de soufre, il se dilate d'abord, puis il *fond* et devient *liquide*. Quand on chauffe de l'eau ou de l'alcool, ces corps se transforment en *vapeur* et prennent l'*état gazeux*. La chaleur a donc encore pour effet d'opérer un **changement d'état des corps**.

Le passage d'un corps solide à l'état liquide, sous l'action de la chaleur, est la **fusion**. En se refroidissant, le

Fig. 48. — Le soufre chauffé fond et devient liquide.

Fig. 49. — L'eau chauffée se *vaporise ;* refroidie, elle se *condense.*

corps fondu se **solidifie**. Pour un même corps, la fusion et la solidification ont lieu à la même température.

Le passage d'un liquide à l'état de vapeur est la **vaporisation**, qui a lieu par *évaporation* ou par *ébullition*. La vapeur refroidie se **condense** et repasse à l'état liquide.

RÉSUMÉ

45. Les impressions de *chaud* et de *froid* que nous ressentons sont causées par des *différences de température* entre nos organes et les corps environnants.

46. Le *soleil* est la source naturelle de la chaleur ; la *combustion* des corps produit aussi de la chaleur.

47. La chaleur produit sur les corps certains effets ; elle les *dilate* et elle les fait *changer d'état*.

48. La dilatation se fait en longueur, en surface et en volume dans les corps solides ; elle est plus grande pour les liquides que pour les solides, et pour les gaz que pour les liquides. — Le *thermomètre* qui sert à mesurer la chaleur, est une application de a dilatation des liquides.

49. Les changements d'état des corps sont la *fusion* et la *vaporisation*.

DEVOIR. — *Montrez par des expériences quels sont les effets de la chaleur sur les corps.*

✻ ✻ ✻

11e LEÇON

PROPAGATION DE LA CHALEUR. — APPLICATIONS

50. Comment se propage la chaleur. — La chaleur du soleil nous arrive à travers l'espace, vide d'air, qui le sépare de la terre, et nous sentons la chaleur du foyer à travers l'air de la pièce. La chaleur se transmet donc aussi bien à travers le vide qu'à travers les gaz, par *rayonnement*.

51. Conductibilité des corps. — La chaleur se propage aussi à travers les corps solides ou liquides plus ou moins rapidement. Une barre de fer chauffée à l'une de ses extrémités s'échauffe presque en même temps dans toute sa longueur. Au contraire, on peut tenir un morceau de bois enflammé à l'autre bout, sans ressentir de chaleur. Il y a donc des corps

Fig. 50. — On garnit d'une étoffe de laine la poignée du fer à repasser.

bons conducteurs de la chaleur et d'autres *mauvais conducteurs*. Le fer, le cuivre, les métaux, en général, sont bons conducteurs; le bois, la paille, la laine, les plumes et, en général, les corps poreux qui renferment de l'air emprisonné, sont mauvais conducteurs de la chaleur.

52. Applications à l'hygiène et à l'économie domestique. — Pendant l'hiver, nous nous garantissons contre le froid en nous recouvrant de vêtements en laine qui sont mauvais conducteurs de la chaleur, nous préservent de l'air extérieur et empêchent la déperdition de la chaleur de notre corps. Les édredons de plume ont le même effet. Nous protégeons nos appartements contre le froid au moyen de doubles portes et de doubles fenêtres qui emprisonnent une couche d'air mauvaise conductrice.

Pour faire chauffer nos aliments nous employons des vases en métal qui s'échauffent plus rapidement, mais qui aussi se refroidissent plus vite. On peut empêcher ce refroidissement en recouvrant ces vases d'une enveloppe de laine.

Les poêles en fonte chauffent plus rapidement que les poêles en faïence, mais ils conservent moins longtemps la chaleur.

53. Application à l'agriculture. — La chaleur est avec l'air et l'eau une des conditions indispensables à la vie des plantes. C'est pendant l'été que la végétation est la plus active. Pendant l'hiver, elle se ralentit et s'arrête pour reprendre au printemps.

Fig. 51. — On recouvre les châssis de paille pendant l'hiver.

En hiver, on préserve les plantes du froid en les recouvrant de paille, ou en les mettant à l'abri dans des serres. Au printemps, pour hâter la végétation, on emploie les châssis et les cloches. Le verre a la propriété de

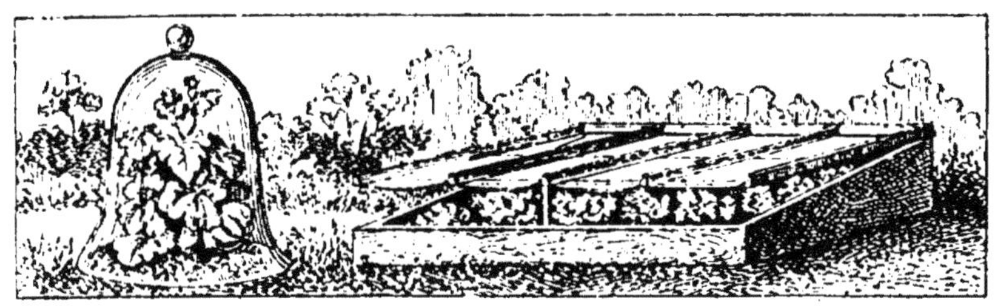

Fig. 52. — Cloches et châssis.

laisser passer la chaleur lumineuse du soleil qui reste emprisonnée sous la cloche.

RÉSUMÉ

50. La chaleur se propage par *rayonnement* à travers le vide, comme la chaleur qui nous arrive du soleil.

51. Elle se propage aussi par *conductibilité* à travers les corps. Il y a des corps *bons conducteurs* et des corps *mauvais conducteurs* de la chaleur.

52. Les corps bons conducteurs sont les *métaux;* ils sont employés pour les appareils destinés au chauffage des liquides : chaudières, etc.

53. Les corps mauvais conducteurs sont en général les *corps poreux* qui emprisonnent de l'air dans leurs interstices. On les emploie pour se préserver du froid.

La chaleur est nécessaire à la vie des plantes ; on augmente cette chaleur en employant des cloches en verre, des châssis, des serres.

DEVOIR. — *Nommez des corps bons conducteurs et des corps mauvais conducteurs de la chaleur. Indiquez leurs usages.*

※ ※ ※

12ᵉ LEÇON

CHAUFFAGE : PRINCIPAUX MODES DE CHAUFFAGE

54. Appareils de chauffage. — Pour produire la chaleur artificielle destinée à suppléer en hiver la chaleur solaire, nous avons recours à la chaleur développée par la *combustion* de certains corps appelés *combustibles*.

Les principaux combustibles employés sont le bois, les charbons, la houille, le coke, le pétrole, l'alcool, le gaz, etc.

La combustion a lieu dans des appareils de différentes sortes : les cheminées, les poêles, les calorifères.

Un bon appareil est celui qui ne laisse échapper aucun des produits de la combustion dangereux à respirer et qui utilise la plus grande partie de la chaleur produite.

55. Cheminées. — La cheminée est le plus ancien et le plus répandu des appareils de chauffage. On y brûle généralement du bois, mais on peut aussi y brûler du charbon ou du coke, à l'aide de grilles. La surface de contact du combustible avec l'air est grande ; la combustion se fait bien, à la condition cependant que l'air

Fig. 53. — Cheminée.

de la pièce puisse se renouveler par les interstices des portes et des fenêtres. On augmente d'ailleurs le tirage au moyen d'un tablier mobile qui, quand il est baissé, oblige l'air à traverser le combustible, en activant le feu.

Les produits de la combustion s'échappent par la cheminée. Au point de vue *hygiénique* la cheminée a donc des *avantages :* elle produit l'aération de la pièce. Au point de vue *économique*, elle a des *inconvénients :* elle chauffe mal parce qu'une grande partie de la chaleur

Fig. 54. — La cheminée établit un courant d'air qui aère la chambre.

est perdue et qu'il n'en reste qu'une petite partie qui est utilisée pour le chauffage de la pièce. On diminue cet inconvénient en rétrécissant l'ouverture de la cheminée, et en avançant autant que possible le foyer.

56. Poêles. — Les poêles donnent une bien plus grande quantité de chaleur, parce que la surface chaude en contact avec l'air de la pièce est beaucoup plus considérable. Le tirage est suffisant pour laisser échapper les produits de la combustion, à la condition cependant de ne

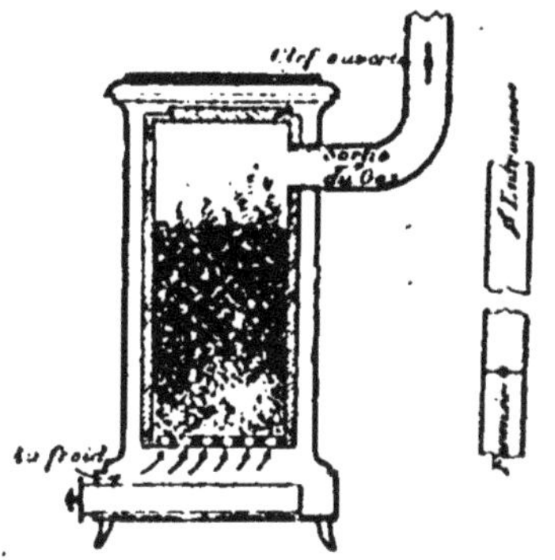

Fig. 55. — Poêle. Différentes positions de la clef qui modifie le tirage.

pas trop modérer ce tirage au moyen de la clef posée sur le tuyau à cet effet. C'est pour la même raison que certains poêles à combustion lente, dit *poêles mobiles,* sont dangereux parce qu'ils laissent dégager les produits de la combustion. Les poêles en fonte, à simple enveloppe, ont aussi le grave inconvénient, quand ils sont portés au rouge, de laisser passer l'oxyde de carbone qui est un poison très violent. On ne devrait employer les poêles en fonte que munis d'une double enveloppe.

57. Calorifères. — Les calorifères sont de plusieurs sortes ; il y a des calorifères à air chaud, à eau chaude et à vapeur d'eau. Ils chauffent bien et donnent une température constante, ils sont hygiéniques ; mais ils exigent une installation coûteuse et ne peuvent pas être employés couramment. Ils conviennent pour des établissements comprenant un grand nombre de pièces qui peuvent être chauffées par le même appareil.

RÉSUMÉ

54. Les principaux appareils de chauffage employés sont les *cheminées*, les *poêles*, les *calorifères*.

Un bon appareil doit ne *laisser échapper* aucun produit de la combustion et *utiliser* la plus grande partie de la chaleur fournie.

55. Les cheminées *facilitent* l'aération, mais laissent une grande partie de la chaleur se perdre par le tuyau.

56. Les poêles sont de bons appareils à la condition qu'ils soient munis d'une double enveloppe et que le tirage soit suffisant. Les poêles *mobiles* à combustion lente sont dangereux.

57. Les calorifères donnent un bon chauffage, mais exigent une installation coûteuse.

DEVOIR. — *Décrire les principaux appareils de chauffage et indiquer leurs avantages et leurs inconvénients.*

❋ ❋ ❋

13ᵉ LEÇON

LES CHARBONS

58. Principaux charbons ; leur origine. — Les charbons sont des corps *noirs* (sauf le diamant), *combustibles, qui brûlent à l'air en donnant du gaz carbonique.*

Ils sont tous formés d'une substance appelée **carbone** alliée à des matières étrangères qui forment la cendre et les résidus quand ils brûlent. Le diamant est du carbone pur.

Les uns se rencontrent tout formés dans la nature et sont dits **charbons naturels** ; tels sont la houille ou charbon de terre, la tourbe, le graphite ou plombagine, le lignite, le diamant.

Les autres, appelés **charbons artificiels,** sont fabriqués ; tels sont le charbon de bois, le coke, le noir animal, le noir de fumée.

59. La houille. — La houille se trouve dans la terre

Fig. 56. — Mine de houille.

en masses considérables. On l'extrait en creusant des puits et des galeries souterraines. Elle a été formée par la décomposition lente de débris végétaux, enfouis dans le sol, et dont on retrouve fréquemment des traces dans les morceaux de houille.

Elle brûle en donnant une flamme produite par le gaz qu'elle renferme, et qui se dégage quand on la chauffe.

C'est le combustible le plus employé, non seulement comme chauffage, mais aussi dans l'industrie pour chauffer les machines.

60. Tourbe. — La tourbe est également produite par des végétaux, des mousses en décomposition ; mais elle est de formation récente et se rencontre dans certains terrains bas et marécageux ; c'est un combustible médiocre qui donne peu de chaleur.

Fig. 57. — Tourbe.

61. Lignite, graphite, diamant. — Ces charbons ne sont pas employés comme combustibles. Le graphite ou plombagine sert à la fabrication des crayons. Le diamant est employé en horlogerie pour sa dureté, et en bijouterie à cause des jeux de lumière qu'il produit quand il est taillé.

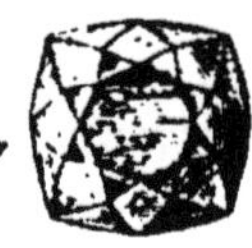

Fig. 58. — Diamant.

62. Charbon de bois. — Quand le bois brûle à l'air, il se consume et ne laisse que des cendres comme résidu. Mais si on le fait brûler en vase clos, à l'abri de l'air, il donne du charbon. On fabrique ce dernier en entassant le bois en meules que l'on recouvre de terre et de gazon. Des ouvertures ménagées dans la masse permettent à la combustion de s'opérer. Elle est terminée au bout de sept à huit jours.

Le charbon de bois est *cassant, léger* et *poreux*. Quand on fait passer sur du charbon concassé de l'eau renfermant des gaz qui lui donnent une mauvaise odeur, du purin, par exemple, il absorbe les gaz et désinfecte l'eau.

Fig. 59. — Meule pour la fabrication du charbon de bois.

C'est pour cette raison qu'il est employé dans la fabrication des filtres. Il est aussi employé pour désinfecter les fosses d'aisance. C'est également un combustible très usité.

63. Coke. — Dans une pipe en terre, à long tuyau, plaçons de petits morceaux de houille et fermons-la avec de la terre glaise. En la chauffant nous verrons se dégager par le tuyau un gaz que l'on peut enflam-

Fig. 60. — La houille chauffée laisse dégager du *gaz* et donne comme résidu du *coke*.

mer : c'est le *gaz d'éclairage* dont nous étudierons la fabrication dans la prochaine leçon. Il reste dans la pipe un charbon léger, poreux qui est du *coke*.

Le coke est donc le résidu de la fabrication du gaz

d'éclairage produit par la combustion de la houille en vase clos.

C'est un bon combustible ; il brûle sans flamme, puisqu'il ne contient plus de gaz.

Fig. 61. — La flamme d'une chandelle laisse déposer du noir de fumée.

64. Noir de fumée. — Quand on fait brûler de la résine, certaines huiles ou matières grasses, il se produit une fumée épaisse et noire qui se dépose sur la surface des corps qu'elle rencontre en poudre noire.

C'est le noir de fumée qui sert à la fabrication de certaines couleurs, de l'encre d'imprimerie et de crayons noirs.

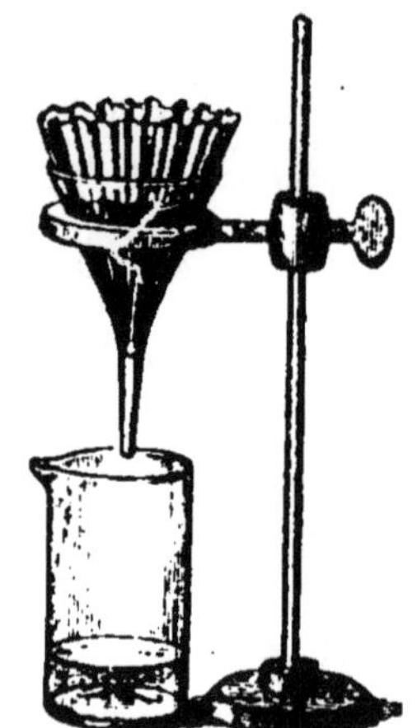

Fig. 62. — Le noir animal décolore les liquides colorés.

65. Noir animal. — Le noir animal est obtenu par la calcination des os en vase clos. Sur un filtre en papier, versons du vin rouge mélangé avec du noir animal, le liquide sort incolore. Il absorbe les matières colorantes. Cette propriété le fait employer pour décolorer les jus sucrés.

RÉSUMÉ

58. Les charbons sont tous formés de *carbone* plus ou moins pur. Ils brûlent à l'air et donnent en brûlant du gaz corbonique.

Les charbons se divisent en charbons *naturels* et en charbons *artificiels*.

59. La *houille* est un charbon naturel qui se trouve dans le sol. Elle est due à la décomposition lente de végétaux enfouis.

60. La *tourbe* est une sorte de houille de formation récente.

61. Le *lignite*, le *graphite*, le *diamant* ne sont pas employés comme combustibles : ils ont d'autres usages industriels.

62. Le *charbon de bois* est produit par la combustion du bois à l'abri de l'air. Il a la propriété d'*absorber* les gaz.

63. Le *coke* est le résidu de la fabrication du gaz d'éclairage ; c'est un bon combustible.

64-65. Le *noir de fumée* et le *noir animal* sont employés à différents usages.

DEVOIR. — *Quelle est l'origine de la houille ? Comment l'extrait-on ? Quels sont ses usages ?*

✻ ✻ ✻

14ᵉ LEÇON

ÉCLAIRAGE

66. Corps employés à l'éclairage. — Certains corps, en brûlant, produisent une flamme que nous utilisons pour notre éclairage : *ce sont ceux qui laissent dégager, lorsqu'ils sont chauffés, un gaz ou une vapeur pouvant brûler* au contact de l'air.

Les principaux corps employés pour l'éclairage sont le suif, la stéarine retirée des corps gras et avec laquelle on fabrique des bougies, les huiles végétales ou minérales, l'alcool, le gaz d'éclairage, l'acétylène, etc.

67. Chandelles et bougies. — Les chandelles et

les bougies sont formées d'une mèche enduite de suif ou de stéarine.

Les chandelles de suif donnent une lumière terne et sont malpropres.

Fig. 63. — Bougie et chandelle.

Dans les bougies, la mèche, tressée et enduite d'acide borique, se consume au fur et à mesure et ne nécessite aucun soin.

Dans les unes comme dans les autres, la chaleur produite par la combustion de la mèche fait fondre d'abord le suif ou la stéarine qui monte dans la mèche, se volatilise et donne naissance à des vapeurs qui s'enflamment.

68. Lampes. — Dans les lampes à huile, peu usitées

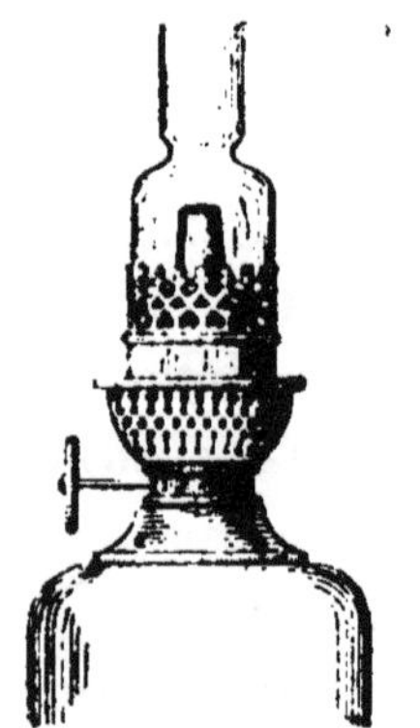

Fig. 64. — Lampe à pétrole.

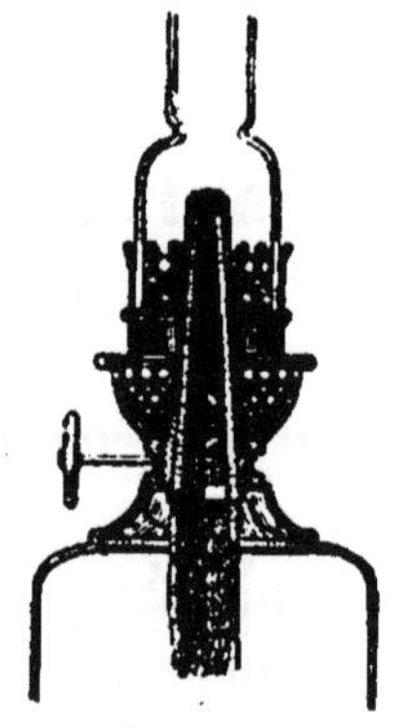

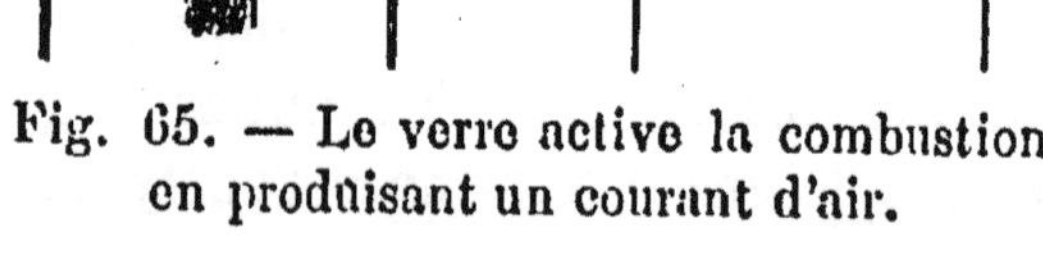

Fig. 65. — Le verre active la combustion en produisant un courant d'air.

aujourd'hui, comme dans les lampes à pétrole, le liquide

monte dans la mèche et vient se volatiliser au contact de
la flamme. On active la combustion en employant une
mèche cylindrique pour augmenter les points de contact
avec l'air, et en faisant arriver un courant d'air à l'intérieur et à l'extérieur de la mèche, au moyen d'une cheminée en verre. Cette cheminée repose sur une garniture
percée de trous, comme l'indique la figure ci-contre, qui
permettent à l'air d'arriver.

69. Gaz d'éclairage. — Le gaz d'éclairage est
produit par la distillation de la houille en vase clos.

La houille est placée dans des cornues en grès ou en
fonte. Il se dégage du gaz que l'on débarrasse des subs-

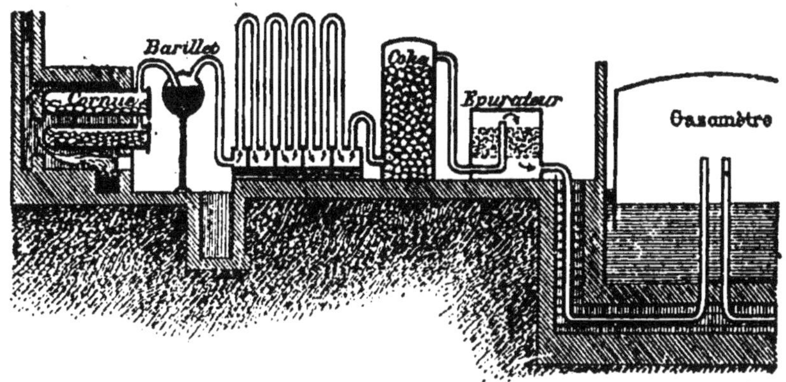

Fig. 66. — Fabrication du gaz d'éclairage.

tances étrangères qu'il contient et qui nuiraient à la
clarté de la flamme, en le faisant passer dans une série
d'appareils.

Il est recueilli sous des cloches ou gazomètres d'où il
est distribué par des tuyaux dans les différents endroits où
on doit l'utiliser.

Nous savons déjà que dans les cornues où s'effectue la
distillation il reste du coke comme résidu ; on recueille
également comme résidus, dans les différents appareils de

la fabrication, des goudrons et des sels qui sont employés dans l'industrie.

70. Acétylène. — L'éclairage à l'acétylène a pris depuis quelque temps une certaine extension. Il est produit par la combustion du gaz de même nom, fabriqué dans des appareils spéciaux au moyen d'un corps appelé carbure de calcium, qui se décompose et laisse dégager le gaz au contact de l'eau.

Ce gaz donne une belle clarté, mais il présente quelque danger. Mélangé à l'air, il produit une violente explosion quand on l'enflamme. Son usage nécessite quelques précautions.

71. Éclairage électrique. — L'éclairage électrique ne repose pas sur le même principe ; il n'est pas produit par la combustion d'un gaz ou d'une vapeur. Nous en dirons un mot en parlant de l'électricité.

72. Pouvoir éclairant. —Toutes les flammes n'éclairent pas également. La flamme de l'hydrogène, celle de l'alcool sont pâles. On peut les rendre éclairantes en introduisant dedans des particules solides, craie ou charbon en poudre, qui portées à l'incandescence augmentent le pouvoir éclairant.

Fig. 67. — Différentes parties de la flamme d'une bougie.

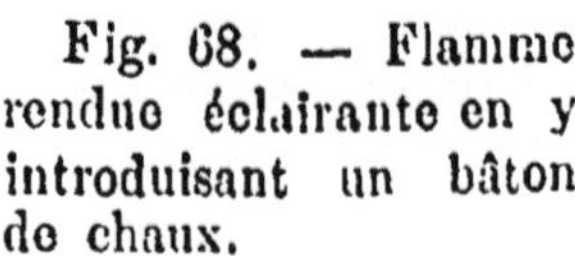

Fig. 68. — Flamme rendue éclairante en y introduisant un bâton de chaux.

rant. D'autres flammes riches en carbone sont fumeuses et ternes si la combustion n'est pas assez vive. C'est ce qui arrive pour une lampe sans verre ; elle laisse déposer du noir de fumée. En activant le tirage au moyen d'un verre, la fumée disparaît et la flamme donne une belle lumière.

RÉSUMÉ

66. Les corps employés à l'éclairage sont ceux qui produisent un gaz, ou une vapeur qui s'enflamment en brûlant.

67. Les *chandelles* donnent un mauvais éclairage, les *bougies* sont plus propres et éclairent mieux.

68. Dans les *lampes* on emploie les huiles végétales, le pétrole et l'alcool. Le liquide monte dans la mèche et se volatilise au contact de la flamme.

69. Le *gaz d'éclairage* provient de la distillation de la houille. Il donne un bon éclairage et il est très employé.

70. L'éclairage électrique et à l'*acétylène* sont moins répandus.

71-72. Pour qu'une flamme soit *éclairante*, il faut qu'elle contienne des particules solides portées à l'*incandescence*.

DEVOIRS. I. — *Quels sont les principaux modes d'éclairage? Indiquez leurs avantages et leurs inconvénients.*

II. — *Que faut-il pour qu'une flamme soit éclairante?*

✳ ✳ ✳

15ᵉ LEÇON

LE SOL; SA CONSTITUTION. — LES ROCHES ET LA TERRE ARABLE

73. L'écorce terrestre. — Quand on examine un talus coupé à pic dans une tranchée creusée pour le passage d'une route, on distingue :

1° A la surface, une couche de terre meuble dans laquelle s'enfoncent les racines des plantes : c'est le **sol ou terre arable** ;

2° Au-dessous, le **sous-sol** formé encore de terre qui n'est remuée que par des labours profonds ;

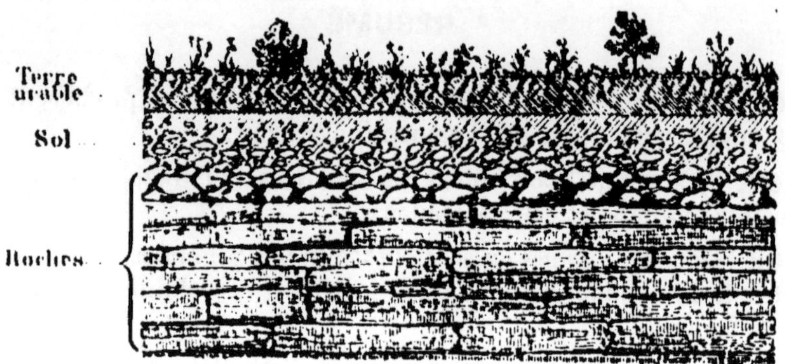

Fig. 69. — Une coupe de l'écorce terrestre.

3° A une profondeur variable, des **roches** de nature diverse, plus ou moins dures et résistantes.

74. Les roches. — Ces roches se présentent tantôt sous la forme de couches superposées, horizontales ou

Fig. 70. — Roche calcaire montrant des débris d'animaux.

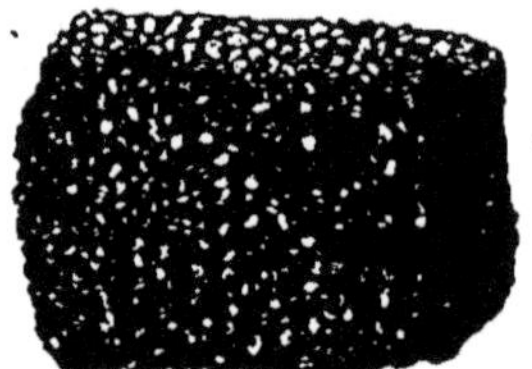

Fig. 71. — Granit.

inclinées, formées de matériaux différents et faciles à distinguer, elles renferment des débris d'animaux ou de végétaux ; tantôt (ce sont les couches les plus profondes), elles ont l'aspect d'une matière en fusion qui s'est solidifiée par le refroidissement : tels sont le *granit,* le *porphyre,* etc.

75. Formation. — On explique la formation de ces dernières par le refroidissement du globe qui, formé primitivement d'une matière en fusion, s'est peu à peu solidifié à la surface. De là le nom de *roches ignées* ou cristallines qu'on leur donne.

Les premières, au contraire, ont été formées par le dépôt des eaux qui recouvraient la surface de la terre refroidie, et qui par leur action désagrégeante rongeaient les roches primitives : on les appelle *roches sédimentaires*.

Le sol et le sous-sol sont eux-mêmes formés de parcelles de ces roches détachées et mélangées à des débris organiques.

Fig. 72. — Carrière d'argile.

76. Nature des roches. — Trois éléments essentiels constituent les roches et se retrouvent dans la terre arable ; ce sont : le calcaire, le sable et l'argile.

La pierre à chaux, le marbre, la craie sont des calcaires. Quand on verse un acide sur l'une de ces roches, il se produit une

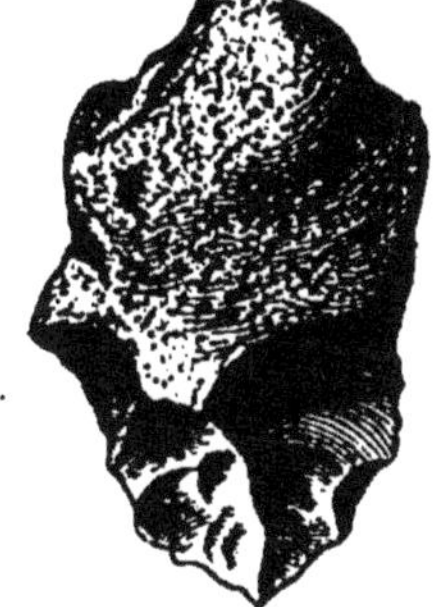

Fig. 73. — Silex ou pierre à fusil.

Fig. 74. — Cristaux de quartz formés de silice presque pure.

effervescence due au dégagement du gaz carbonique contenu dans le calcaire qui est un *carbonate de chaux*.

L'argile ou terre glaise forme des masses compactes plus ou moins dures. C'est avec cette substance que sont faites les tuiles, les briques, les poteries grossières.

La silice se présente sous forme de sable, ou agglomérée sous forme de *grès* et de *silex* ou pierre à fusil.

77. Terre arable. — Ces trois éléments, avons-nous

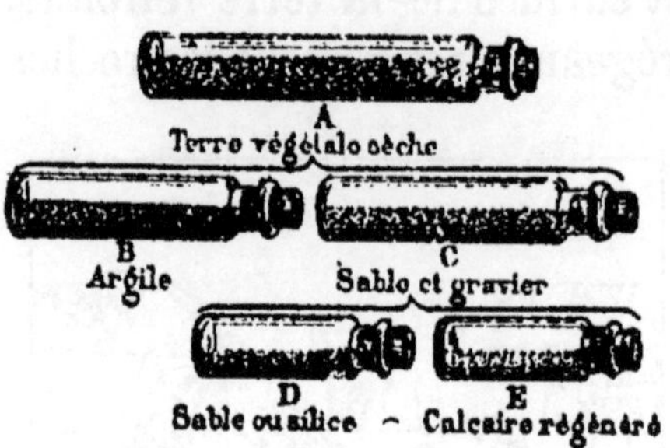

Fig. 75. — Analyse de la terre arable; séparation des éléments.

dit, se retrouvent dans la terre arable, en proportions différentes, alliées à l'*humus* ou *terreau;* suivant que l'un ou l'autre domine, la terre est argileuse, calcaire, siliceuse ou humifère.

La *terre franche* est celle qui renferme 5 à 10 0/0 de terreau, autant de calcaire en poudre, un quart ou un tiers d'argile, le reste en silice. C'est celle qui convient le mieux aux différentes cultures.

78. Amendements. — Quand un élément manque ou se trouve en quantité insuffisante dans la terre arable, on peut l'ajouter sous forme d'amendements pour améliorer le sol. La *marne,* formée de calcaire mélangé à de l'argile ou à du sable, et la *chaux* sont les principaux amendements.

Le cultivateur a le plus grand intérêt à connaître la composition du sol qu'il cultive. Il doit pour cela le faire *analyser* afin d'ajouter, s'il y a lieu, les amendements qui conviennent.

RÉSUMÉ

73, 74, 75. L'écorce terrestre est formée du *sol* ou terre arable, du *sous-sol* et de *roches*.

76. Les roches sont formées de trois éléments : le *calcaire, la* *silice* et l'*argile*, que l'on retrouve dans la terre arable alliés à l'*humus*.

77. La *terre franche* renferme ces trois éléments dans des proportions convenables.

78. On peut, par les *amendements,* donner à un sol les éléments qui lui manquent. La *marne* et la *chaux* forment les principaux amendements.

DEVOIR. — *Comment s'est formée la terre arable? Quels sont les éléments qui entrent dans sa composition?*

✳ ✳ ✳

16ᵉ LEÇON

LE CALCAIRE ET LA CHAUX

79. Importance des roches calcaires. — Les calcaires forment les roches les plus importantes de l'écorce terrestre; ce sont aussi celles qui ont les plus nombreux usages.

Elles se présentent sous différents aspects : la pierre à chaux, la pierre à bâtir dans un grand nombre de localités, le marbre, la craie sont des *pierres calcaires.*

Elles ont toutes un caractère commun qui les rend faciles à reconnaître : elles font effervescence avec un acide, et nous avons vu qu'elles étaient formées d'acide carbonique et de chaux. D'autre part, quand on les chauffe fortement, elles laissent dégager le gaz carbonique et il reste de la chaux.

80. La chaux : sa fabrication. — On fabrique la chaux en chauffant dans des fours, appelés fours à chaux, des pierres calcaires. On entasse dans ces fours des couches successives de combustible (bois ou charbon) et de pierre à chaux ; sous l'action de la chaleur, le gaz carbonique s'échappe et l'on obtient de la chaux.

Fig. 67. — Four à chaux.

81. Chaux vive et chaux éteinte. — La chaux retirée des fours à chaux se présente sous la forme d'une pierre grise et s'appelle *chaux vive*. Si on l'arrose avec de l'eau, il se produit un vif bouillonnement, dû à la chaleur qui se dégage et qui vaporise une partie de l'eau ; la chaux se *délite*, c'est-à-dire se fendille, se réduit en poussière, et donne une bouillie blanche plus ou moins épaisse suivant la quantité d'eau employée : c'est de la *chaux éteinte*.

Fig. 77. — Action de l'eau sur la chaux.

82. Mortiers. — Exposée à l'air, la chaux reprend du gaz carbonique et redevient dure en passant à l'état de carbonate de chaux. C'est cette propriété que l'on utilise dans les *mortiers*.

Un mortier est un mélange de chaux et de sable employé dans les constructions. En séchant, il durcit et lie les pierres entre elles. On ajoute du sable pour empêcher le retrait trop considérable de la chaux quand elle est employée seule, et pour diviser la masse afin que l'air la pénètre mieux.

83. Chaux hydraulique et ciment. -- Certaines chaux ont la propriété de durcir sous l'eau et sont appelées *chaux hydrauliques*. Elles doivent cette propriété à de l'argile qu'elles contiennent en proportions variables. — Les ciments ont les mêmes propriétés. On emploie les uns et les autres pour les constructions qui doivent rester sous l'eau et pour lesquelles la chaux ordinaire serait insuffisante.

84. Sulfate de chaux, plâtre. — La chaux a un autre composé très important, le *plâtre,* qui est du sulfate de chaux (acide sulfurique et chaux). Il existe dans le sol, combiné à l'eau sous forme de cristaux appelés *gypse* ou pierre à plâtre. On exploite de nombreuses carrières de gypse aux environs de Paris.

La cuisson de la pierre à plâtre chasse l'eau; il reste une pierre que l'on broie et qui donne le plâtre en poudre employé dans les constructions. Mélangé avec un peu d'eau, il durcit et sert à faire des plafonds, les revêtements des murs, des statues, etc.

Fig. 78. — Gypse ou pierre à plâtre.

85. Usages en agriculture. — La chaux est employée en agriculture comme amendement. Nous verrons qu'elle est nécessaire à la nourriture des plantes.

Le plâtre est également employé comme engrais et amendement, principalement pour les prairies artificielles.

RÉSUMÉ

79. Les *calcaires* sont formés d'acide carbonique et de *chaux*.

80. Chauffés à l'air, ils laissent dégager le gaz carbonique et il reste de la chaux.

81. La chaux *vive* est avide d'eau et se combine avec elle pour donner la chaux *éteinte*. — La chaux s'empare de l'acide carbonique de l'air et durcit en formant un carbonate.

82. Les *mortiers* sont un mélange de chaux et de sable employé dans les constructions.

83. La chaux hydraulique et le ciment durcissent sous l'eau.

84. Le plâtre est un sulfate de chaux obtenu par la cuisson de la pierre à plâtre.

85. Il est employé dans les constructions et en agriculture.

DEVOIR. — *La chaux, sa fabrication, ses usages. Son emploi en agriculture.*

❖ ❖ ❖

17ᵉ LEÇON

SOUFRE ET PHOSPHORE

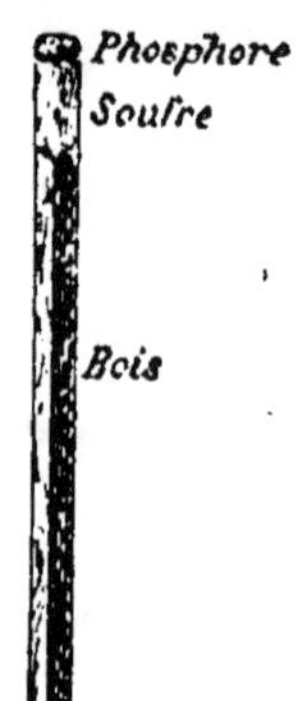

Fig. 79.
Allumette
ordinaire.

86. Le soufre. — Le soufre est un corps solide, jaune, que l'on trouve dans le commerce, sous la forme de bâtons cylindriques ou sous la forme d'une poudre jaune appelée *fleur de soufre.*

Quand on le chauffe, il fond et se vaporise si la température est assez élevée.. Il *s'enflamme facilement* et brûle avec une flamme bleue en dégageant un gaz d'une odeur piquante qui est le *gaz sulfureux.*

Le soufre se trouve à l'état naturel aux environs des volcans qui en dégagent une certaine quantité à l'état de vapeur.

87. Usages du soufre. — En raison de la facilité avec laquelle il s'enflamme, on l'emploie dans la fabrication des *allumettes* et de la *poudre.*

Il est aussi employé pour détruire certains parasites dans les maladies de la peau. On l'emploie enfin pour sceller le fer dans la pierre, pour prendre des empreintes de médailles.

La fleur de soufre est employée pour combattre plusieurs maladies de la vigne, en particulier l'oïdium.

Fig. 80.—Traitement de la vigne avec la fleur de soufre.

88. Gaz sulfureux. — Le gaz sulfureux qui se dégage dans la combustion du soufre, est un gaz qui a des propriétés *décolorantes* et *désinfectantes*. Un bouquet de violettes placé au-dessus du soufre en combustion devient blanc. On fait brûler du soufre dans les appartements à la suite d'épidémie parce qu'il détruit les microbes et assainit l'air. Il *n'entretient pas la combustion* et est employé pour éteindre les feux de cheminée.

Fig. 81. — Le gaz sulfureux décolore.

89. Phosphore. — Le phosphore doit son nom à la propriété qu'il a de paraître *lumineux* dans l'obscurité. Quand on frotte l'extrémité d'une allumette garnie de phosphore sur le mur, il reste une trace lumineuse apparente dans l'obscurité.

Il s'enflamme, lui aussi, avec une grande facilité et à

une température peu élevée. Pour cette raison, il est dangereux à manier et cause des brûlures douloureuses qui guérissent difficilement; on le conserve sous l'eau. C'est en même temps un *poison* très violent que l'on emploie quelquefois pour détruire les souris et les rats. Son contre-poison est le lait.

Il est imprudent de laisser les enfants jouer avec des allumettes.

Fig. 82. — Le gaz sulfureux éteint les corps en combustion.

90. Sa présence dans la nature. — Le phosphore se trouve dans tous les êtres vivants, dans les os des animaux à l'état de phosphate de chaux, dans les graines des végétaux.

On l'extrait des os.

Il est employé à la fabrication des allumettes.

Les végétaux qui en contiennent en ont besoin pour leur nourriture. C'est à l'état de *phosphate de chaux* qu'on le leur fournit sous forme d'engrais.

RÉSUMÉ

86. Le soufre est un corps solide de couleur jaune; il se présente aussi sous la forme de fleur de soufre. Il *fond* et *s'enflamme* facilement; il donne en brûlant de l'*acide sulfureux*. On l'extrait du sol aux environs des volcans; on le fait fondre pour le séparer des matières terreuses.

87. Il est employé à la fabrication des allumettes et de la poudre, pour guérir certaines maladies de peau, pour combattre l'oïdium de la vigne.

88. Le gaz sulfureux est un *décolorant* et un *désinfectant;* il *n'entretient pas la combustion*.

89. Le phosphore est *lumineux* dans l'obscurité; il *s'enflamme* très facilement ; ses brûlures sont dangereuses. C'est un *poison violent*.

90. Il est très répandu dans la nature.

DEVOIRS. I. — *Propriétés et usages du soufre.*

II. — *Quelle est la propriété essentielle du phosphore ? Pourquoi est-il dangereux ?*

❋ ❋ ❋

18ᵉ LEÇON

LES ACIDES

91. Propriétés générales des acides. — Les acides sont des corps composés, ils doivent leur nom à leur saveur qui rappelle celle du vinaigre ou d'un fruit vert. — Ils ont la propriété de *rougir* la teinture de tournesol et de se combiner aux métaux et aux bases pour donner des corps appelés *sels*.

Nous avons déjà étudié l'acide carbonique. Il existe un certain nombre d'autres acides qui ont une très grande importance, en raison de leurs usages dans l'industrie, et parce qu'ils donnent naissance à des composés très employés.

Nous étudierons les trois principaux : l'**acide sulfurique**, l'**acide azotique** et l'**acide chlorhydrique**.

92. Acide sulfurique. — L'acide sulfurique, appelé aussi *huile de vitriol* ou simplement *vitriol,* est un liquide huileux, incolore quand il est pur, mais généralement coloré en brun. C'est un *corps très énergique*. Il est formé de soufre et d'oxygène comme l'acide sulfureux, mais il contient plus d'oxygène que ce dernier.

Sa propriété essentielle est de se combiner à l'eau en dégageant une grande quantité de chaleur. Aussi il attaque tous les corps qui contiennent de l'eau et les désorganise; il carbonise le bois et le papier parce qu'il s'empare de l'eau et laisse le charbon. Il cause des brûlures dangereuses quand il est en contact avec la peau. On doit le manier avec précaution.

93. Ses composés : les sulfates. — Il attaque la plupart des métaux et donne avec eux des *sulfates*. Nous avons vu le sulfate de chaux ou pierre à plâtre. Le *sulfate de fer* ou vitriol vert est employé comme désinfectant. Le *sulfate de cuivre* ou vitriol bleu sert à la fabrication de la bouillie bordelaise pour combattre la maladie de la vigne appelée mildiou.

94. Acide azotique. — L'acide azotique ou *eau-forte* est également un *acide énergique*. Il se présente sous la forme d'un liquide jaune qui émet des vapeurs à la température ordinaire.

Il est formé par la combinaison de l'azote et de l'oxygène et se trouve dans la nature à l'état d'*azotate*. On le retire de l'azotate de potasse ou de l'azotate de soude naturels.

Il attaque tous les métaux sauf l'or et l'argent. On utilise cette propriété dans la *gravure à l'eau-forte*. Sur une plaque de cuivre recouverte d'une mince couche de cire ou de vernis, si l'on trace quelques traits de manière à mettre le cuivre à nu, l'acide que l'on verse ronge le cuivre à ces endroits et produit une gravure en creux.

95. Azotates. — Les azotates de potasse et de soude sont employés en agriculture. L'azotate de potasse ou salpêtre est en outre employé dans la fabrication de la poudre.

96. Acide chlorhydrique. — Le chlore est un corps simple qui se trouve à l'état de combinaison dans le sel marin ou chlorure de sodium. — Il donne avec l'hydrogène un acide qui est l'acide chlorhydrique. C'est un gaz très soluble dans l'eau et c'est sa dissolution qui est généralement employée.

RÉSUMÉ

91. Les *acides* sont des corps composés qui doivent leur nom à leur saveur; ils *rougissent la teinture bleue de tournesol*. Ils donnent avec les métaux des composés importants.

92. L'acide sulfurique ou *huile de vitriol* est un acide très énergique. Il est formé de soufre et d'oxygène.

93. Il forme des *sulfates* dont les principaux sont : le sulfate de chaux, le sulfate de fer et le sulfate de cuivre.

94. L'*acide azotique* ou *eau-forte* est formé d'azote et d'oxygène.

95. Il donne des *azotates* parmi lesquels les azotates de potasse et de soude sont les plus importants.

96. L'acide *chlorhydrique* est un gaz formé de *chlore* et d'hydrogène. Il est employé à l'état de dissolution.

DEVOIR. — *Dites ce que vous savez des trois principaux acides : acide sulfurique, acide azotique, acide chlorhydrique.*

❇ ❇ ❇

19ᵉ LEÇON

POTASSE ET SOUDE

97. Potasse et soude. — On appelle dans le commerce *potasse* et *soude* deux corps blancs, solubles dans l'eau et qui sont employés à différents usages. C'est d'ailleurs improprement qu'ils sont appelés ainsi, car ce sont des combinaisons de potasse et de soude avec l'acide carbonique, des *carbonates* analogues au carbonate de chaux.

La potasse et la soude pures sont des corps *caustiques,* c'est-à-dire qu'ils rongent et brûlent les matières organiques avec lesquelles ils sont en contact. Ce sont des *bases énergiques* qui s'unissent aux acides pour former des sels. Exposés à l'air, ils s'emparent de son acide carbonique et se transforment en carbonates.

98. Cendres des végétaux. — Si l'on fait bouillir dans l'eau des cendres de végétaux, et si l'on évapore le liquide obtenu par décantation, on obtient un résidu qui est du *carbonate de potasse* si les cendres proviennent de végétaux terrestres, et du *carbonate de soude* si les cendres proviennent de végétaux marins. Les *végétaux contiennent donc de la potasse* ou *de la soude.*

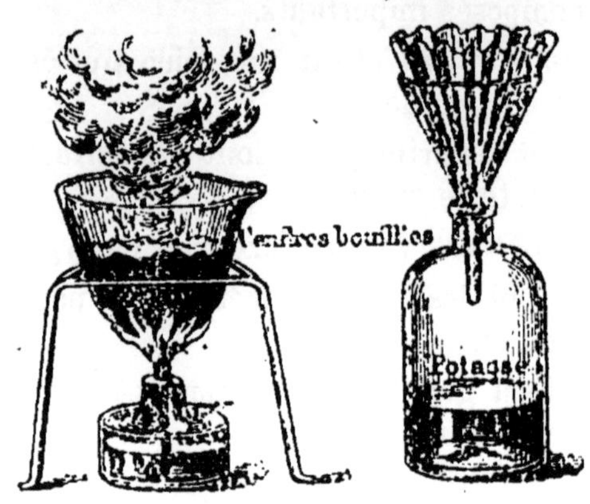

Fig. 83. — Les cendres contiennent de la potasse.

99. Propriétés. — La potasse et la soude *dissolvent* les corps gras. Si l'on fait bouillir une dissolution de potasse avec un corps, huile ou graisse, il se forme un corps solide, *soluble* dans l'eau, qui est du **savon**, et un liquide qui surnage et qui est de la glycérine. Cette propriété est la base de la fabrication des savons. Les savons de soude sont durs, ce sont les savons ordinairement employés ; les savons de potasse sont mous.

100. Usages de la potasse et de la soude. — Cette propriété explique l'emploi de la potasse et de la soude dans le blanchissage du linge. Les corps gras insolubles dans l'eau sont dissous par la potasse et la soude que les ménagères emploient. On comprend également pourquoi elles font bouillir les cendres et emploient cette dissolution pour nettoyer le linge. — Enfin, les savons eux-mêmes doivent à la potasse et à la soude qu'ils renferment les propriétés qui les font employer pour le blanchissage du linge.

101. Composés de la potasse et de la soude.

— Le *sel marin* ou chlorure de sodium employécomme condiment est un composé de chlore et de sodium. Il se retire des mines de sel gemme et de l'eau de la mer, dans les marais salants.

Le *sulfate de potasse* (acide sulfurique et potasse), l'*azotate de potasse* ou salpêtre, l'*azotate de soude* (acide azotique et potasse ou soude) sont encore des composés employés à différents usages.

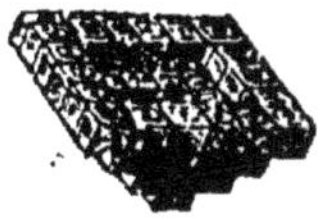

Fig. 84. — Marais salants.

L'*azotate de potasse* se forme naturellement dans le sol en présence du corps poreux. Il est employé à la fabrication de la poudre parce qu'il dégage beaucoup d'oxygène en se décomposant et que cet oxygène facilite la combustion du soufre et du charbon qui entrent aussi dans la composition de la poudre.

Fig. 85. — Cristaux de sel marin obtenus par évaporation.

102. Applications à l'agriculture. — Les sels de potasse, de soude, et les **sels ammoniacaux**, qui ont pour base l'*ammoniaque* (azote et hydrogène), sont em-

ployés en agriculture sous forme d'**engrais** pour donner aux végétaux la potasse, la soude, l'azote qui leur sont nécessaires.

Les azotates de potasse et de soude, le chlorure de potassium, le sulfate de potasse et le sulfate d'ammoniaque sont les plus employés.

(Voy. leçon : engrais complémentaires.)

RÉSUMÉ

97. La potasse et la soude sont à l'état de *carbonates* dans les cendres des végétaux d'où on les retire.

98. Ce sont des *bases énergiques* qui *dissolvent les corps gras* en formant avec eux un *savon*.

99. Les savons sont fabriqués en faisant agir la potasse ou la soude sur un corps gras, huile ou graisse.

100. La potasse et la soude sont employées au blanchissage du linge.

101. Leurs composés les plus importants sont : le *chlorure de sodium*, le *sulfate de potasse*, les *azotates* de *potasse* et de *soude*.

102. Les végétaux ont besoin de potasse, ou de soude pour vivre : on leur fournit des engrais qui en contiennent.

Devoir. — *Dites ce que vous savez de la potasse et de la soude : leurs propriétés; leurs usages.*

✻ ✻ ✻

20ᵉ LEÇON

LES MÉTAUX

103. Propriétés générales. — Les métaux se rencontrent dans le sol soit à l'état pur, soit à l'état de *composés* ou *minerais*.

Les plus répandus et les plus employés sont appelés *métaux usuels*. Les principaux sont : le *fer*, le *zinc*, l'*étain*, le *cuivre*, le *plomb*.

Les autres, appelés *métaux précieux* parce qu'ils sont plus rares, ont des usages moins nombreux, ce sont : l'*or*, l'*argent*, le *platine*.

Les métaux sont tous *solides* (sauf le mercure). Ils sont *durs* et peuvent s'étirer en fils, se réduire en feuilles minces ; ces qualités les rendent propres à de nombreux usages.

Ils sont *bons conducteurs* de la chaleur ; nous avons vu qu'une barre de fer chauffée à une extrémité s'échauffe rapidement dans toute sa longueur. Ils conduisent également bien l'électricité.

104. Action de l'air sur les métaux. — La plupart des métaux usuels subissent l'action de l'oxygène de l'air : le fer donne de la rouille ou oxyde de fer. Ils sont attaqués par les acides en présence de l'eau et donnent des sels (préparation de l'hydrogène). Les métaux précieux, au contraire, ne s'oxydent pas et ne sont pas attaqués par les acides.

105. Minerais. — Ces différentes actions sur les métaux usuels expliquent pourquoi on ne les rencontre dans le sol qu'à l'état de composés, oxydes, sulfures ou sels, mélangés à des matières terreuses. Ces composés portent le nom de *minerais*. Les métaux précieux, au contraire, se rencontrent à l'état pur ou natif.

106. Métallurgie. — Le traitement des minerais, pour extraire le métal, constitue une industrie importante appelée *métallurgie*.

Le plus souvent, les minerais, concassés et débarrassés par un lavage des matières terreuses qu'ils contenaient, sont soumis à une haute température en présence du *charbon*. Le charbon s'empare de l'oxygène, les produits volatils s'échappent et le métal reste pur. Cette opération a lieu généralement dans des fours, des hauts fourneaux pour le fer.

107. Fer, fonte, acier. — Le produit obtenu dans les hauts fourneaux n'est pas du fer pur. C'est de la *fonte* qui a retenu une certaine quantité de charbon. — La fonte est un corps cassant, dur, difficile à travailler, mais qui se moule facilement; on l'emploie dans la fabrication d'un grand nombre d'objets, tels que grilles, appareils de chauffage, ustensiles de cuisine, etc.

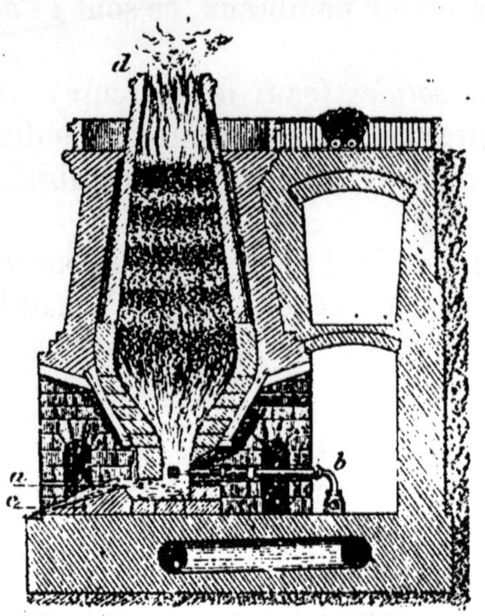

Fig. 87. — Haut fourneau. — *a*, laitier; *b*, tuyau pour faire arriver l'air; *c*, fonte; *d*, sortie du gaz.

Le *fer* est beaucoup plus *malléable,* il se travaille facilement. Pour l'obtenir, on fait arriver dans la fonte en fusion un fort courant d'air; l'oxygène en passant brûle le charbon qui s'en va sous forme d'acide carbonique; il reste du fer pur.

Le fer est le métal le plus utile à l'homme : il est employé à la fabrication d'un grand nombre de machines; ses usages sont extrêmement nombreux.

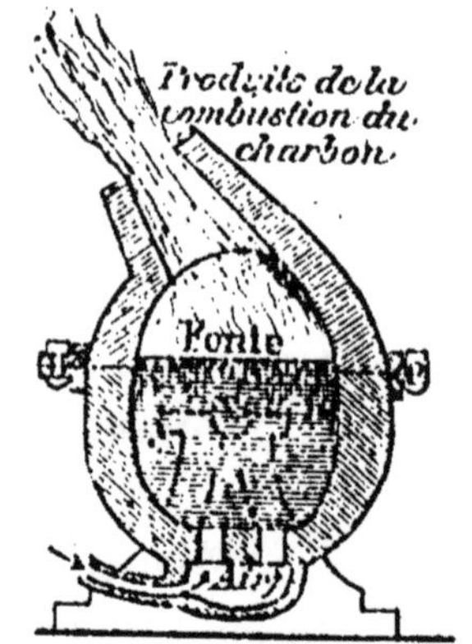

Fig. 88. — Fabrication de l'acier : le charbon de la fonte est brûlé par l'air qui traverse la fonte en fusion.

L'acier a des propriétés un peu différentes du fer : il est plus *dur,* surtout lorsqu'il est trempé. Il sert à faire des outils, des armes, des organes de machines qui doivent présenter une grande dureté et une grande résistance.

Il doit ses propriétés à ce qu'il contient une certaine quantité de charbon, moindre que dans la fonte.

On le fabrique, soit en enlevant partiellement le charbon de la fonte, soit en ajoutant au fer chauffé au rouge une petite quantité de charbon.

Pour *préserver* le fer, la fonte et l'acier de l'oxydation ou de l'action des acides, on les recouvre d'une couche de peinture (grilles, ponts), d'étain (*fer étamé*), de zinc (*fer galvanisé*), de nickel, parce que l'étain, le zinc, le nickel s'oxydent peu à l'air.

107 *bis*. **Usages des autres métaux. Alliages.** — Le **zinc** sert à fabriquer des seaux, des arrosoirs, des baignoires ; réduit en feuilles minces, il sert à couvrir les maisons.

L'**étain** est employé, comme nous l'avons dit, pour l'étamage des ustensiles de cuisine, dans la fabrication des glaces (tain des glaces).

Avec le **plomb**, on fabrique des tuyaux de conduite pour l'eau et le gaz.

Le **cuivre** sert à la fabrication d'appareils de chauffage (chaudières), d'ustensiles de cuisine, parce qu'il s'échauffe rapidement, de fils destinés à conduire l'électricité.

Les ustensiles de cuisine en cuivre doivent être étamés pour empêcher la formation de sels vénéneux (vert de gris) au contact d'aliments acides.

On fond quelquefois plusieurs métaux ensemble pour donner un **alliage** plus *dur*, plus *résistant* que les métaux employés.

Les *monnaies* d'or et d'argent sont formées d'un alliage d'or ou d'argent avec du cuivre.

Le *bronze* est un alliage de cuivre et d'étain ; le *laiton* (cuivre jaune) est formé de cuivre et de zinc.

RÉSUMÉ

103. Les métaux sont des corps solides, *bons conducteurs* de la chaleur. Ils peuvent être réduits en lames minces (*malléabilité* ou étirés en fils (*ductilité*).

104. La plupart s'oxydent à l'air; ils sont attaqués par les acides; ils se rencontrent dans le sol à l'état de *minerais*.

105. On les traite par le charbon à une haute température : le charbon en brûlant enlève l'oxygène, il reste le métal.

106. Le fer est le plus employé et le plus utile de tous les métaux. On le fabrique dans les *hauts fourneaux*.

107. La fonte est du fer qui contient du charbon; elle est *dure*, *cassante*, mais se *moule* facilement.

L'acier contient moins de charbon que la fonte. Il est *dur* et *résistant*.

107 *bis.* Les autres métaux usuels, *le zinc*, *l'étain*, *le plomb*, *le cuivre* servent à la fabrication d'ustensiles de cuisine et d'un grand nombre d'objets divers.

Les *alliages* formés de deux ou plusieurs métaux sont souvent employés : alliage des monnaies, bronze, laiton.

DEVOIRS. I. — *Dites ce que vous savez du fer, de la fonte et de l'acier; leurs propriétés, leurs usages.*

II. — *Qu'est-ce qu'un alliage? Quels sont les alliages que vous connaissez?*

❋ ❋ ❋

Sciences naturelles

DEUXIÈME PARTIE

L'HOMME

21e LEÇON

LE CORPS HUMAIN. — PRINCIPALES FONCTIONS

108. Les grandes fonctions. — L'homme, comme les animaux, est un être vivant qui se *nourrit*, se *déplace*, fait des *mouvements* et *sent*. Il a de plus la faculté de *penser* : c'est un être *intelligent*.

Son corps est composé d'organes destinés à chacune de ces fonctions. Les uns servent à la **nutrition**, les autres aux **mouvements**, d'autres à la **sensibilité**.

109. Le corps de l'homme. — Extérieurement, le corps de l'homme paraît formé de trois parties : la *tête*, le *tronc* et les *membres*. En même temps, nous voyons qu'il est formé de parties dures qui sont les *os*, et de parties molles, la *chair* et les *différents organes*. Les premiers constituent le *squelette* et servent de support aux autres.

La tête comprend une cavité, le *crâne*, qui renferme le

cerveau, organe principal de la sensibilité et siège de l'intelligence. Elle porte, en outre, les principaux organes des sens.

Le **tronc** offre, lui aussi, une cavité qui renferme les organes de la nutrition : il est partagé en deux par

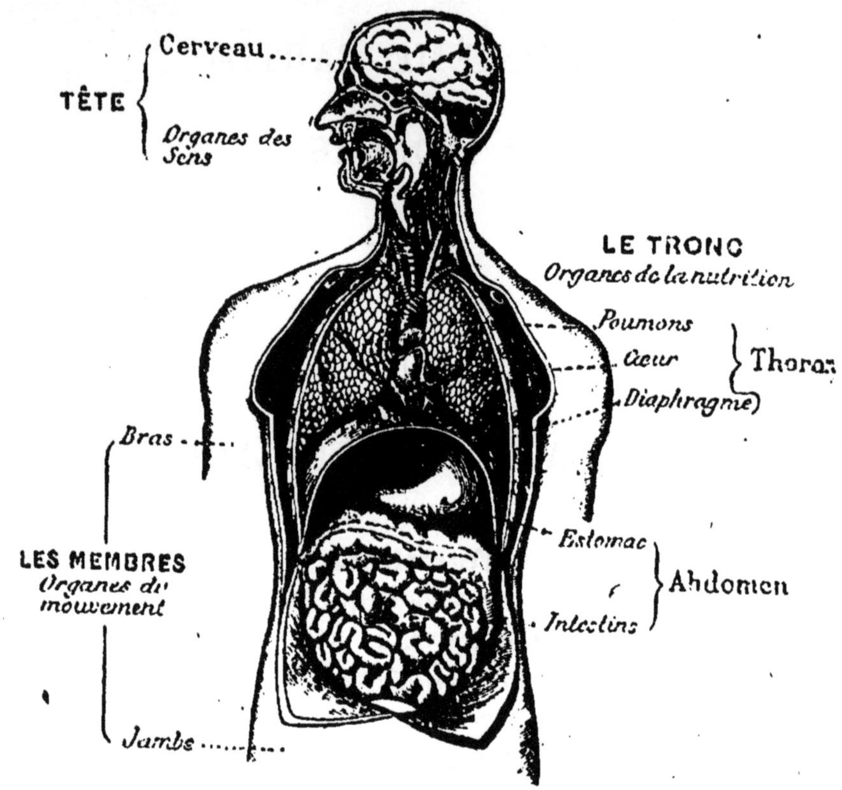

Fig. 89. — Principaux organes du corps de l'homme.

une cloison horizontale appelée *diaphragme*, la partie supérieure est la *poitrine*, la partie inférieure est *l'abdomen.*

Enfin, les **membres**, au nombre de quatre, deux supérieurs, les *bras*, et deux inférieurs, les *jambes,* sont les principaux organes du mouvement.

110. La nutrition. — Le corps de l'homme s'accroît quand il est jeune, il s'use par le travail. Pour remplacer les matériaux usés et fournir ceux qui sont destinés à son développement, il se *nourrit*.

Il le fait en introduisant dans son corps des substances solides ou liquides appelées *aliments*. Mais ces aliments ont besoin de subir une transformation avant de pouvoir être incorporés à nos tissus : c'est l'objet de la **digestion** qui rend solubles les parties utilisables, et les sépare des matières impropres à la nutrition.

Ces parties utilisables sont ensuite versées dans le sang qui, par la **circulation**, les transporte dans toutes les parties du corps.

La **respiration** fournit au sang l'oxygène destiné à brûler les matières usées de notre corps, et à entretenir la chaleur animale. Les **sécrétions** complètent cette dernière fonction en éliminant les substances qui n'ont pas pu être brûlées par l'oxygène de l'air.

En résumé, la digestion, la circulation, la respiration et les sécrétions sont les fonctions essentielles de la nutrition.

RÉSUMÉ

108. L'homme se *nourrit*, se *meut*, et *sent*; de plus, c'est un être *intelligent*.

109. Son corps est formé de trois parties : la *tête* où se trouvent les organes de la sensibilité, le *tronc* qui renferme les organes de la nutrition, les *membres* qui servent plus particulièrement aux mouvements.

110. La nutrition comprend la *digestion* qui a pour objet la transformation des aliments en éléments assimilables; la *circulation* qui transporte ces éléments par tout le corps; la *respiration* qui fournit au sang l'oxygène nécessaire et qui, avec les *sécrétions*, élimine les matériaux usés.

DEVOIR. — *Quelles sont les parties essentielles du corps de l'homme? Quelles grandes fonctions accomplissent-elles?*

✳ ✳ ✳

22ᵉ LEÇON

LES ALIMENTS

111. Nature des aliments. — Les aliments qui servent à notre nourriture sont tirés du règne végétal ou du règne animal. Le sel, que nous employons comme condiment pour les assaisonner, et l'eau qui nous sert de boisson, appartiennent néanmoins au règne minéral.

Ils doivent contenir tous les éléments qui constituent les tissus de notre corps. Ces éléments essentiels sont : le carbone, l'oxygène, l'hydrogène et l'azote.

112. Diverses sortes d'aliments. — Suivant leur composition, les aliments se divisent en :

1° **Aliments azotés**, qui contiennent les quatre éléments que nous avons indiqués. Le blanc d'œuf formé d'*albumine*, la chair des animaux formée de *fibrine*, la *caséine* du lait qui sert à faire les fromages sont des **aliments azotés**.

Ils servent à former, à accroître, à remplacer les différentes parties de notre corps.

2° **Aliments non azotés**, qui ne renferment que du carbone, de l'hydrogène et de l'oxygène ; ils comprennent les *féculents*, comme l'amidon de la farine et la fécule des pommes de terre ; les *matières grasses*, comme la graisse des animaux, le beurre, les huiles ; les *matières sucrées*, comme le sucre ordinaire.

Ces aliments servent à la combustion lente qui s'opère dans toutes les parties du corps, et qui développe la CHALEUR ANIMALE.

3° Enfin, les **boissons**, comme l'eau, le vin, etc., qui facilitent la digestion et l'absorption des aliments, et qui fournissent, en même temps, quelques matières utiles à notre corps, comme la *chaux,* qui sert à la formation des os.

113. Aliments complets. — Certaines substances employées à notre nourriture, contiennent à la fois des aliments azotés et des aliments non azotés.

Le pain, par exemple, renferme de l'amidon et du gluten ; le gluten est une substance azotée. Dans les œufs, on distingue facilement le blanc, qui est formé d'*albumine,* du jaune qui est une *matière grasse.* Dans le lait, la *crème* forme la partie grasse, le lait écrémé qui reste, renferme la *caséine* ou caillé et le petit lait qui contient des *matières sucrées.*

Ce sont des aliments complets qui pourraient servir seuls à la nourriture de l'homme.

Fig. 90. — En pétrissant de la farine sous un filet d'eau, l'amidon est entraîné, le gluten reste.

Le jeune enfant se nourrit exclusivement de lait ; c'est la seule nourriture qui lui convient, au moins pendant la première année.

114. Aliments incomplets. — Les autres aliments sont dits incomplets, parce qu'ils ne renferment pas les quatre éléments, ou que l'un de ces éléments n'y entre pas dans une proportion suffisante. Un seul de ces aliments ne pourrait suffire à l'alimentation ; ils doivent être mélangés, de manière à fournir les quatre éléments qui constituent le corps de l'homme, dans des proportions convenables. C'est ainsi que nos repas sont composés de manière à joindre le pain à la viande, aux légumes, aux fruits, etc.

RESUMÉ

111. Les aliments renferment les éléments qui constituent les tissus de notre corps : le *carbone*, l'*oxygène*, l'*hydrogène*, et l'*azote*.

112. Les aliments se divisent en : 1° aliments azotés, comme l'*albumine*, la *fibrine* et la *caséine* ; 2° aliments non azotés, comme la *fécule* et l'*amidon*, les *matières grasses* et les *matières sucrées* ; 3° les *boissons*.

113. Un aliment complet contient à la fois des aliments azotés et des aliments non azotés : le *lait*, les *œufs*, le *pain* Ils suffisent à la nourriture de l'homme.

114. Les aliments incomplets doivent être mélangés de manière à fournir les quatre éléments.

Devoir. — *Les aliments ; leur composition.* — *Qu'appelle-t-on aliments complets ? Nommez-en.*

✳ ✳ ✳

23ᵉ LEÇON

LA DIGESTION

115. Objet de la digestion. — Transformer les aliments pour qu'ils puissent être incorporés au sang, et, pour cela, rendre *soluble* la partie utilisable et la séparer de la partie impropre à la nutrition : tel est l'objet de la digestion.

Cette transformation a lieu dans un ensemble d'organes appelé l'**appareil digestif**.

116. Organes de la digestion. — Ces organes comprennent trois parties essentielles, trois cavités : la *bouche*, l'*estomac* et les *intestins;* dans chacune d'elles, les aliments séjournent pour y subir l'action de liquides ou sucs digestifs destinés à opérer la digestion.

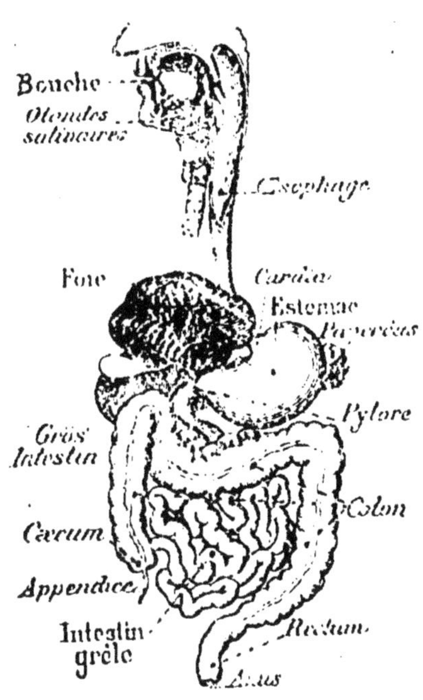

Fig. 91. — Les organes de la digestion.

117. La bouche. — Dans la bouche, les ali-

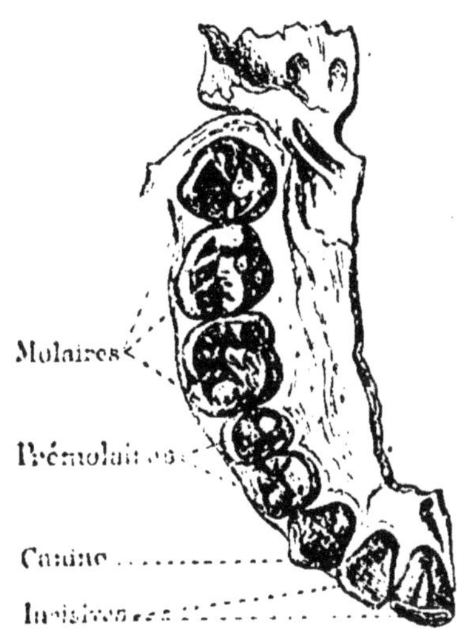

Fig. 92. — Nos dents. (Demi-mâchoire).

ments sont d'abord broyés au moyen des **dents.** Les dents, au nombre de 32 chez l'homme adulte, sont de petits os durs, recouverts d'émail, implantés dans les mâchoires. Elles ont trois formes différentes ; il y a les *incisives,* au nombre de quatre à chaque mâchoire, qui servent à couper les aliments ; les *canines,* situées de chaque côté des incisives, qui sont pointues et servent à déchirer la chair ; enfin les *molaires*, placées de chaque côté de la bouche, au nombre de dix à chaque mâchoire, qui servent à broyer les aliments.

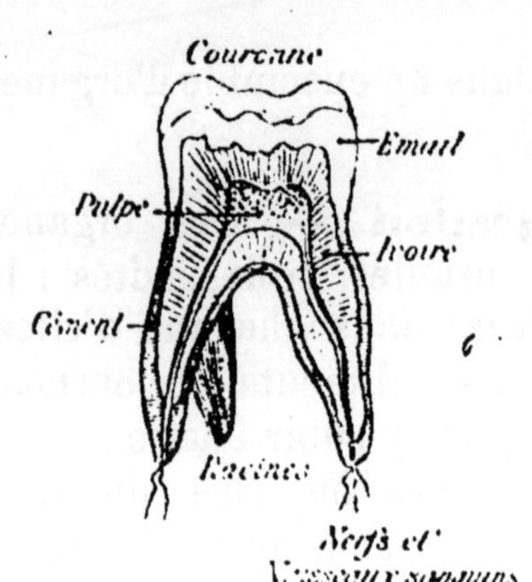

Fig. 93. — Coupe d'une dent (molaire).

Les aliments sont en même temps imprégnés de *salive ;* la salive est fournie par des glandes situées de chaque côté de la bouche et sous la langue.

La salive agit sur les aliments *féculents* et les transforme en *sucre soluble*.

118. L'estomac. — De la bouche, les aliments sont conduits par l'arrière-bouche et l'œsophage dans l'estomac. L'estomac est une poche placée dans la partie supérieure de l'abdomen. Des glandes situées dans ses parois sécrètent le *suc gastrique* qui se mélange aux aliments et agit sur la partie azotée qu'il dissout et transforme en principes solubles. L'estomac est animé de mouvements et de contractions qui facilitent le mélange et l'action du suc gastrique.

119. Les intestins. — L'intestin grêle fait suite à l'estomac et se termine par le gros intestin. C'est un long tuyau replié sur lui-même, dont la longueur atteint six ou sept fois la longueur du corps de l'homme. Deux organes, le *foie* et le *pancréas*, sécrètent deux liquides, la *bile* et le *suc pancréatique*, qui viennent se déverser dans l'intestin ; celui-ci sécrète en outre, un suc appelé *suc intestinal* dont l'action s'ajoute aux précédents. Les aliments, en sortant de l'estomac, passent dans l'intestin grêle, ils subissent l'action de la bile et des sucs pancréatique et intestinal ; les matières féculentes et les sucres qui avaient résisté à l'action des sucs précédents sont rendus solubles et assimilables. La digestion est complète, il ne reste plus que la partie inutilisable qui est poussée dans le gros intestin et rejetée au dehors.

120. Absorption. — La partie des aliments digérée et propre à devenir du sang se présente alors sous la forme d'un liquide blanc que l'on appelle **chyle.**

Il est absorbé par une infinité de petits suçoirs qui tapissent l'intérieur de l'intestin grêle et qui le conduisent, à travers un réseau de petits vaisseaux appelés *vaisseaux chylifères,* jusqu'à un vaisseau sanguin, la veine porte, où il se mélange au sang et d'où il est amené au cœur.

RÉSUMÉ

115-119. La digestion a pour but de rendre les aliments *solubles* et *assimilables.* Cette transformation a lieu dans 3 cavités : 1° la *bouche,* où les aliments sont broyés et subissent l'action de la *salive* qui attaque et rend solubles les *aliments féculents;* 2° l'*estomac,* où le *suc gastrique* transforme les *aliments azotés;* 3° l'*intestin,* où la *bile,* le *suc pancréatique* et le *suc intestinal* achèvent la digestion en agissant sur les matières *grasses et sucrées.*

120. Par l'*absorption,* les aliments digérés sont conduits dans le sang.

DEVOIR. — *Qu'est-ce que la digestion? Quels sont les principaux organes de la digestion? Quel est le rôle de chacun d'eux?*

❋ ❋ ❋

24ᵉ LEÇON

LA CIRCULATION

121. Le sang. — Le sang, qui renferme tous les éléments nutritifs, est un liquide rouge formé en grande partie d'eau, environ 78 0/0. Abandonné à lui-même, il se sépare en deux parties, une liquide, c'est le *sérum,* qui contient en dissolution différentes substances et en particulier les principes digérés des aliments ; l'autre, appelée *caillot,* est formée de petits globules rouges qui donnent au sang sa couleur et qui absorbent l'oxygène de l'air.

122. Le sang est en mouvement. — Le sang est répandu dans tout le corps, mais il est contenu dans un système de *vaisseaux sanguins* très fins et tellement nombreux qu'on ne peut piquer une partie de notre corps sans atteindre l'un de ces vaisseaux et faire couler le sang. — Ce liquide est sans cesse en mouvement et circule à travers les vaisseaux sous l'action d'un organe central appelé **cœur.**

123. Le cœur. — Le cœur est placé dans le thorax,

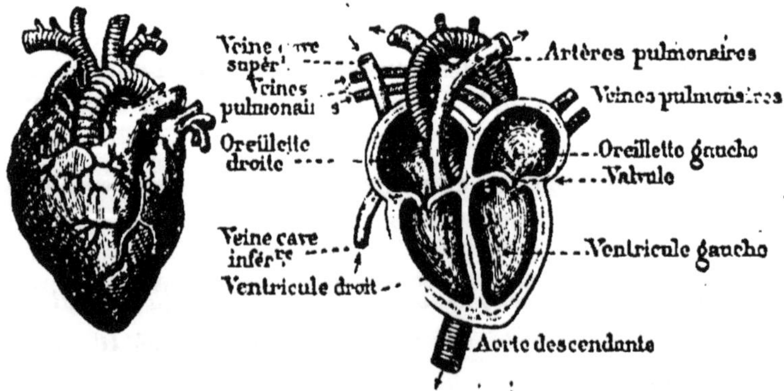

Fig. 94. — Cœur de l'homme (coupe du cœur).

un peu à gauche. C'est un organe creux, à parois très

épaisses, divisé en deux par une cloison verticale qui
constitue à la vérité deux cœurs, l'un gauche, l'autre droit,
accolés, mais ne communiquant pas entre eux. Chaque
cœur est divisé en deux parties, une *oreillette* et un *ventricule,* qui communiquent ensemble par une ouverture. Cette
ouverture est fermée par une valve ou soupape qui s'ouvre
de haut en bas, de sorte que le sang peut passer de l'o-
reillette dans le ventricule, mais ne peut pas revenir du
ventricule dans l'oreillette.

124. Les artères et les veines. — De chaque
ventricule partent des vais-
seaux appelés *artères,* qui
se subdivisent et se ramifient en vaisseaux extrê-
mement fins appelés *vaisseaux capillaires.* Ces vaisseaux se réunissent les uns
aux autres, pour former les
veines qui ramènent le sang
au cœur, et débouchent
dans les deux oreillettes.

125. Trajet du sang.
— Le sang est chassé du
cœur par les contractions
de cet organe. A chaque
battement, le sang contenu
dans le ventricule gauche
est refoulé dans l'artère
aorte dont les parois élas-
tiques s'élargissent pour lui
donner passage. Poussé par
de nouvelles contractions,

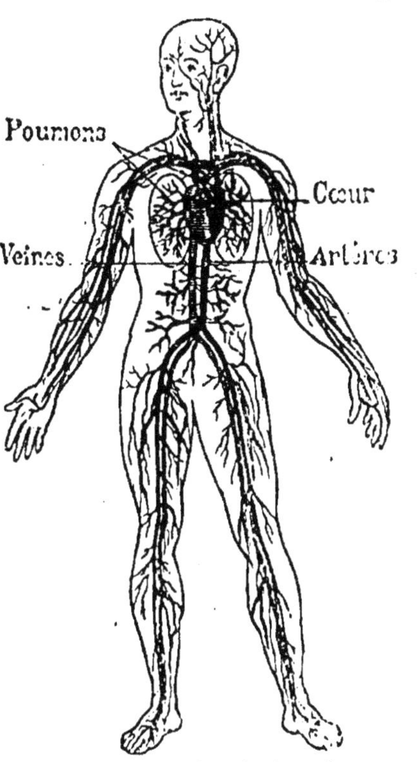

Fig. 95. — Circulation du sang
dans le corps de l'homme. — Les
artères sont représentées par les
traits pleins.

il arrive et se répand dans les vaisseaux capillaires.

Il accomplit là une double fonction : 1° il abandonne les substances nutritives qu'il contient en dissolution pour remplacer les matériaux usés de notre corps; 2° il brûle, au moyen de l'oxygène qu'il contient, ces matières usées et se charge des produits de la combustion : gaz carbonique et vapeur d'eau. Cette combustion lente produit de la chaleur dont le résultat est de maintenir notre corps à une température à peu près constante d'environ 38°.

Cette fonction accomplie, le sang revient au cœur par les veines; mais il a changé de nature; d'une part, il a perdu les éléments nutritifs qu'il contenait; d'autre part, il a remplacé l'oxygène par du gaz carbonique. il a une couleur noire, on le nomme *sang veineux*.

Il reprend dans les intestins de nouvelles substances digérées, puis, ramené au cœur, dans l'oreillette droite, il passe dans le ventricule droit, d'où il est chassé dans les poumons par l'artère pulmonaire.

Des poumons il revient au cœur revivifié, régénéré, chargé d'oxygène et débarrassé du gaz carbonique : il a repris sa couleur rouge et porte le nom de *sang artériel*.

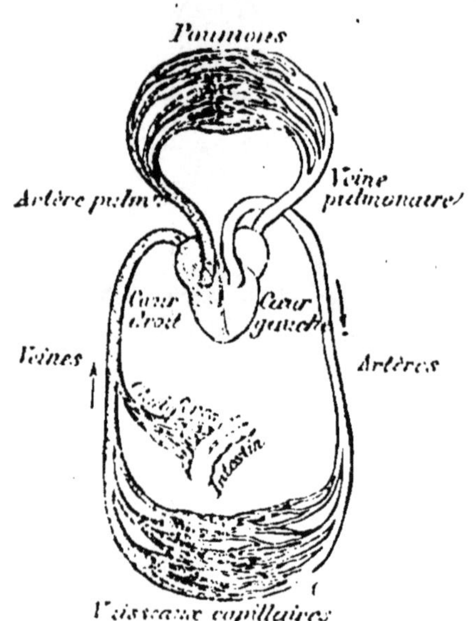

Fig. 96. — Figure théorique pour montrer la double circulation du sang.

Par la veine pulmonaire il est ramené dans l'oreillette gauche, d'où il passe dans le ventricule gauche pour recommencer le même trajet.

En résumé, le sang accomplit une double circulation :

1° En partant du ventricule gauche il va par l'artère aorte se distribuer dans tout notre corps, puis il revient au cœur, dans l'oreillette droite, par les veines ;

2° Du ventricule droit il repart par l'artère pulmonaire, va aux poumons subir l'action de l'air, et revient à l'oreillette gauche par les veines pulmonaires.

RÉSUMÉ

121. Le sang est le véhicule chargé de porter dans tout notre corps les éléments nécessaires à la vie.

122. Il est constamment en mouvement sous l'action d'un organe central appelé *cœur*.

123. Le cœur est divisé en deux parties séparées entre elles, et chaque partie comprend une oreillette et un ventricule communiquant entre eux.

124. Le sang est contenu dans un système de vaisseaux comprenant : les *artères*, qui emportent le sang du cœur vers les extrémités ; les *vaisseaux capillaires*, qui le distribuent dans tous nos organes ; les *veines*, qui le ramènent au cœur.

125. Le sang accomplit un double trajet : l'un, du cœur dans toutes les parties du corps ; l'autre, du cœur aux poumons, où il va subir le contact de l'air.

DEVOIR. — *Décrivez le double trajet qu'accomplit le sang dans notre corps et dites les transformations qu'il subit.*

※ ※ ※

25ᵉ LEÇON

LA RESPIRATION

126. Les poumons. — Les poumons sont les organes essentiels de la respiration. Ce sont deux masses spongieuses, placées dans le thorax, de chaque côté du cœur.

Ils ne forment pour ainsi dire qu'une seule cavité extrêmement divisée et constituée par les ramifications des bronches. Cette cavité communique avec l'air extérieur par la trachée-artère, l'arrière-bouche ou les fosses nasales.

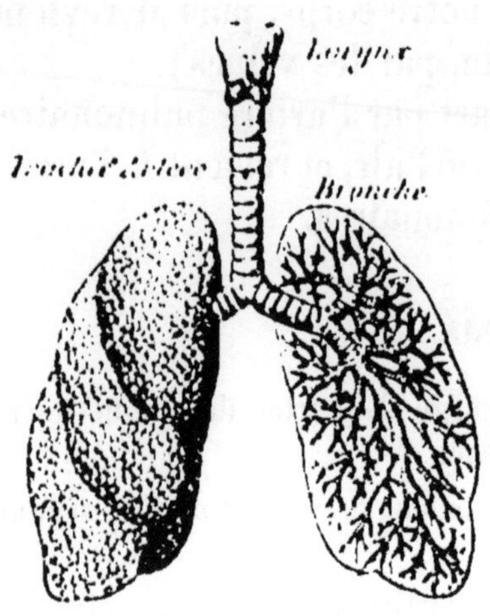

Fig. 97. — Nos poumons.

D'autre part, les parois de ces cavités ou *vésicules pulmonaires* sont sillonnées par les ramifications des artères pulmonaires qui contiennent le sang venant du cœur.

Enfin, les poumons sont entourés d'une double enveloppe ou peau très fine, formant entre ses deux parois une poche hermétiquement close ; le feuillet externe tapisse la poitrine, tandis que le feuillet interne adhère à la surface des poumons.

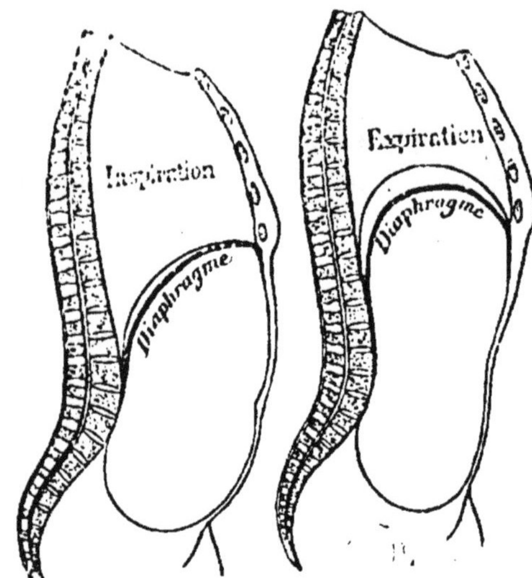

Fig. 98. — Figure théorique montrant la position des côtes et du diaphragme pendant l'inspiration et l'expiration.

127. Mécanisme de la respiration. — Pour faire pénétrer l'air dans les poumons, la poitrine s'agrandit par le mouvement des côtes qui s'élèvent et du diaphragme qui s'abaisse. Les poumons, adhérant à la double

enveloppe qui les entoure et qui suit les mouvements de
la poitrine, augmentent aussi de volume ; l'air est aspiré
et pénètre dans toutes les vésicules pulmonaires. Quand
nous expirons, la poitrine s'aplatit et chasse l'air au
dehors.

**128. Changements subis par le sang et par
l'air.** — Le sang, dans les vaisseaux, est chargé d'acide
carbonique et de vapeur d'eau ; l'air, dans les vésicules
pulmonaires, est composé d'azote et d'oxygène.

Le sang et l'air sont seulement séparés par une double
paroi extrêmement mince.
Quand l'air sort, il contient
du gaz carbonique, ainsi
qu'on peut s'en convaincre
en le faisant barboter dans
de l'eau de chaux qu'il
trouble ; il contient aussi
de la vapeur d'eau qui se
condense au contact d'un
corps froid, comme un mi-
roir ; d'autre part, il a perdu
son oxygène ; le sang au
contraire a repris ses propriétés. Nous pouvons donc
en conclure qu'un double

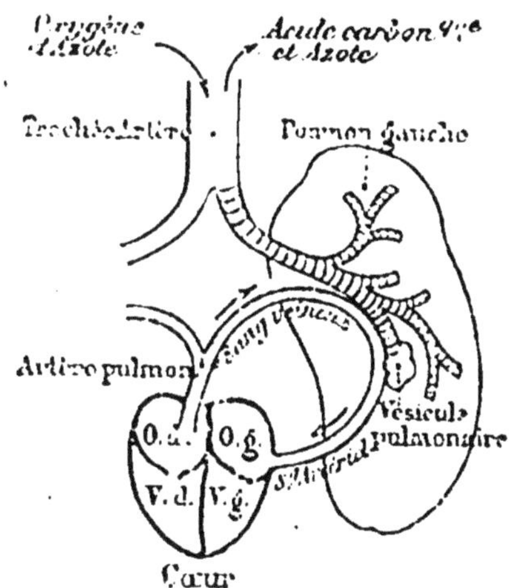

Fig. 99. — Figure théorique
de la respiration.

échange s'est fait à travers les parois des vésicules pulmonaires et des vaisseaux sanguins : *l'oxygène de l'air
est passé dans le sang ; le gaz carbonique et la vapeur
d'eau contenus dans le sang sont rejetés avec l'air expiré.*

RÉSUMÉ

126. Pour accomplir ses fonctions, le sang doit renfermer de
l'oxygène.

127. C'est dans les *poumons*, au contact de l'air, que le sang se charge d'oxygène. — Les poumons sont des sortes de sacs extrêmement ramifiés dans lequel l'air pénètre.

128. Le sang, dans les vaisseaux sanguins, l'air, dans les vésicules pulmonaires, font un *échange* à travers la membrane qui les sépare : *le sang prend l'oxygène de l'air et laisse échapper le gaz carbonique et la vapeur d'eau.*

DEVOIR. — Quels sont les changements subis par l'air et par le sang dans les poumons?

❋ ❋ ❋

26ᵉ LEÇON

LES SÉCRÉTIONS. — LA PEAU

129. Les sécrétions. — Il ne suffit pas de remplacer les matériaux usés de notre corps, il faut aussi enlever les résidus ou déchets.

Nous avons vu comment la combustion qui s'opère au moyen de l'oxygène du sang, enlève le carbone et l'hydrogène ; les matières *azotées* sont éliminées par les sécrétions. Les principales sont la **sueur** et l'**urine**.

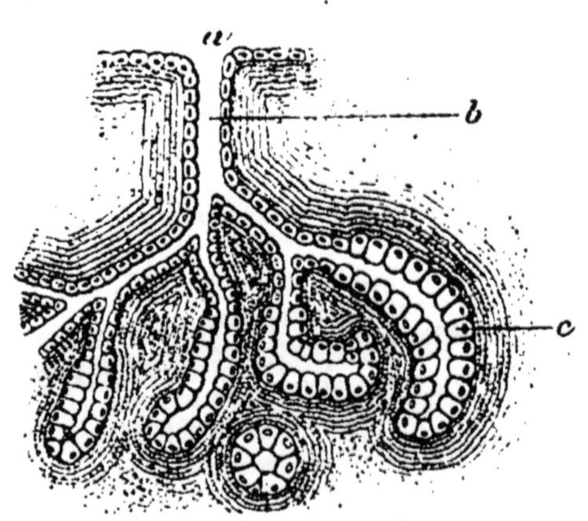

Fig. 100. — Une glande.

a, orifice du canal excréteur *b*.

130. Les organes de la sécrétion. — Nous avons étudié déjà un certain nombre de sécrétions en parlant de la digestion : la salive, le suc pancréatique ainsi que la bile sont des produits sécrétés.

La peau qui tapisse l'intérieur de nos organes et que l'on nomme muqueuse, est le siège de sécrétions continuelles, mais le plus souvent l'organe sécréteur est une **glande.**

Les parois des glandes sont très riches en vaisseaux sanguins et le liquide sécrété est produit par la filtration à travers les parois de la glande de certaines matières contenues dans le sang. C'est au moins ce qui a lieu pour la sueur et pour l'urine.

131. La sueur. — La sueur se montre à la surface de la peau, à l'orifice de petits conduits excréteurs. Ces ouvertures nommées pores se distinguent aisément à la loupe. Ce liquide est sécrété par des glandes appelées glandes *sudoripares*, situées dans l'épaisseur de la peau.

La sueur est formée en grande partie d'eau contenant en dissolution des matières azotées, telles que l'urée et l'acide urique.

Elle est produite en plus grande abondance pendant l'été que pendant l'hiver, quand nous travaillons ou que

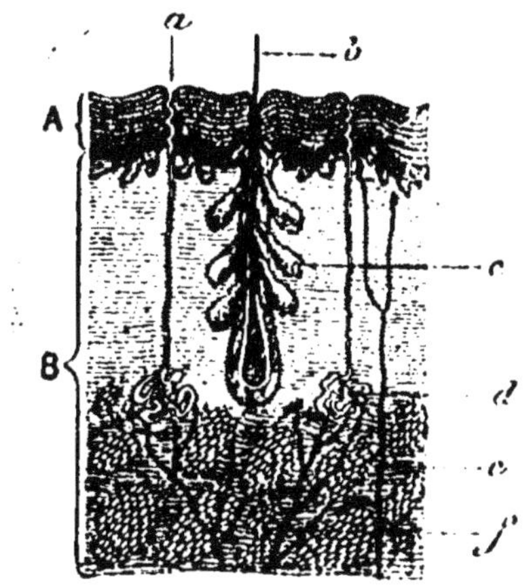

Fig. 101. — Coupe de la peau montrant l'épiderme A, le derme B et, dans l'épaisseur, une glande sudoripare *d*.

a, pore; *b*, poil; *f*, vaisseau sanguin; *e*, nerf.

nous nous livrons à des exercices violents, quand nous avons chaud. Mais alors l'évaporation qui se produit à la surface de la peau, refroidit notre corps et vient empêcher l'augmentation de température qui résulterait d'une combustion plus rapide.

La sueur est donc en même temps qu'un *produit d'élimination*, un *régulateur* de la chaleur animale.

132. L'urine. — L'urine est sécrétée par deux organes nommés *reins* situés dans la région abdominale, de chaque côté de la colonne vertébrale.

Le sang amené dans les reins par de nombreux vaisseaux est en quelque sorte *filtré* : l'eau en excès et certains sels ammoniacaux, l'urée et l'acide urique, sont éliminés. Le liquide sécrété s'accumule dans la vessie, d'où il est expulsé au dehors.

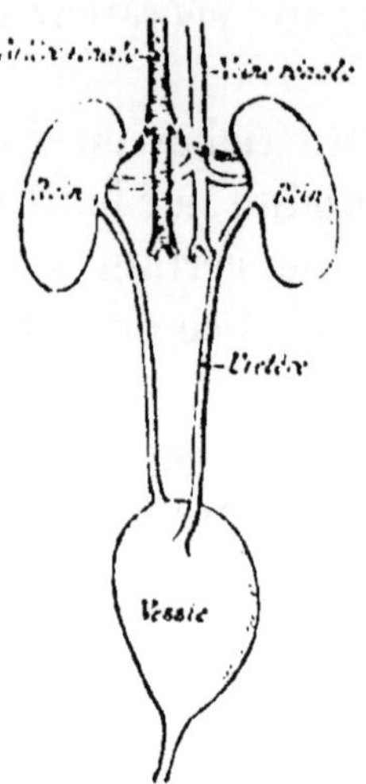

Fig. 102. — Appareil urinaire.

133. Importance des sécrétions. — Les matières azotées qui sont éliminées par ces sécrétions, sont mises en évidence par l'odeur ammoniacale qui s'en dégage quand elles fermentent : c'est ce qui a lieu dans le purin formé par l'urine des animaux.

Si ces matières restaient dans le sang, elles nous empoisonneraient. Il est indispensable que ces fonctions s'établissent avec la plus grande régularité.

RÉSUMÉ

129. Les sécrétions *éliminent* de notre corps les *matières azotées* qui ne peuvent plus servir. Les principales sont la *sueur* et l'*urine*.

130-131. La sueur est sécrétée par de petites glandes appelées glandes *sudoripares* et situées dans l'épaisseur de la peau.

132. L'urine est sécrétée par les *reins* dans lesquels le sang subit une sorte de filtration.

133. Les *sécrétions* sont des *fonctions importantes* qui doivent s'accomplir très régulièrement pour que notre corps se maintienne en bonne santé.

DEVOIR. — *Dites en quoi consistent les sécrétions, et quelles sont les principales sécrétions.*

* * *

27ᵉ LEÇON

HYGIÈNE DE LA NUTRITION

134. Hygiène. — Les différentes fonctions de la nutrition doivent s'accomplir régulièrement si nous voulons conserver notre corps en bon état. Pour cela nous devons suivre certaines règles qui constituent l'hygiène de la nutrition.

1° Hygiène de la digestion.

135. Comment nous devons manger. — *Nous devons manger sobrement:* l'abus des aliments fatigue les organes chargés de les digérer, sans profit d'ailleurs pour notre alimentation.

La *régularité des repas* est aussi une des conditions du bon fonctionnement de nos organes; l'estomac s'habitue à fonctionner aux mêmes heures.

Il faut *manger lentement* et bien *mâcher les aliments.* L'action des sucs digestifs ne s'exerce bien que s'ils peuvent pénétrer toute la masse. Il en résulte que nous devons prendre grand soin de nos dents destinées à broyer les aliments; nous devons les laver chaque jour avec une brosse douce, et après chaque repas pour les empêcher de se gâter.

Après les repas, pendant la digestion qui dure deux ou trois heures, un exercice modéré est utile, mais des exercices trop violents pourraient arrêter la digestion.

Il est extrêmement dangereux de prendre un bain avant que la digestion ne soit entièrement terminée.

136. Choix des aliments. — Les aliments doivent être sains et variés. Les légumes frais, ou bien conservés, constituent une nourriture agréable et saine. Certaines viandes, provenant d'animaux malades, peuvent être dangereuses : la viande de porc *trichiné* ou *ladre*, de moutons atteints de charbon, de vaches tuberculeuses, doit être rejetée ou consommée seulement après avoir été bien cuite.

Le lait provenant des vaches tuberculeuses ne doit être employé qu'après avoir été bouilli.

137. Hygiène des boissons. — Les boissons sont utiles pour faciliter la digestion. La plus *saine* et la seule *indispensable* est l'**eau** naturelle de bonne qualité.

Cependant on fabrique certaines boissons aromatiques comme le thé, le café, des infusions de fleurs et de feuilles qui sont agréables et sans danger pour la santé ; d'autres, comme les eaux gazeuses, les sirops de fruits sont rafraîchissantes et peuvent également être consommées sans inconvénient.

Les boissons fermentées sont le vin, la bière, le cidre ; elles contiennent toutes une certaine quantité d'alcool qui s'y est développé par la fermentation. Ces boissons sont agréables et peuvent être prises en quantité modérée, à la condition cependant qu'elles n'aient pas été falsifiées.

138. Alcoolisme. — Mais l'abus de ces boissons cause l'ivresse et conduit à l'alcoolisme, un des plus terribles fléaux de notre temps. L'alcoolisme atteint tous les organes du corps et particulièrement ceux de la nutrition.

L'estomac de l'alcoolique est désorganisé et ne fonc-

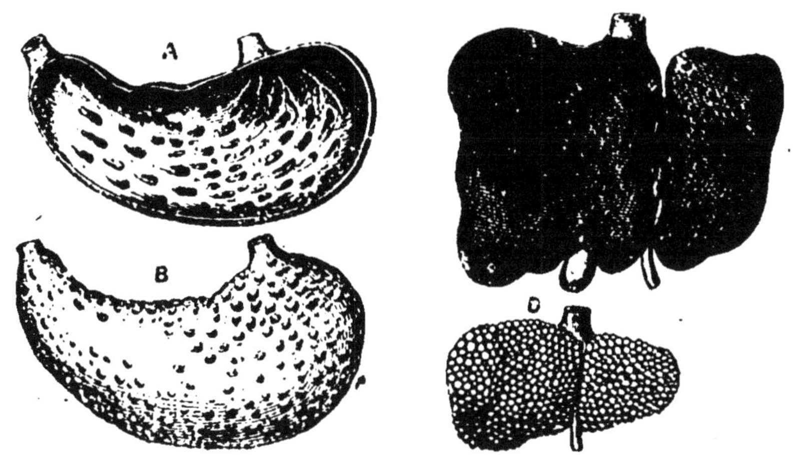

Fig. 103. — Action de l'alcool sur nos organes.

A, Estomac sain ; B, Estomac altéré (gastrite) ; C, Foie sain, D, Foie atrophié (cirrhose).

tionne plus. Le foie se durcit ou se couvre de graisse ; il ne remplit plus ses fonctions.

L'alcool et les boissons alcooliques distillées, liqueurs, essences, amers, apéritifs, produisent les mêmes effets, mais beaucoup plus rapidement encore. *Tous les alcools sont des poisons que nous devons écarter de notre alimentation.*

RÉSUMÉ

134. Les fonctions de la nutrition doivent s'accomplir régulièrement si nous voulons conserver notre corps en bonne santé.

135. Nous devons manger *sobrement ;* les repas seront *réguliers,* les aliments bien *mâchés* et avalés lentement pour faciliter la digestion.

136. La nourriture doit être saine et variée ; les viandes provenant d'animaux malades doivent être écartées.

137. Les boissons sont nécessaires : l'*eau* est la meilleure et la plus saine, le *vin*, la *bière* et le *cidre*, peuvent être absorbés en petite quantité, mais pris en excès ils conduisent à l'*alcoolisme*.

138. L'alcool et les boissons alcooliques doivent être rejetés de notre alimentation.

DEVOIR. — *Montrez les dangers de l'alcool et indiquez les désordres qu'il produit dans notre corps.*

✳ ✳ ✳

28ᵉ LEÇON

HYGIÈNE DE LA NUTRITION (*suite*).

139. Hygiène de la circulation. — Le sang doit circuler *librement* dans toutes les parties du corps, c'est pour cela que les organes de la circulation ne doivent pas être comprimés. Si le cou ou les membres sont trop serrés, le sang ne circule pas ; il peut en résulter des troubles.

Certaines causes, une chaleur trop grande, le passage brusque à l'air froid, peuvent causer un arrêt de la circulation dans le cerveau ou dans les poumons : il y a *congestion ;* les alcooliques, plus que les autres, sont prédisposés aux congestions.

140. Hémorragies. — Quand un vaisseau sanguin est coupé, le sang coule et il se produit une *hémorragie.* Si le sang est rouge vermeil et sort par saccades, le vaisseau atteint est une artère ; la blessure est grave parce que l'ouverture de l'artère cherche à s'agrandir en raison de l'élasticité de son en-veloppe. Il faut essayer d'arrêter le sang en liant fortement le membre au-dessus de la coupure et appeler aussitôt le médecin.

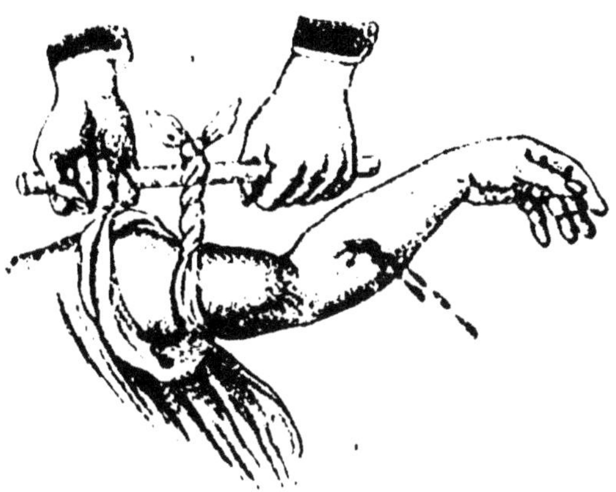

Fig. 104. — On arrête l'hémorragie en comprimant le membre au-dessus de la blessure.

Si le sang est noir et coule régulière-ment, c'est une veine qui a été atteinte ; la blessure se ferme gé-néralement seule, sauf lorsqu'il s'agit d'une grosse veine ; il suffit après avoir lavé la blessure de l'entourer avec un linge.

141. Hygiène de la respira-tion. — L'air que nous respirons doit surtout être pur et ne pas contenir de gaz ou de germes organiques dange-reux à respirer.

Dans la campagne, l'air est généra-lement sain, dans les villes, au con-traire, il est vicié par la respiration et les nombreuses combustions. On plante des arbres, on crée des jardins publics pour chercher à le purifier.

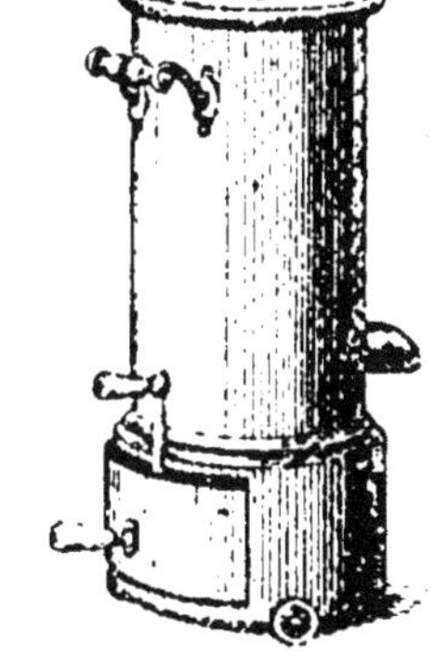

Fig. 105. — Poêle mobile ; laisse déga-ger de l'oxyde de car-bone qui vicie l'air.

Dans les appartements, l'air est aussi rapidement vicié, soit par les combustions, soit par la respiration des personnes. Cer-tains appareils de chauffage, les poêles en fonte, lais-sent dégager des gaz comme l'oxyde de carbone, qui sont de véritables poisons. Ces appareils devraient être proscrits. Dans les pièces où séjournent un grand nombre de personnes, il faut *aérer* et *ventiler* souvent pour renouveler l'air.

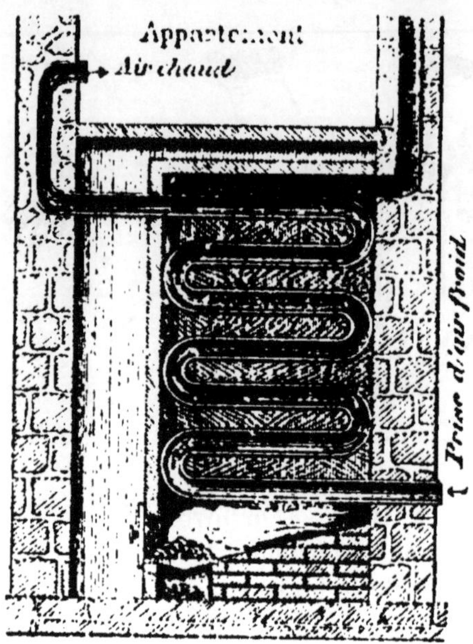

Fig. 106. — Les calorifères sont d'excellents appareils de chauffage qui ne laissent dégager aucun gaz délétère dans les appartements.

Les organes de la respiration peuvent en outre être atteints de maladies nombreuses ; les rhumes de poitrine, les bronchites, les pleurésies, les pneumonies, sont des inflammations de la gorge, des bronches ou des poumons. On peut les éviter, en partie au moins, en prenant des précautions quand l'air est froid et humide.

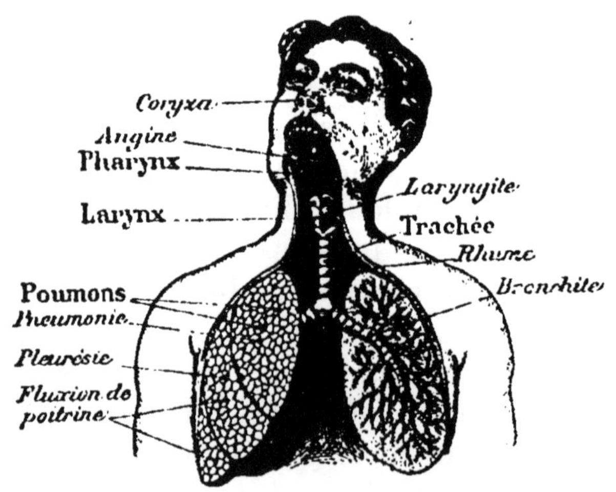

Fig. 107. — Affections des organes de la respiration.

142. Tuberculose. — L'affection la plus grave qui puisse atteindre les poumons est la **tuberculose**. La tuberculose est occasionnée par le développement d'un germe organisé appelé *microbe* ou *bacille* qui détruit le tissu des poumons et amène la mort. Cette maladie est *contagieuse*.

L'introduction du germe dans les poumons, par la respiration, peut amener la tuberculose. Or, les crachats et la salive des tuberculeux contiennent ce germe en quantité considérable. On voit donc le danger qu'il y a à cracher par terre, à tourner les pages d'un livre avec son doigt mouillé, à mettre dans sa bouche des objets, crayons ou

Fig. 108. — Poumon de tuberculeux.

La figure de droite montre les cavernes produites par le développement du bacille.

porte-plumes. Le germe déposé par la salive, ou resté par terre après l'évaporation du crachat, peut occasionner la maladie. Le balayage humide et l'époussetage humide doivent être seuls employés.

N'oublions pas non plus que la tuberculose est *curable*. Les cures d'air ont, à cet effet, les plus heureux résultats.

RÉSUMÉ

139. Le sang doit circuler librement dans nos organes : il ne faut donc pas qu'ils soient comprimés.

140. Une *hémorragie* est occasionnée par la coupure d'un vaisseau sanguin ; elle est moins dangereuse lorsqu'il s'agit d'une veine ; elle est plus grave lorsque c'est une artère qui est atteinte.

141. Nous avons besoin de respirer un *air pur ;* aussi nous devons *aérer* fréquemment et largement nos appartements.

142. La tuberculose est une maladie causée par un *bacille* qui attaque principalement nos poumons. Elle est *contagieuse*, mais elle est *curable*.

Devoir. — *Pourquoi faut-il aérer ? Quelles précautions doit-on prendre pour le balayage et l'époussetage des appartements?*

✳ ✳ ✳

29ᵉ LEÇON

SQUELETTE ET OS

143. Les os ; leur composition. — Les tissus mous du corps de l'homme sont soutenus par les *os* qui en constituent la charpente ou *squelette*.

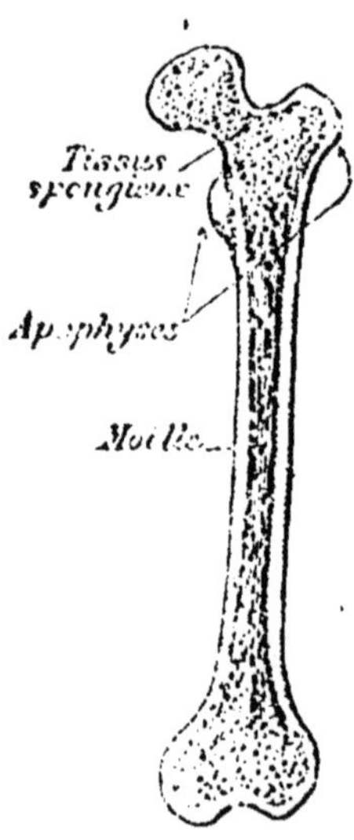

Fig. 109. — Coupe d'un os long montrant le canal intérieur rempli de moelle.

Les os sont des corps durs, longs ou plats. Si l'on fait tremper un os dans un acide, de l'acide chlorhydrique ou du fort vinaigre, il devient mou et flexible, et ne présente plus qu'une substance organique, gélatineuse, que l'on appelle *osséine*. La matière résistante qui a disparu, dissoute dans l'acide, est formée de *carbonate* et de *phosphate de chaux*. — En calcinant un os c'est au contraire l'osséine qui disparaît, et il ne reste plus que la substance minérale sous forme d'une poudre grisâtre.

Dans le jeune âge, les os contiennent peu de matière minérale ; ils sont mous et peu résistants.

Les os longs présentent un canal intérieur rempli de moelle.

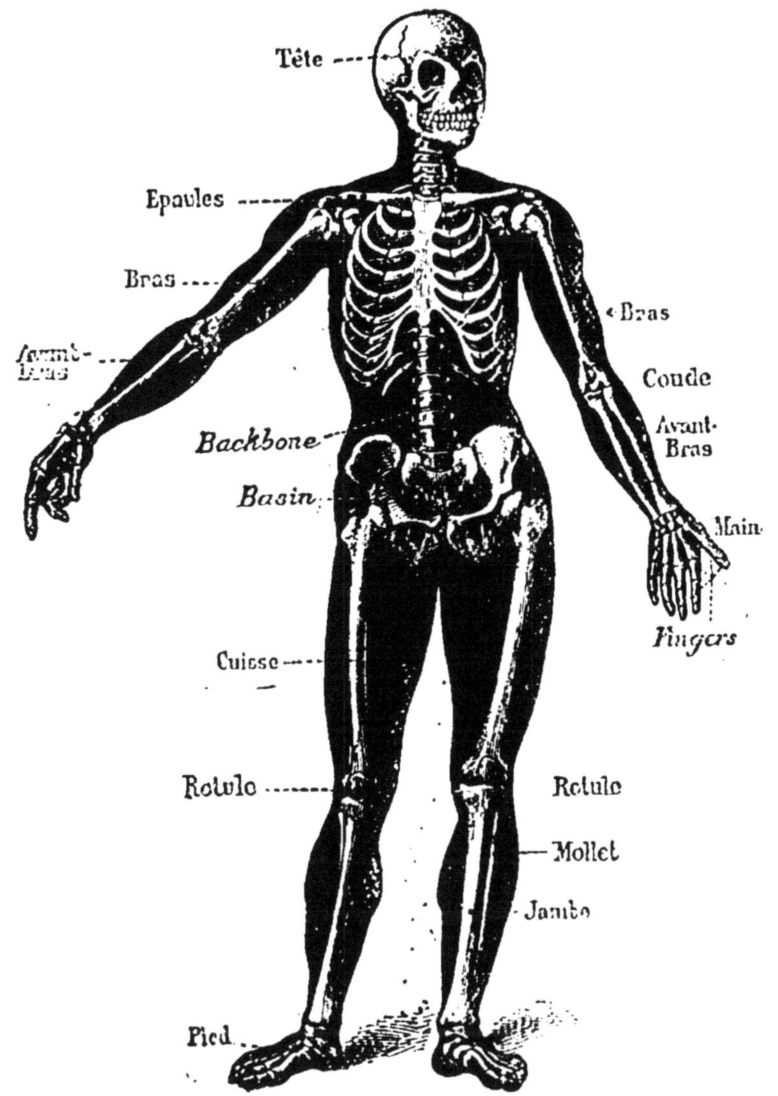

Fig. 110. — Squelette de l'homme.

144. Le squelette. — Le squelette est formé de trois parties correspondant aux trois parties essentielles du corps de l'homme : la **tête**, le **tronc** et les **membres**.

145. La tête. — La tête comprend les os du *crâne*, qui forment en arrière une boîte osseuse contenant le cerveau ; ces os sont plats et soudés entre eux. — En avant se trouvent les *os de la face* ; en haut les *orbites* où sont logés les yeux, au-dessous les *os du nez*, de chaque côté les os des *pommettes* et à la partie inférieure les deux *mâchoires*, l'une supérieure, fixe et soudée au crâne, l'autre, mobile et articulée ; les dents sont implantées dans les mâchoires.

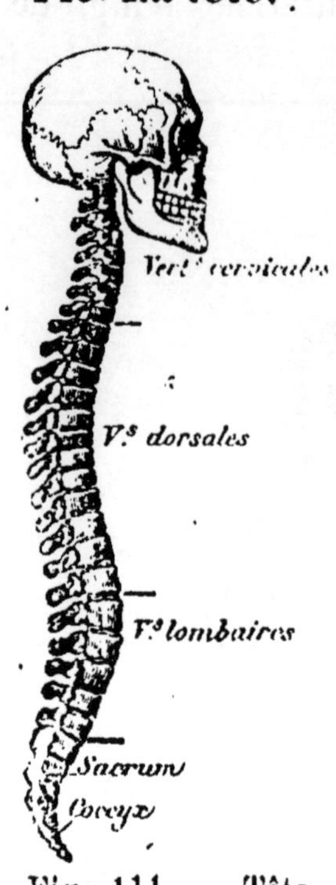

Fig. 111. — Tête et colonne vertébrale.

146. Le tronc. — **Colonne vertébrale.** — Le tronc est formé en arrière d'une colonne osseuse partant de la base du crâne.

Elle est composée de petits os appelés vertèbres qui sont superposés et percés d'une ouverture de manière à former un canal intérieur qui s'étend dans toute la longueur de la *colonne vertébrale*.

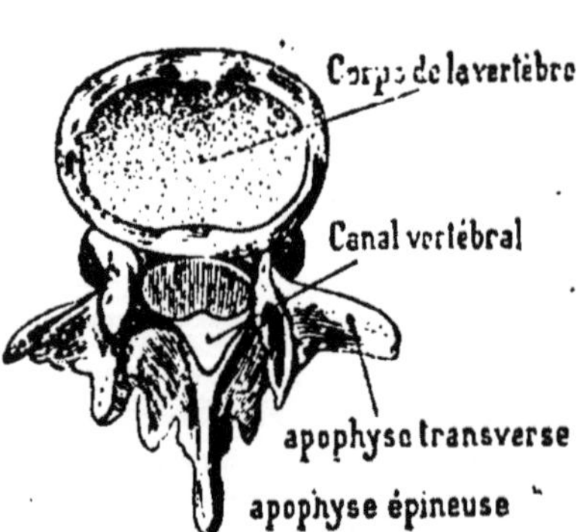

Fig. 112. — Une vertèbre.

147. Les côtes. — Aux vertèbres de la région dorsale sont attachées les *côtes*, os plats, recourbés en demi-cercle et reliés en avant à un os appelé *sternum*, de manière à former une sorte de cage appelée *cage thoracique*.

Le tronc est limité : 1° à la partie supérieure, par les os de l'épaule à laquelle se rattache le bras ; l'épaule comprend, en arrière, l'*omoplate* et, en avant, la *clavicule* qui rejoint le sternum ; 2° en bas, par les os du bassin qui soutiennent tous les organes de la nutrition et qui comprennent l'os de la *hanche* à laquelle s'attache la cuisse.

148. Les membres. — Les membres supérieurs et les membres inférieurs sont formés d'os correspondants, en même nombre, et disposés de la même façon.

Dans les membres supérieurs :

Le bras formé d'un os, l'*humérus*.

L'avant-bras, de deux os, le *radius* et le *cubitus*.

Le poignet, des os du *carpe*.

La main, de cinq os, le *métacarpe*.

Les doigts, des *phalanges*.

Dans les membres inférieurs :

La cuisse formée du *fémur*.

La jambe, de deux os, le *tibia* et le *péroné*.

Le talon, des os du *tarse*.

Les pieds, de cinq os, le *métatarse*.

Les orteils, même nombre de phalanges que les doigts.

Entre la cuisse et la jambe, un os rond, la *rotule*, forme le genou.

RÉSUMÉ

143. La charpente du corps, ou *squelette*, est composée d'os, les uns longs, les autres plats. Les os sont formés d'une *substance minérale* et d'une *substance organique* nommée l'*osséine*.

144. Le squelette comprend trois parties : la *tête*, le *tronc* et les *membres*.

145. La tête est composée des os du *crâne* et de la *face*.

146. Le tronc est formé de la *colonne vertébrale*, des *côtes*, du *sternum* et des os du *bassin*.

147. Les membres supérieurs et les membres inférieurs comprennent un même nombre d'os, correspondants et disposés de la même façon.

Devoir. — *Quelle est la composition des os? Indiquez les principales parties du squelette.*

30ᵉ LEÇON

ARTICULATIONS. — MUSCLES, MOUVEMENTS

149. Il y a plusieurs sortes d'articulations.
— Les os sont soudés entre eux comme les os de la tête,
ou rattachés les uns aux autres par des ligaments qui leur permettent de se mouvoir les uns sur les autres : les premiers sont des *articulations fixes*, les autres des *articulations mobiles* ; parmi ces dernières, les unes ne permettent aux os que des mouvements peu étendus, comme les côtes par rapport à la colonne vertébrale, les autres, au contraire, permettent aux os de se replier et de tourner les uns sur les autres, comme les mouvements du bras et de l'avant-bras.

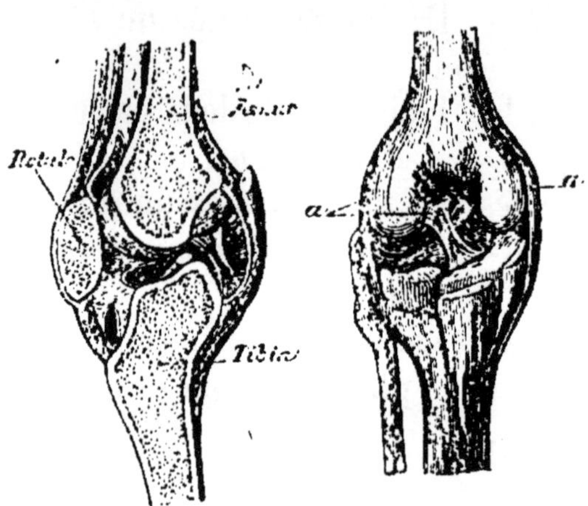

Fig. 113. — Articulation du genou.
a. a, ligaments qui rattachent l'os de la cuisse
à ceux de la jambe.

150. Les muscles. — Les os sont recouverts de chair qui constitue la partie maigre de la viande. Examinée attentivement la chair se présente sous forme de faisceaux rougeâtres qui prennent une teinte plus blanche et sont plus durs aux environs des os.

La partie rouge centrale est un *muscle* terminé aux deux

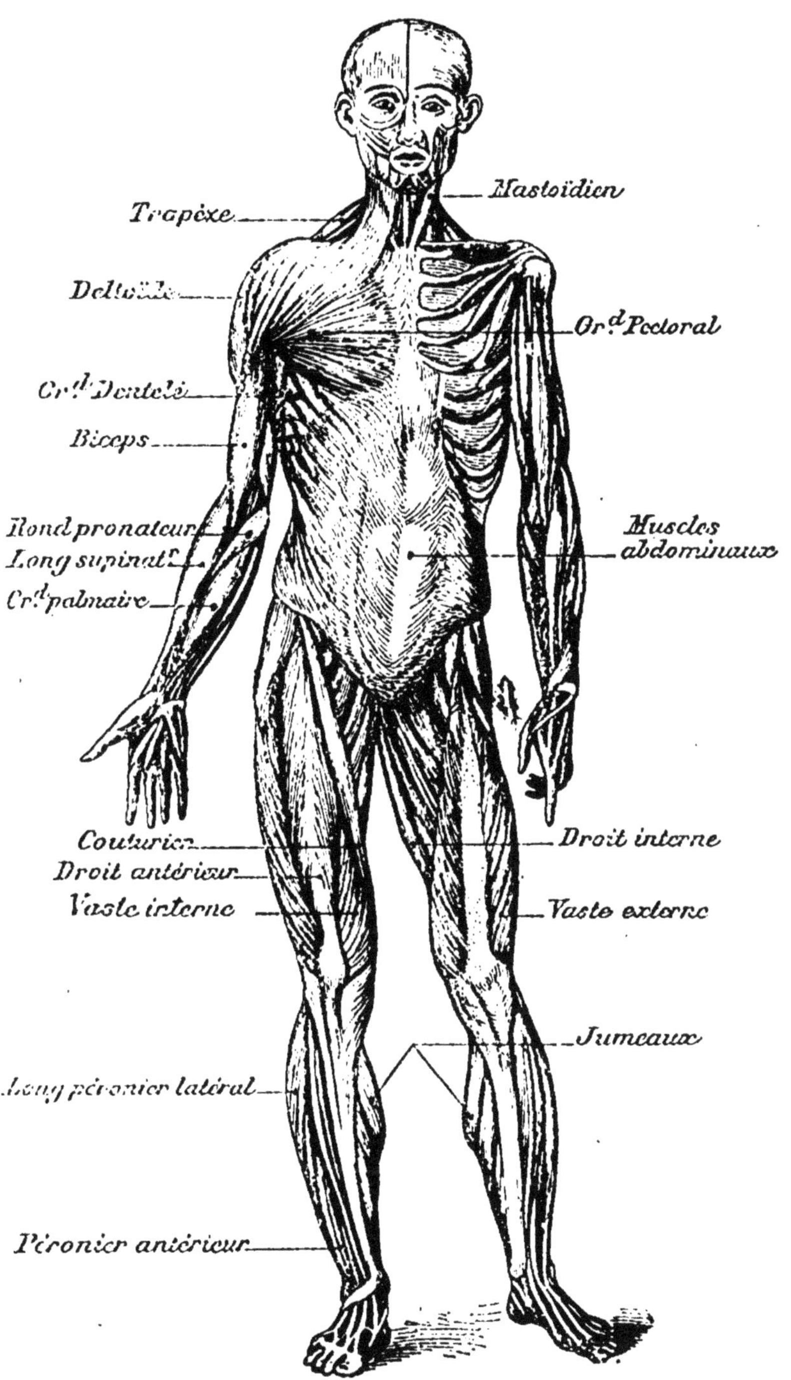

Fig. 114. — Nos muscles.

extrémités par des *tendons* qui rattachent les muscles aux os ; c'est improprement, comme nous le verrons dans la prochaine leçon, que l'on donne le nom de nerfs à ces tendons.

151. Comment est produit le mouvement. — Quand nous voulons faire un mouvement, replier le bras sur l'avant-bras par exemple, le muscle qui relie ces deux parties, et que l'on nomme *biceps,* se *raccourcit* en *augmen-*

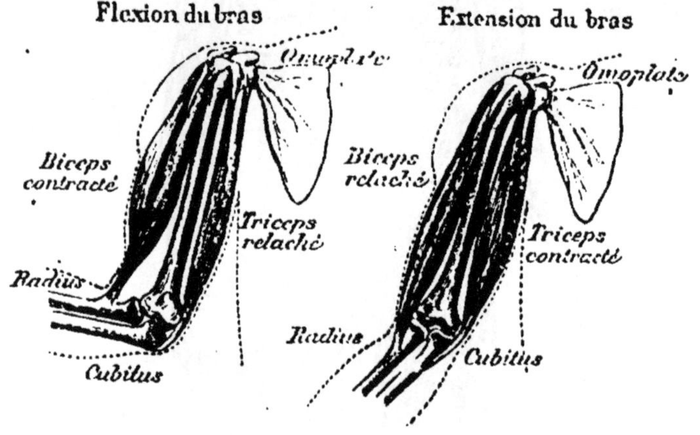

Fig. 115. — Mouvement de l'avant-bras sur le bras.

tant de volume, ainsi qu'on peut le vérifier en plaçant la main sur le bras. En se raccourcissant, il rapproche les os reliés à ses deux extrémités et produit un mouvement ; un autre muscle situé en arrière du précédent, en agissant à son tour, ramène l'avant-bras dans sa première position, le biceps restant inactif.

Tous les mouvements, petits ou grands, sont produits par l'action des muscles. C'est sous l'empire de la *volonté* que les muscles agissent. Il y a cependant certains mouvements dits involontaires, qui se font indépendamment de nous : les mouvements du cœur par exemple, il ne dépend pas de nous de les supprimer, de les activer, ou de les ralentir.

Les muscles sont donc bien les organes du mouvement,
*n*ous allons étudier sous l'influence de quelle action ils se
contractent ou se dilatent.

RÉSUMÉ

149. — Les os sont reliés entre eux par des *articulations* : il y a
des articulations *fixes*, comme celles des os de la tête, et des articulations *mobiles* qui permettent des *mouvements*.

150. — La chair est formée de fibres qui ont la propriété de se
contracter. Ces fibres réunies en faisceaux forment les *muscles* qui
rattachent les os les uns aux autres au moyen des *tendons*.

151. — Les muscles, en se contractant, font mouvoir les os et produisent les *mouvements*.

DEVOIR. — *Comment sont produits les mouvements?*
Donnez un exemple pour montrer quel est le rôle du muscle.

❋ ❋ ❋

31ᵉ LEÇON

CERVEAU. — NERFS

152. Le cerveau organe de la volonté. — Les
muscles ne se contrac-
tent que lorsque nous le
voulons, du moins en ce
qui concerne les mouve-
ments volontaires. Quel
est donc le siège de la
volonté? C'est le **cerveau**
qui, comme nous l'avons
vu, est logé dans le crâne.

Le cerveau est une
masse grisâtre à l'ex-
térieur, blanche intérieu-

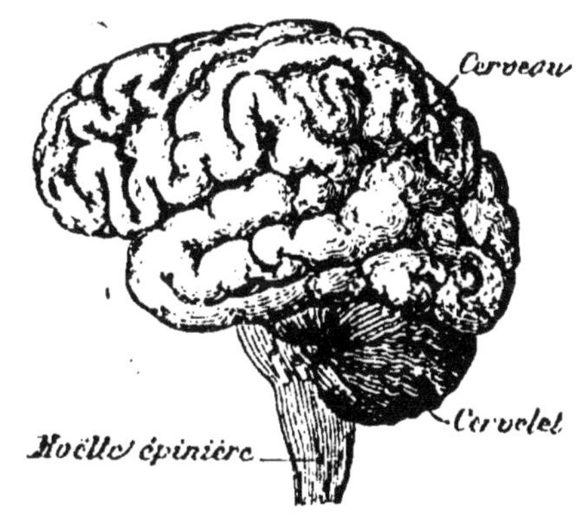

Fig. 116. — Le cerveau.

rement, molle et présentant à sa surface des sillons

irréguliers que l'on appelle circonvolutions du cerveau.

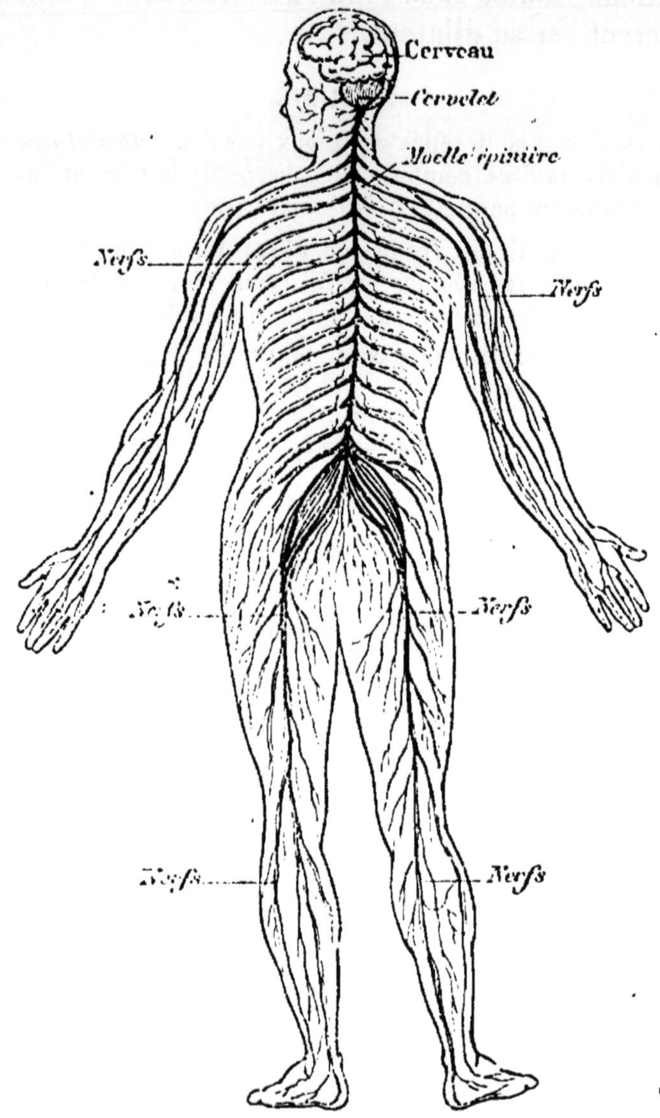

Fig. 117. — Système nerveux.

Un sillon plus profond divise la masse du cerveau en deux parties.

Le cerveau se continue par le **cervelet**, placé au-dessous,

et par la **moelle épinière** qui est logée dans la colonne
vertébrale. De la moelle épinière se détachent de chaque
côté, et passent par une ouverture pratiquée entre chaque
vertèbre des cordons blanchâtres appelés **nerfs** qui vont
se répandre et se ramifier dans les différents organes de
notre corps. Du cerveau se détachent également plusieurs
paires de nerfs qui se rendent aux organes de la tête et
particulièrement aux organes des sens.

Si l'on vient à trancher la moelle épinière et à la séparer
du cerveau, toute la partie située au-dessous est paralysée
et reste sans mouvement. Si l'on coupe un nerf desservant
un membre seulement, ce membre reste inerte et incapable
d'aucun mouvement. Ceci explique donc bien que *le
cerveau est le siège de la volonté* et que l'ordre qu'il
transmet aux muscles se fait par l'intermédiaire des nerfs :
les nerfs sont des organes moteurs.

153. Le cerveau organe de la sensibilité. —
Mais le cerveau est aussi le siège de la *sensibilité*. Quand
nous nous brûlons ou
quand nous nous piquons,
nous éprouvons une sensa-
tion de douleur : l'expé-
rience de tout à l'heure
nous montrerait également
qu'une partie du corps isolée de la colonne verté-
brale et du cerveau serait
insensible à la douleur. *Les
nerfs sont donc,* en même
temps, *des organes de la
sensibilité.* Les ramifica-

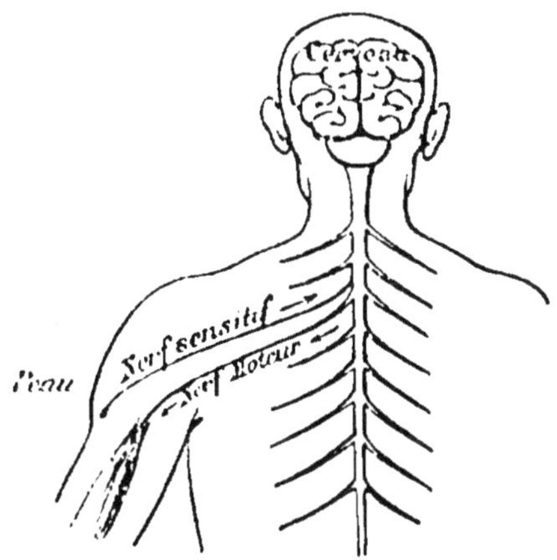

Fig. 118. — Fonctions des nerfs.

tions des nerfs sensitifs sont infinies, puisque nous ne
pouvons toucher une partie de notre corps sans en avoir
la sensation.

En résumé, le cerveau est le siège de la **volonté**, d'où *partent* les ordres qui vont contracter les muscles et produire les mouvements ; les nerfs moteurs et la colonne vertébrale sont les organes *transmetteurs*. Le cerveau est aussi le siège de la **sensibilité** où *arrivent*, par l'intermédiaire des nerfs sensitifs, les impressions produites sur les différentes parties de notre corps. Le cerveau est en outre le siège de l'intelligence.

Ce rôle important du cerveau et du système nerveux nous explique pourquoi la moindre atteinte à ces organes peut amener des désordres graves et souvent mortels.

RÉSUMÉ

152. Le *cerveau* est formé d'une masse de *tissu nerveux* logée dans le crâne : il est en communication avec la *moelle épinière* logée dans la colonne vertébrale. Le cerveau et la moelle épinière donnent naissance aux *nerfs* qui se ramifient dans tout notre corps.

153. Certains nerfs sont *moteurs* et vont exciter les muscles pour produire les mouvements sous l'influence de la volonté.

D'autres sont *sensibles* et rapportent au cerveau les impressions reçues par notre corps.

Le cerveau est à la fois le siège de la *volonté*, de la *sensibilité* et de l'*intelligence*.

DEVOIR. — *Montrez quel est le double rôle des nerfs. Qu'appelle-t-on nerfs moteurs et nerfs sensitifs ?*

❇ ❇ ❇

32ᵉ LEÇON

LES ORGANES DES SENS

154. Les cinq sens. — Les *sens* nous donnent la notion de certaines propriétés spéciales des corps. Ils s'exercent au moyen d'organes en communication avec le système

nerveux par les nerfs craniens. La *vue* a pour organe l'œil ;
l'*ouïe* a pour organe l'oreille ; le *goût* qui nous fait connaître
la saveur des corps, l'*odorat* qui nous fait connaître leur
odeur ont pour organes, le premier, la bouche et la langue,
le deuxième, le nez. L'organe du *toucher* est la peau, mais
plus particulièrement certaines parties de notre corps,
comme la main.

155. L'œil. — L'œil a la forme d'un globe creux ; il
comprend essentiellement : 1° une membrane sensible
appelée *rétine* placée au
fond ; 2° en avant, et séparé
de la rétine par une chambre
contenant de l'eau, le *cristallin,* sorte de lentille ou
verre grossissant ; 3° devant
le cristallin, un voile ou ri-
deau nommé *iris* qui est
percé d'une ouverture appelée *pupille.* — Les rayons
lumineux venant du corps
éclairé traversent la pupille
et le cristallin qui les con-

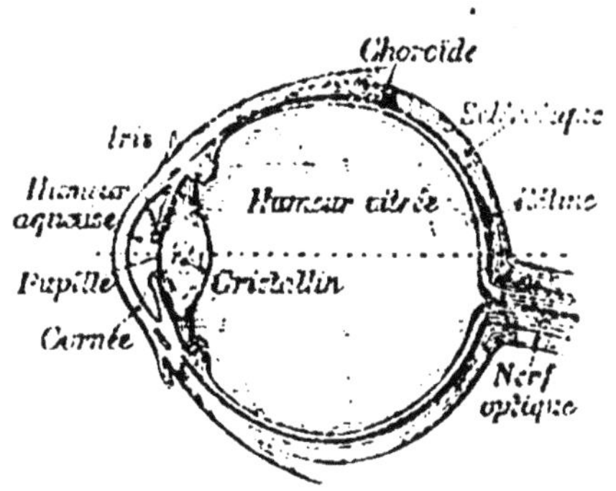

Fig. 119. — Coupe de l'œil.

centre en un point de la rétine où se forme l'image des

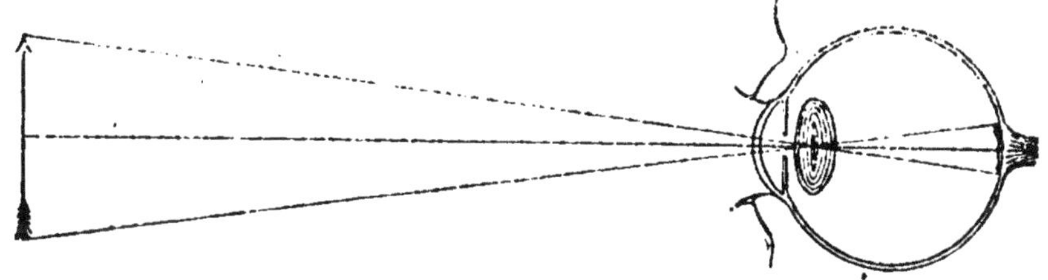

Fig. 120. — L'image de l'objet se produit *renversée*, au fond de l'œil
sur la rétine.

objets extérieurs. L'impression produite par cette image
est transmise au cerveau par le *nerf optique.*

Des organes protecteurs, la cornée transparente, sorte de verre transparent, les paupières, les cils, les sourcils, entourent l'œil.

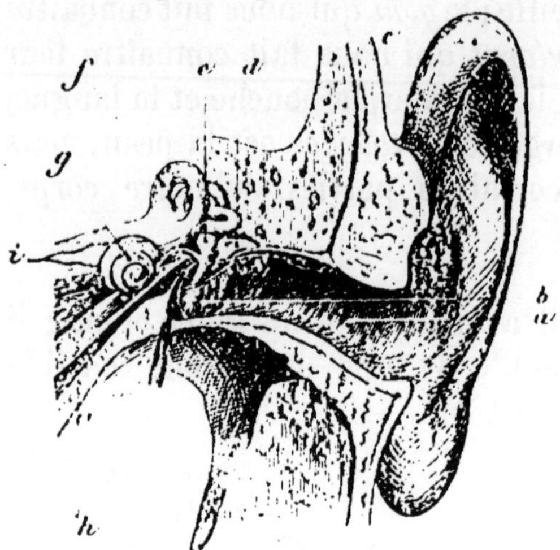

Fig. 121. — L'oreille.

c, pavillon; a, tuyau auditif; b, tympan; d, e, chaîne d'osselets; f, g, cavité (limaçon) contenant un liquide; i, nerf acoustique; h, trompe d'Eustache.

156. Oreille. —

L'oreille se compose d'un *tuyau* qui conduit les sons, d'une membrane vibratoire, le *tympan*, d'une *chaîne d'osselets* faisant correspondre ce dernier avec les *membranes* de la fenêtre ronde et de la fenêtre ovale, enfin d'un *liquide* contenu dans une cavité fermée et dans laquelle viennent baigner les ramifications du *nerf acoustique*.

Les sons recueillis par le pavillon de l'oreille, sont conduits par le tuyau externe de l'oreille à la membrane du tympan qu'ils font *vibrer*. Ces *vibrations* se propagent aux membranes de la fenêtre ronde et de la fenêtre ovale par la chaîne des osselets, et de là au liquide qui baigne le nerf acoustique; l'impression reçue par ce dernier est transmise au cerveau.

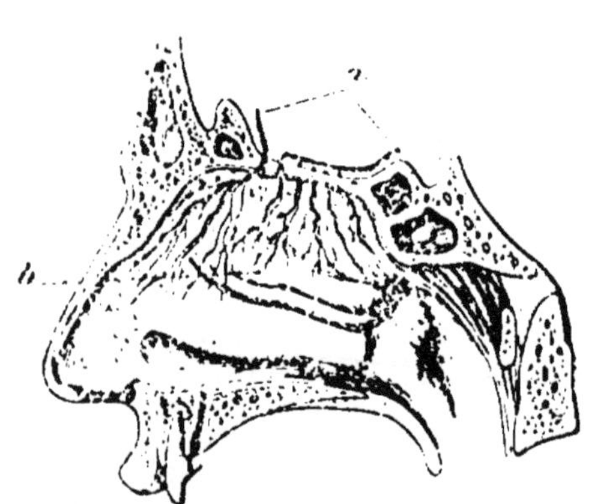

Fig. 122. — Coupe du nez.

a, nerf olfactif; b, fosses nasales et sinus.

157. Odorat. — C'est sur le passage de l'air aspiré

dans l'acte de la respiration, c'est-à-dire dans le *nez*, que se trouve le siège de l'odorat ; la membrane muqueuse qui tapisse l'intérieur, et qui forme plusieurs replis ou sinus pour en augmenter la surface, est tapissée par les ramifications du *nerf olfactif* qu'impressionnent les odeurs répandues dans l'air respiré.

158. Le goût. — L'organe du goût est principalement la langue qui porte à la base un certain nombre de *papilles,* où viennent s'épanouir de nombreuses ramifications

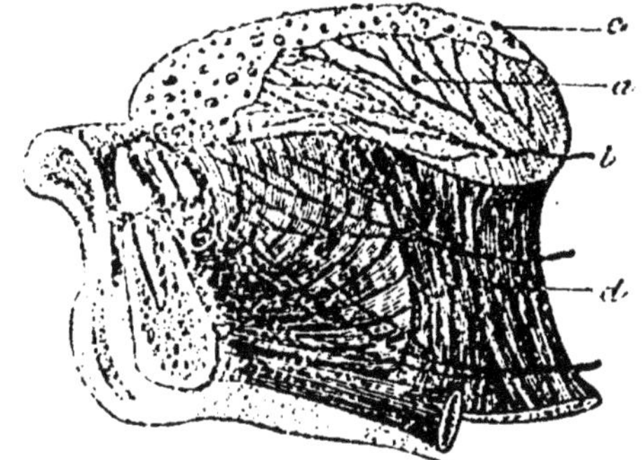

Fig. 123. — Coupe de la langue.

a, masse charnue dans laquelle se ramifie le nerf du goût *b* ; *c,* papilles nerveuses ; *d,* muscle qui fait mouvoir la langue.

nerveuses. Les aliments en passant sur la langue impressionnent ces nerfs et la sensation est perçue au cerveau.

159. Le toucher. — La peau est enfin le siège du toucher. Dans l'épaisseur de la peau, au-dessous de l'épiderme, sont des *papilles* nerveuses, formées par des ramifications nombreuses des *nerfs sensitifs,* qui sont impressionnées par le contact des corps. Ces papilles sont disséminées

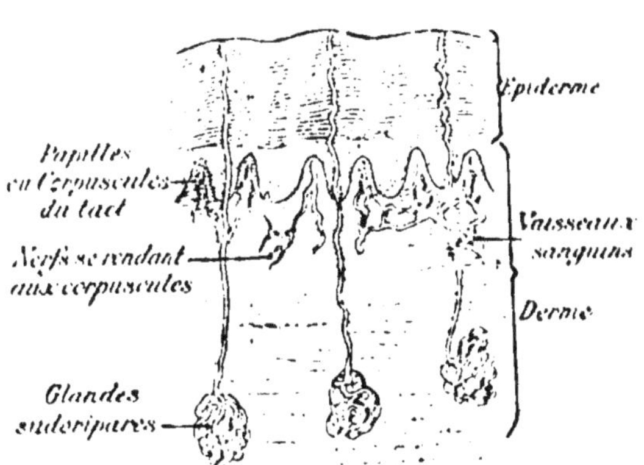

Fig. 124. — Coupe de la peau, très grossie.

nées par tout le corps, mais sont surtout nombreuses à

l'extrémité des doigts et à l'intérieur de la main qui est l'organe principal du toucher.

RÉSUMÉ

154. Les organes des sens nous font connaître les propriétés des corps.

155. L'*œil* est l'organe de la *vue*; l'image des objets placés devant nous vient se peindre sur la *rétine* et l'impressionner; l'impression est transmise au cerveau par le nerf *optique*.

156. Les *sons* sont perçus par l'*oreille*; les vibrations sont reçues par le tympan, communiquées au *nerf acoustique* par les osselets, puis transmises au cerveau.

157-158. Le *nez* est l'organe de l'*odorat*, et la *langue* est le siège du *goût*.

159. Le *toucher* a pour organe la *peau*; il s'exerce principalement à l'extrémité des doigts.

DEVOIR. — *Faites la description de l'œil, et expliquez le mécanisme de la vision.*

✳ ✳ ✳

33e LEÇON

HYGIÈNE DES ORGANES DU MOUVEMENT ET DE LA SENSIBILITÉ

160. Hygiène des os. — Dans le jeune âge, les os sont mous et peu résistants, ils se déforment facilement. On doit donc veiller à ne pas laisser prendre aux enfants de mauvaises habitudes qu'ils conserveraient en vieillissant.

Il y a du danger également à vouloir faire marcher les enfants trop jeunes. Les os des jambes sont trop faibles pour supporter le poids du corps; ils peuvent se déformer.

161. Hygiène des muscles. — Les muscles se développent par l'*exercice*, nous avons pu remarquer le développement qu'acquièrent les membres, bras

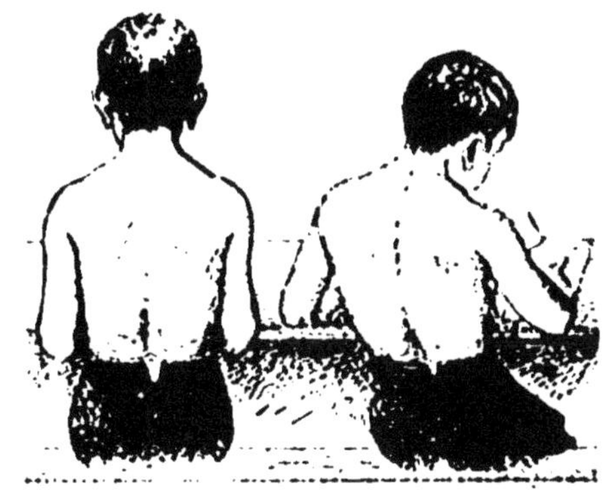

Fig. 125. — Déformation produite par une mauvaise tenue.

ou jambes, chez certains ouvriers comme les boulangers, les forgerons, etc. Les exercices physiques, la marche, les sports, les mouvements de gymnastique réglés et méthodiques sont donc utiles.

Il ne faut pas oublier cependant qu'un exercice trop violent amène la fatigue et la courbature.

162. Hygiène du cerveau et des nerfs. — Le cerveau et le système nerveux sont surtout atteints par l'*alcoolisme*. L'alcool et l'abus des boissons alcooliques amènent rapidement des troubles nerveux, la perte de la mémoire et les accès de *delirium tremens*. Le tremblement nerveux est aussi une suite de l'alcoolisme.

L'usage immodéré du tabac produit les mêmes effets, quoique à un degré moindre.

163. Hygiène des organes des sens. — Les organes des sens sont en général des organes délicats, faciles à détraquer, nous devons en prendre le plus grand soin en raison des services précieux qu'ils nous rendent.

L'œil est sujet à deux infirmités, la *myopie* et la *pres-*

bytie. Dans la myopie, l'image de l'objet se forme en avant de la rétine, et les myopes doivent rapprocher les objets pour les voir distinctement ; les presbytes doivent, au contraire, les éloigner, parce que l'image se forme en arrière de la rétine. Ce sont là deux infirmités naturelles,

Fig. 126. — Les exercices physiques développent les muscles
et sont utiles à la santé.

mais que nous pouvons faire naître quelquefois : ainsi, l'élève qui a la mauvaise habitude de se tenir trop rapproché de son livre ou de son cahier, peut devenir myope.

Les myopes et les presbytes font usage de lunettes à verres appropriés, qui corrigent leur infirmité.

L'oreille porte un organe délicat, le tympan, qui peut être déchiré par un bruit trop violent ou par l'introduction de corps durs et pointus dans l'oreille. Le tuyau extérieur de l'oreille est le siège de la sécrétion d'une matière jaune qui peut l'obstruer si l'on ne prend pas soin de l'enlever.

Quant au goût et à l'odorat, ils peuvent s'émousser et perdre leur sensibilité s'ils sont soumis à l'action de substances trop fortes : les aliments trop épicés, les liqueurs fortes affaiblissent le goût ; de même les parfums trop violents, les odeurs trop fortes ont une action semblable sur l'odorat.

La peau, qui est le siège du toucher, est d'autant plus sensible qu'elle reste propre et à l'abri des corps durs.

RÉSUMÉ

160. Les os sont *mous* pendant le jeune âge et se *déforment* facilement. Il faut veiller à ne pas laisser prendre de mauvaises attitudes aux enfants.

161. *L'exercice* développe les *muscles*.

162. Le *cerveau* et les *nerfs* sont surtout atteints par *l'alcoolisme*.

163. L'*œil* est un organe délicat, on peut devenir *myope* en s'habituant à regarder de trop près.

L'*ouïe*, le *goût* et l'*odorat* s'émoussent sous l'action d'impressions trop fortes, il faut les ménager.

La *propreté* est le meilleur moyen de conserver à la peau sa *sensibilité*.

DEVOIR. — *Quelles précautions doit-on prendre pour conserver en bon état les organes des sens?*

✳ ✳ ✳

34ᵉ LEÇON

CLASSIFICATION DES ANIMAUX

164. Groupes naturels. — Malgré leur nombre et leur variété, les animaux présentent des caractères communs qui leur donnent un certain air de ressemblance, et permettent de les grouper, de les *classer*.

Ainsi nous reconnaissons au premier examen, par la forme de leur corps et la disposition de leurs membres, par leur genre de vie, que le *chat,* le *chien,* le *cheval* appartiennent à un même groupe d'animaux, différents des *oiseaux;* nous distinguons également ces derniers d'une *couleuvre,* d'une *vipère,* et celles-ci d'un *poisson.*

165. Vertébrés et invertébrés. — De plus, tous ces animaux présentent une différence, moins apparente peut-être, mais non moins réelle avec un second groupe d'animaux, comme le ver de terre, le hanneton, la limace ou l'écrevisse.

Les premiers sont pourvus d'os, d'un squelette intérieur, d'une colonne vertébrale : de là le nom de **vertébrés** qu'on leur donne ; les autres, qui n'en sont pas pourvus, s'appellent des **invertébrés.**

166. Division des vertébrés. —Les animaux vertébrés se divisent eux-mêmes en plusieurs groupes : le chien, le chat, le cheval et tous les animaux qui, comme eux, ont le corps couvert de *poils,* des membres disposés

Fig. 127. — Chien (*mammifère*).

pour la marche, qui allaitent leurs petits au moyen de *ma-*

melles portent le nom de **mammifères.** Les oiseaux com-prennent des animaux comme le coq, la poule, l'hirondelle, qui ont le corps couvert de *plumes,* un bec, les membres supérieurs transformés en *ailes,* ce qui leur permet de voler. Ils pondent des œufs et n'allaitent pas leurs petits.

Les mammifères et les oiseaux sont des animaux à *sang chaud,* la température de leur corps est constante. La vipère, la couleuvre, le lézard sont au contraire

Fig. 128. — Coq (*oiseau*).

des animaux à *température variable,* suivant le milieu où ils vivent ; on les nomme animaux à *sang froid.*

La plupart sont dépourvus de membres ; ils se déplacent en rampant sur le sol, de là le nom de **reptiles.**

Fig. 129. — Lézard (*reptile*).

Les **poissons,** comme la carpe, le brochet, l'anguille se

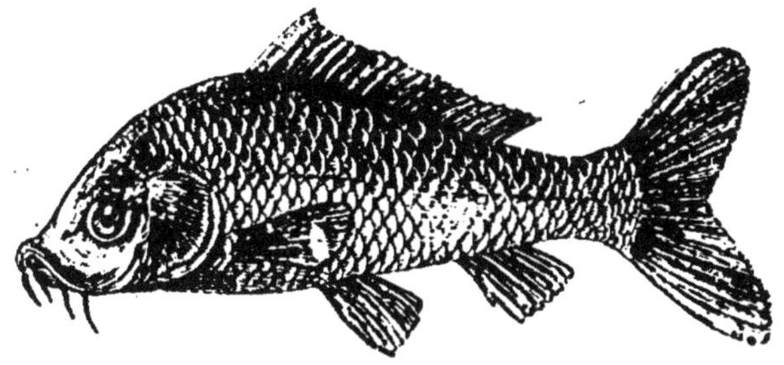

Fig. 130. — Carpe (*poisson*).

distinguent des animaux précédents qui vivent dans l'air,

en ce qu'ils vivent dans l'eau et sont conformés pour ce milieu ; leurs membres sont transformés en *nageoires*, ils respirent l'air dissous dans l'eau au moyen d'organes appelés *branchies* qui remplacent les poumons des animaux aériens.

Enfin, il existe un groupe d'animaux, comme la grenouille, qui pondent et dont les œufs éclosent dans l'eau, qui y vivent pendant leur jeune âge au moyen de branchies et qui se transforment pour vivre à l'état adulte dans l'air au moyen de poumons, ce sont les **batraciens.**

Fig. 131. — Grenouille (*batracien*).

Mammifères, Oiseaux, Reptiles, Batraciens, Poissons, telles sont les 5 grandes divisions des animaux vertébrés.

Tableau résumant la classification des vertébrés.

I. Vertébrés terrestres vivant dans l'air au moyen de poumons.	A sang chaud.	Marchent, vivipares.	**Mammifères** (chien)
		Volent, ovipares. . .	**Oiseaux** (poule)
	A sang froid.	Rampent.	**Reptiles** (lézard)
II. Vertébrés vivant dans l'eau à leur naissance et dans l'air à l'âge adulte.			**Batraciens** (grenouille)
III. Vertébrés vivant entièrement dans l'eau, respirent au moyen de branchies et nagent.			**Poissons** (carpe)

DEVOIR. — *Citez un mammifère, un oiseau, un reptile et un poisson, et indiquez ce qui les différencie.*

※ ※ ※

35ᵉ LEÇON

LES MAMMIFÈRES

167. Mammifères. — Le groupe des mammifères renferme les animaux qui rendent le plus de services à l'homme; il comprend presque tous les animaux domestiques : le chien, le chat, le cheval, le bœuf, etc.

Ils ont tous le corps couvert de *poils,* les mâchoires garnies de *dents;* ils allaitent leurs petits au moyen de **mamelles.**

Malgré ces caractères communs, il y a cependant entre eux des différences provenant surtout de leur genre de nourriture. Les uns se nourrissent de chair, les autres de végétaux, et cette différence entraine des modifications importantes principalement dans les organes de la nutrition.

168. Division des mammifères. — Si nous mettons à part les *singes* qui, de tous les animaux, sont ceux qui se rapprochent le plus de l'homme, nous diviserons les autres mammifères en **carnivores** et en **herbivores.**

169. Carnivores. — Prenons comme exemple le

Fig. 132. — Mâchoire du chat.
a, canines très développées.

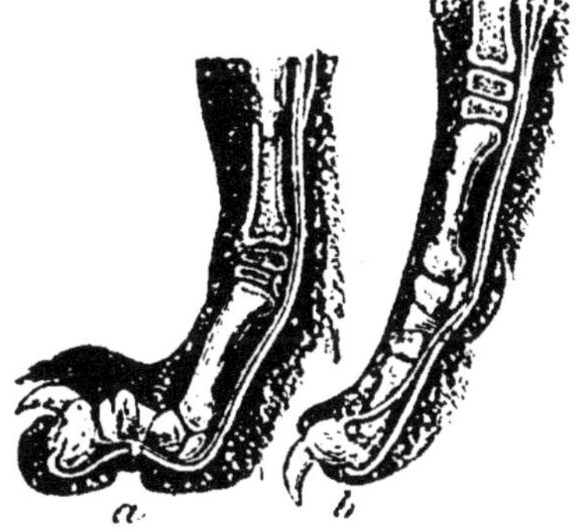

Fig. 133. — Griffes du chat.
a, griffe rentrée; *b,* griffe sortie.

chat qui est le type des carnivores. Nous voyons qu'il a

les dents conformées pour déchirer et broyer la chair. Les *canines* sont très développées et pointues, les *molaires* sont coupantes. La mâchoire est forte et puissante. Les pieds sont terminés par des *doigts* armés de *griffes* qui sont rétractiles, c'est-à-dire qui peuvent rentrer sous la peau. Chez le chien, les griffes ne sont pas rétractiles.

A la famille du *chat* appartiennent les grands carnassiers : le lion, le tigre, la panthère, le jaguar, le léopard, tous animaux féroces et dangereux.

A la famille du *chien* appartiennent le loup, le chacal,

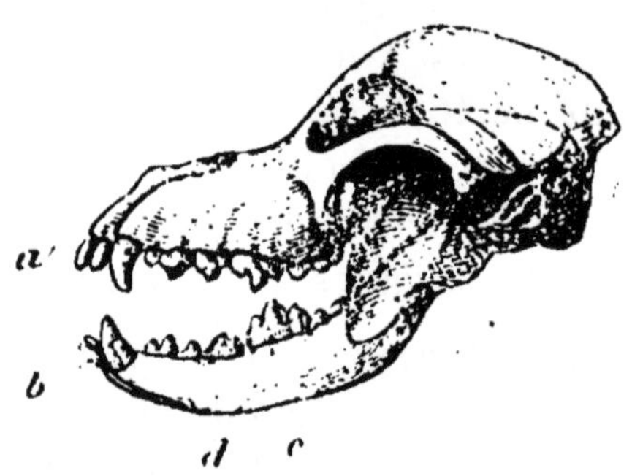

Fig. 134. — Tête et dents du chien.
a, incisives; *b*, canines; *d*, *e*, molaires.

Fig. 135. — Patte de chien
(griffes non rétractiles).

le renard. Le putois, le blaireau, la fouine, la martre sont aussi de petits carnassiers, nuisibles à l'homme.

L'ours est également un carnivore ; mais il se distingue des précédents par sa démarche lourde due à ce qu'il pose par terre toute la plante du pied, tandis que les chiens, les chats ne posent que l'extrémité des doigts.

170. Insectivores. — La taupe, le hérisson, la musaraigne sont des mammifères qui se nourrissent d'insectes : ils se rapprochent par là des carnivores. Les dents sont conformées pour broyer leur proie; les molaires sont hérissées de petites pointes coniques qui s'emboîtent les unes dans les autres. *Tous sont des animaux utiles.*

La *chauve-souris,* qu'on serait tenté de prendre pour un oiseau, est cependant un mammifère et un insectivore.

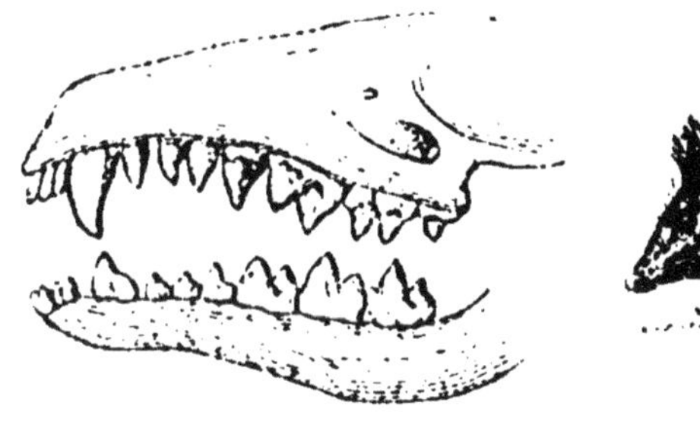

Fig. 136. — Dents de la taupe
(*insectivore*).
a, molaires pointues.

Fig. 137. — Hérisson
(*insectivore*).

Elle vole au moyen d'une membrane qui existe entre les doigts très développés des membres antérieurs et les

Fig. 138. — La chauve-souris est un mammifère insectivore.

membres postérieurs. Mais son corps est couvert de poils et elle allaite ses petits. C'est un animal utile qui détruit un grand nombre d'insectes.

171. Carnivores aquatiques. — Quelques carnivores vivent dans l'eau et leur corps est adapté au milieu dans lequel ils vivent : les membres sont transformés en nageoires et ils viennent respirer à l'air : ce sont les *phoques* et les *morses* qui se nourrissent de poissons.

RÉSUMÉ

167. Les mammifères se distinguent par leur genre de nourriture. En dehors des singes, nous pouvons les diviser en *carnivores* et en *herbivores*.

168. Les carnivores, ou mangeurs de chair, ont les *canines* très développées, la mâchoire courte. Les pieds terminés par des doigts armés de *griffes*.

169. Les principaux sont : le chat, le lion, le tigre, le chien, le loup, le renard, le blaireau, l'ours.

170. Les insectivores se nourrissent d'*insectes* et ont les molaires hérissées de pointes : la taupe, la musaraigne, le hérisson.

La chauve-souris est aussi un insectivore.

171. Il y a des carnivores *aquatiques :* les phoques et les morses.

DEVOIR. — *Quels sont les caractères généraux des mammifères? Quels sont les carnivores que vous connaissez? Décrivez-les.*

※ ※ ※

36ᵉ LEÇON

LES MAMMIFÈRES (*suite*).

172. Herbivores. — Les mammifères qui se nourrissent de substances végétales ont les dents plates ou garnies de rainures propres à moudre ou broyer les aliments et non à les déchirer. Ils n'ont pas de canines, les incisives manquent même quelquefois à la mâchoire supérieure. Le mouvement de la mâchoire inférieure est latéral au lieu d'être vertical,

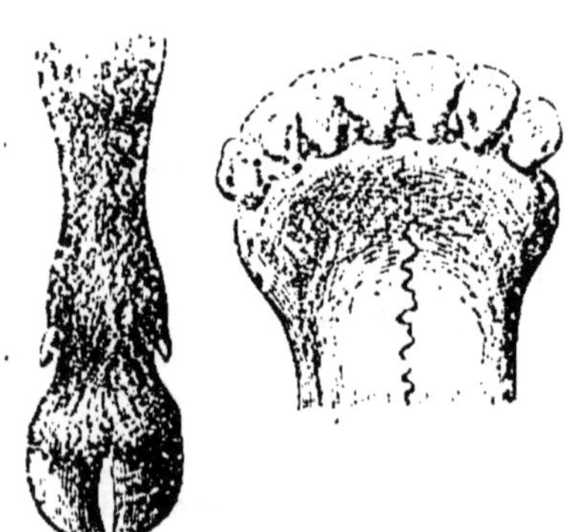

Fig. 139. — Pied et dents d'un herbivore (*bœuf*).

comme chez les carnassiers. Enfin, leurs membres sont

disposés pour la marche ; ils sont terminés par un ou deux *sabots*. Ils ont besoin d'une bien plus grande quantité de nourriture ; le tube digestif est très long.

173. Ruminants. — Quelques-uns même présentent un *estomac multiple* et formé de quatre poches : la panse, le bonnet, le feuillet et la caillette. La nourriture avalée passe d'abord dans la panse et dans le bonnet et, quand l'animal est au repos, il la fait revenir dans la bouche pour la broyer de nouveau et la réduire en une bouillie qui passe ensuite dans le feuillet et dans la caillette, puis dans l'intestin.

Ces animaux sont appelés des **ruminants**.

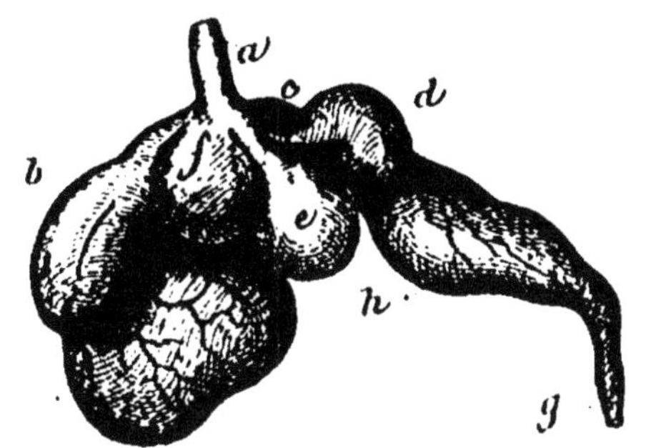

Fig. 140. — Estomac de ruminant.

a, œsophage ; *b*, *f*, panse ; *c*, *e*, bonnet ; *d*, feuillet ; *h*, caillette ; *g*, intestin.

Le bœuf, la vache, la chèvre, le mouton sont des animaux ruminants ; le chevreuil, le cerf de nos forêts, le chamois, le chameau et le dromadaire utilisés en Afrique pour la marche dans le désert, les antilopes sont aussi des ruminants.

174. Pachydermes. — Parmi les non ruminants, le cheval, l'âne, le mulet, le zèbre forment

Fig. 141. — Tête et dents du cheval.

a, incisives ; *b*, canine peu développée ; *c*, molaires ; *d*, barre.

un premier groupe appelé quelquefois *solipèdes*, parce qu'ils n'ont qu'un sabot à chaque pied.

Les éléphants, le rhinocéros, l'hippopotame sont des animaux à peau épaisse et forment le groupe des **pachydermes**.

Enfin, le porc, le sanglier forment un troisième groupe qui se distingue des précédents par une dentition plus complète.

175. Les rongeurs. — Les rongeurs, dont le type est le lapin, prennent une nourriture végétale. Ce sont de petits animaux ressemblant par la taille aux insectivores, mais s'en distinguant complètement par la *dentition :* les dents sont conformées pour *ronger.* Il y a à chaque mâchoire deux grandes *incisives,* taillées en biseau et qui repoussent au fur et à mesure qu'elles s'usent. Les molaires sont semblables à celles des *herbivores.*

Outre le lapin et le lièvre, qui sont des animaux utiles,

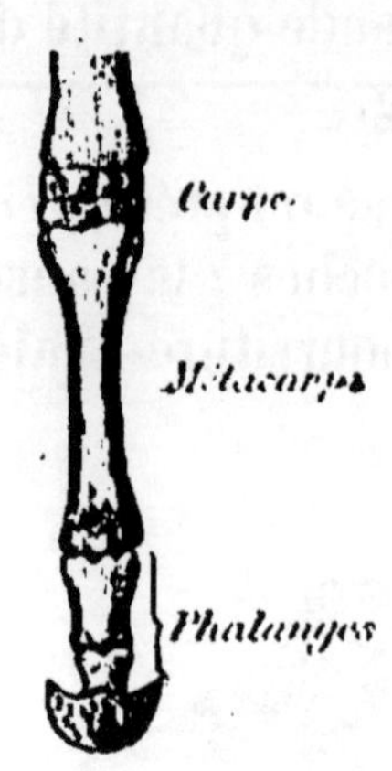

Fig. 142. — Pied de cheval (*solipède*).

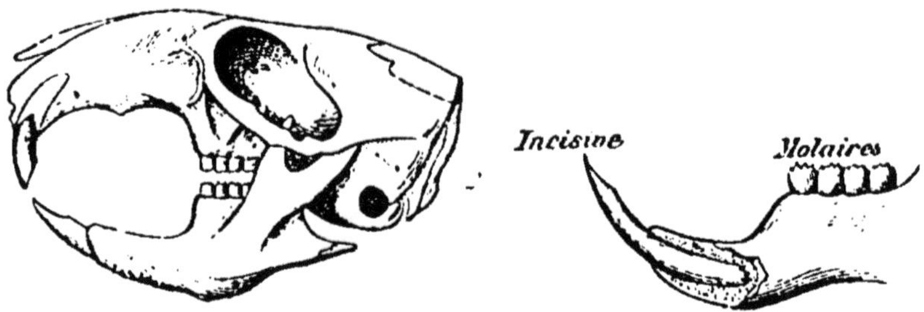

Fig. 143. — Tête du lapin (*rongeur*).

Fig. 144. — Mâchoire inférieure d'écureuil.

ce groupe comprend le rat, la souris, le mulot qui sont nuisibles, le cochon d'Inde, l'écureuil, le loir, le castor, la marmotte.

176. La baleine. — La baleine qui, au premier abord, paraît être un poisson, allaite ses petits et vient respirer à l'air. C'est un mammifère dont le corps est adapté à la vie dans l'eau : ses membres sont transformés en *nageoires*. Les dents sont remplacées par de grandes lames cornées, appelées *fanons,* qui servent à de nombreux usages. Elle nous fournit une huile utilisée dans l'industrie.

Fig. 145. — Baleine (*cétacé*).

Les dauphins et les marsouins, qui vivent sur nos côtes, appartiennent au même groupe que l'on nomme les **cétacés.**

RÉSUMÉ

172. Les animaux herbivores n'ont pas de canines, les molaires sont plates. Les membres sont disposés pour la marche, le pied est terminé par un ou deux sabots.

173. Les *ruminants* ont un estomac multiple : ils ruminent leurs aliments : le bœuf, la vache, le mouton et la chèvre sont les principaux ruminants domestiques.

Le cheval, l'âne et le zèbre forment des *solipèdes.*

174. L'éléphant, le rhinocéros, l'hippopotame, le porc sont des *pachydermes* (animaux à peau épaisse).

175. Les *rongeurs* ont les incisives très développées ; la souris, le lapin.

176. La *baleine* est un mammifère adapté à la vie aquatique.

DEVOIR. — *Comment est disposé l'estomac d'un ruminant? Quels sont les principaux ruminants?*

✳ ✳ ✳

37ᵉ LEÇON

LES OISEAUX

177. Caractères. — Les oiseaux forment une classe bien distincte du reste des vertébrés : leur corps est couvert de *plumes,* leur *bec corné* remplace les mâchoires et les dents des mammifères , ils marchent sur deux pieds et les membres

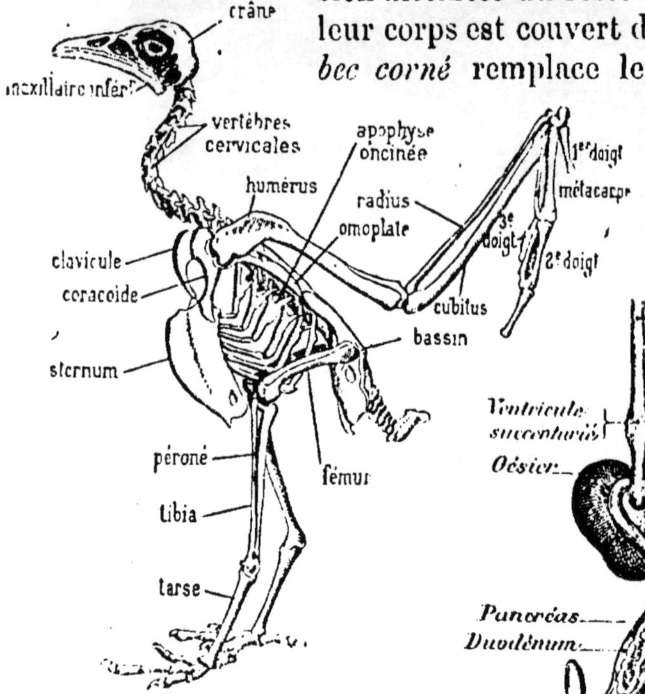

Fig. 146. — Squelette d'oiseau.

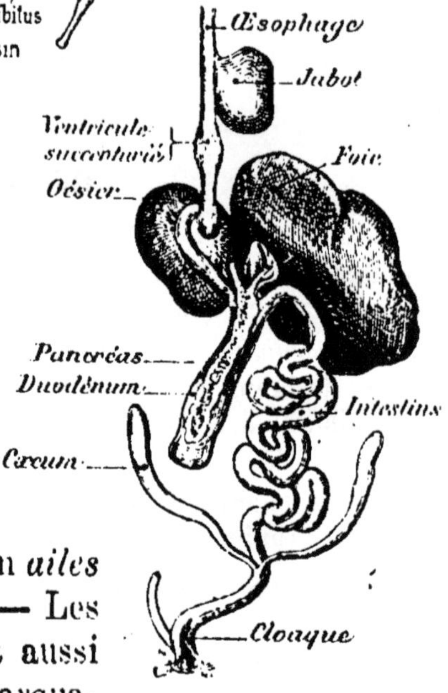

Fig. 147. — Appareil digestif d'un oiseau.

antérieurs sont transformés en *ailes* qui leur servent pour le vol. — Les organes intérieurs présentent aussi quelques particularités remarquables : le tube digestif a deux renflements, le *jabot* et le *gésier.* Les aliments s'accumulent dans le premier et passent dans le second où ils subissent une trituration, au moyen des parois épaisses du gésier et de petits cailloux avalés avec la nourriture. Cette trituration remplace en partie la mastication chez les mammifères.

Enfin, les oiseaux pondent des *œufs* qu'ils déposent dans des nids construits avec un art admirable. Ils les couvent, et les œufs donnent naissance aux petits, que la mère n'allaite pas comme chez, les mammifères.

Fig. 148. — Tête et bec d'oiseau (*coq*).

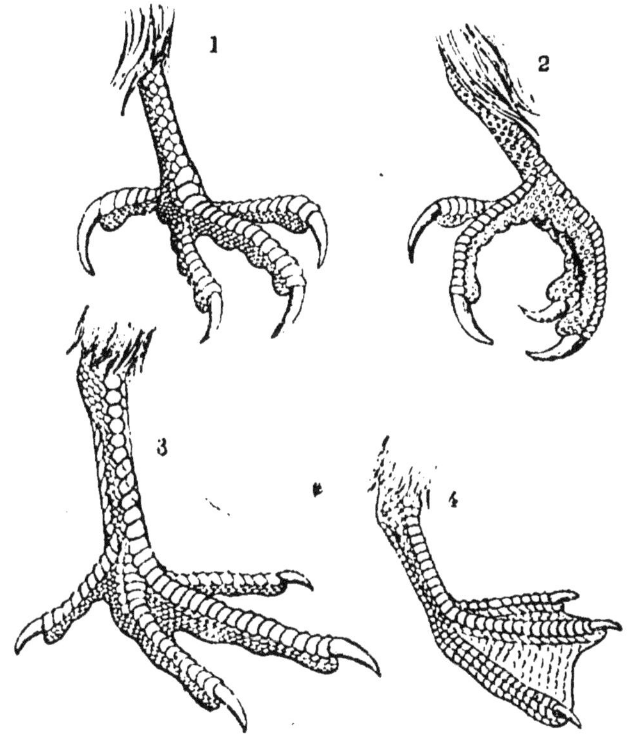

Fig. 149. — Pieds d'oiseaux.

1, rapace (pied armé de griffes ou serres); 2, grimpeur; 3, gallinacé; 4, palmipèdes (pieds palmés).

178. Divisions des Oiseaux. — Les oiseaux se di-

Fig. 150. — Perdrix (*gallinacé*).   Fig. 151. — Canard (*palmipède*).

visent en un certain nombre de groupes dont nous citerons les principaux représentants :

1° Les *oiseaux de basse-*

Fig. 152. — Aigle (*rapace diurne*).   Fig. 153. — Hibou (*rapace nocturne*) utile.

cour ou *gallinacés* que nous élevons pour leur chair et

leurs œufs : ce sont la poule, le coq, le dindon, la pintade, le pigeon, la perdrix, le faisan, etc.

2° Le *canard* et l'*oie* sont aussi des oiseaux domestiques qui ont les pieds pal- més, de là, le nom de *palmipèdes* qu'on leur donne.

Ils nagent avec une grande facilité et vi- vent sur l'eau. Un grand nombre d'oi- seaux de mer, la mouette, l'albatros, la frégate, le cormoran,

Fig. 154. — Moineau (*passereau*) utile.

le pingouin et le manchot sont des palmipèdes sauvages.

3° Les *oiseaux carnassiers*, ou *rapaces*, correspondant aux

Fig. 155. — Mésange (*passereau*) utile.

Fig. 156. — Chardonneret (*passereau*) utile.

mammifères carnivores, se nourrissent de chair : leur bec est crochu et leurs pieds sont armés de griffes ou *serres* puissantes. Ce sont : l'aigle, le vautour, le milan, la buse, l'épervier, le faucon, qui sont nuisibles ; le hibou, la chouette qui chassent pendant la nuit les petits rongeurs et sont utiles à l'homme.

4° Les *passereaux* sont de petits oiseaux qui émigrent généralement pendant l'hiver, et reviennent au printemps. *Ils se nourrissent d'insectes* et de *larves.* Ils sont presque

Fig. 157. — Héron (*échassier*).   Fig. 158. — Perroquet (*grimpeur*).

tous chanteurs. Ce sont les petits oiseaux des champs : le moineau, l'hirondelle, le chardonneret, le pinson, l'alouette, le bouvreuil, le linot, le merle, la mésange, la fauvette, le rossignol, etc., et aussi le corbeau et la pie.

5° Les *échassiers* qui se distinguent par la longueur de leurs pattes et de leur cou, sont conformés pour vivre au bord de l'eau et chercher leur nourriture dans la vase ; ce sont des oiseaux de marais : la bécasse, la bécassine, le râle, la cigogne, la grue, le héron, le vanneau.

6° Les *grimpeurs,* comme le pic, le perroquet, le coucou,

ont deux doigts en avant et deux doigts en arrière : ils grimpent facilement aux arbres. Le pic se nourrit de vers qu'il va chercher sous l'écorce des arbres.

179. Utilité des oiseaux. — Outre les oiseaux de basse-cour que nous élevons pour la chair et les œufs, un grand nombre d'oiseaux nous sont encore utiles parce qu'ils détruisent des quantités considérables d'insectes : l'hirondelle, la mésange, le moineau et, en général, les passereaux sont les meilleurs *auxiliaires* du cultivateur. Nous devons les protéger ; la loi punit les destructeurs de nids.

Enfin, un certain nombre nous donnent leurs plumes qui sont employées à différents usages.

RÉSUMÉ

177. Les oiseaux ont le corps couvert de *plumes;* ils ont un *bec* et des *ailes.*

Ils pondent des *œufs* et n'allaitent pas leurs petits.

178. Les principaux groupes sont :

Les *gallinacés* ou oiseaux de basse-cour, les *palmipèdes*, oiseaux nageurs, les *rapaces* ou carnassiers, les *passereaux*, oiseaux des champs, les *échassiers*, oiseaux des marais, et les *grimpeurs*.

179. Presque tous les oiseaux sont *utiles :* ils nous donnent leur chair, leurs œufs et leurs plumes. Ils détruisent un grand nombre d'insectes. *Nous devons les protéger.*

DEVOIR. — *Citez un oiseau de basse-cour, un passereau et un palmipède; faites-en la description.*

※ ※ ※

38° LEÇON

REPTILES, BATRACIENS ET POISSONS

180. Caractères des reptiles. — Les reptiles *rampent*; ils sont dépourvus de membres, comme les serpents, ou ils n'ont que des membres très courts qui les obligent à se traîner sur le sol, comme le lézard. Quand nous les touchons, nous trouvons qu'ils sont *froids*, la respiration et la circulation sont peu actives.

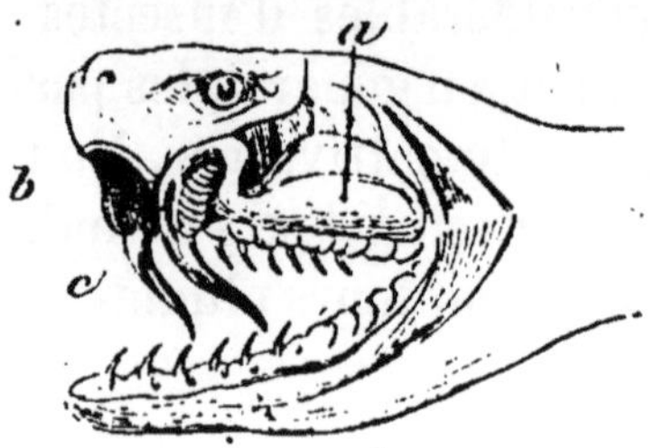

Fig. 159. — Tête de serpent venimeux.

a, glande contenant le venin; *b*, canal; *c*, crochets.

181. Division des reptiles. — Les serpents, dépourvus de membres et qui ont le corps couvert d'écailles,

Fig. 160. — Crocodile (*lézard*).

forment un premier groupe. Les uns ont dans la bouche une glande qui sécrète un venin dangereux; ce venin s'écoule dans la blessure qu'ils font en mordant. L'*aspic* et la *vipère* sont des serpents venimeux de nos pays. Le *serpent à sonnettes* vit dans les pays chauds. La *couleuvre* et le *boa* sont des serpents non venimeux.

Les **lézards** sont pourvus de membres ; les lézards de nos pays sont des animaux inoffensifs ; le *crocodile* et le *caïman* qui sont de grands lézards des fleuves de l'Afrique et de l'Amérique sont des animaux dangereux par leur force.

Fig. 161. — Vipère (*serpent*).

Les **tortues** qui ont le corps recouvert d'une carapace forment enfin un troisième groupe ; ce sont des animaux utiles qui détruisent les limaces de nos jardins.

Fig. 162. — Tortue.

182. Batraciens. — La grenouille pond des œufs qui se développent et éclosent dans l'eau à l'état de *têtards;* ils sont dépourvus de membres et respirent avec des *branchies;* puis des membres poussent, les poumons se développent, les branchies tombent et l'animal peut vivre dans l'air.

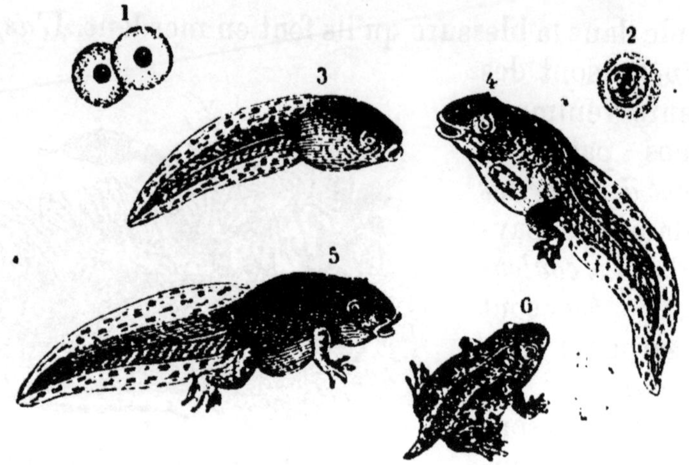

Fig. 163. — Métamorphoses de la grenouille.
1, 2, œufs un peu grossis ; 3, 4, 5, têtards à différents états ; 6, grenouille.

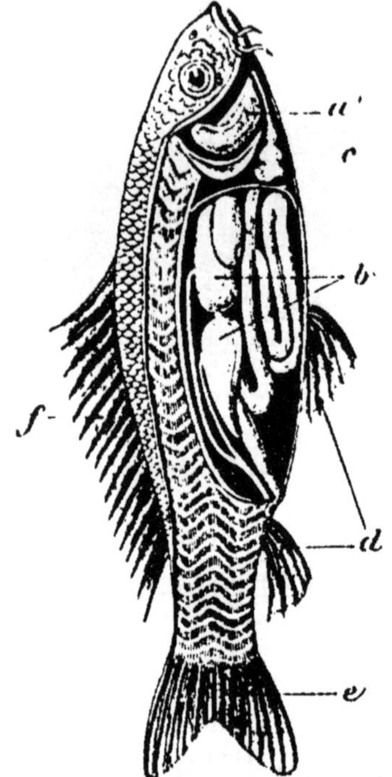

Fig. 164. — Corps et organes
d'un poisson.
a, branchies ; *b*, vessie natatoire ; *c*, cœur ; *d*, nageoires ab-
dominales ;' *e*, nageoire cauda-
le ; *f*, nageoire dorsale.

Ces animaux mi-aquati-
ques, mi-aériens s'appellent
des **batraciens**. Le *crapaud*,
la *salamandre*, le *triton* sont
des batraciens.

Ils sont utiles à l'agriculture parce qu'ils mangent des
vers, des insectes, des limaces.

183. Poissons. — Les
poissons vivent dans l'eau :
tout leur corps est disposé
pour cette vie aquatique ; les
membres sont remplacés par
des *nageoires*, les poumons
par des *branchies*, le corps
allongé est recouvert d'é-
cailles.

Ils ont à l'intérieur du corps
une *vessie natatoire* qu'ils peu-

vent à volonté augmenter ou diminuer de volume et
qui leur permet de descendre ou de s'élever dans l'eau.

Ce sont des animaux à sang froid ; ils pondent des *œufs*
qui éclosent dans l'eau et donnent naissance à des petits.

Nous distinguons les *poissons d'eau douce* et les *poissons
de mer*.

Parmi les premiers qui peuplent nos rivières, nos étangs,

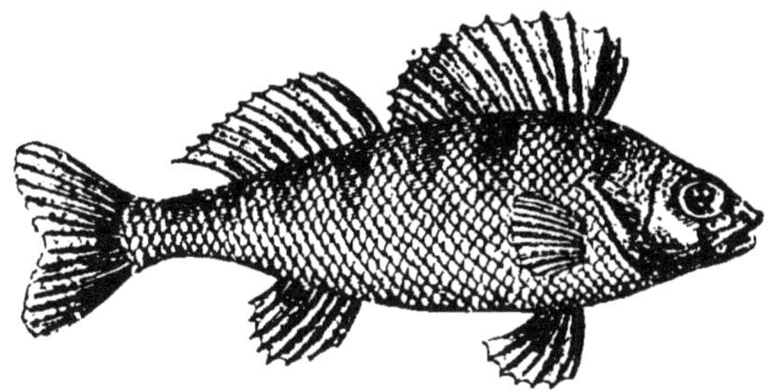

Fig. 165. — Perche (*poisson d'eau douce*).

les principaux sont : la carpe, la tanche, la perche, le gou-
jon, l'ablette, le brochet, le saumon, la truite, l'anguille.

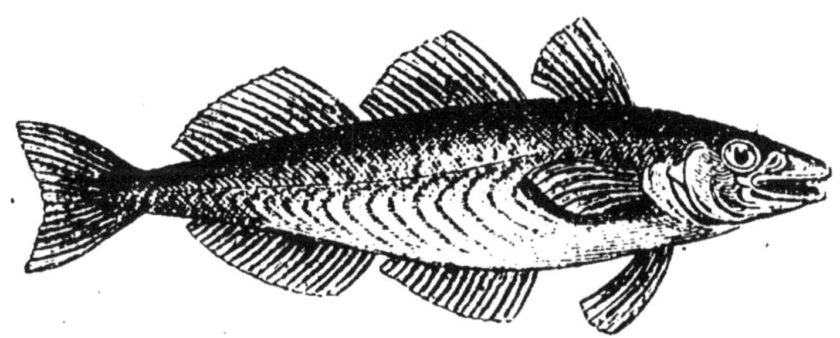

Fig. 166. — Morue (*poisson de mer*).

Presque tous sont comestibles et nous fournissent des
aliments sains et recherchés.

Parmi les poissons de mer, nous citerons la sardine, le
hareng, la morue, qui vivent par bancs et se déplacent
rapidement, ils vivent près des côtes ; le maquereau, le

merlan, le thon recherchés par nos pêcheurs ; la sole, le turbot, la limande, ou poissons plats, appréciés pour leur

Fig. 167. — Requin.

chair. Quelques-uns, comme le requin, sont dangereux et nuisibles.

RÉSUMÉ

181. Les reptiles *rampent* ; ce sont des animaux à *sang froid* ; ils se reproduisent au moyen d'œufs.

Les *serpents*, les *lézards* et les *tortues* forment les trois groupes de reptiles.

182. Les *batraciens* vivent dans l'eau pendant leur jeune âge, dans l'air à l'âge adulte. La *grenouille* et le *crapaud* sont des batraciens.

183. Les poissons vivent dans l'eau ; ils ont des *nageoires* au lieu de membres ; ils respirent au moyen de *branchies* ; leur corps est recouvert d'écailles.

Les poissons d'eau douce et les poissons de mer sont recherchés pour leur chair.

DEVOIR. — *Quels sont les caractères distinctifs des poissons? Citez ceux que vous connaissez.*

❋ ❋ ❋

39ᵉ LEÇON

LES INSECTES

184. Caractère des insectes. — Parmi les invertébrés, la classe des **insectes** est la plus nombreuse et la plus importante à connaître pour l'homme, moins pour les services qu'ils nous rendent que pour les dégâts qu'ils commettent en attaquant nos récoltes. Il y a cependant quelques insectes utiles.

Le corps des insectes. — Si nous examinons le corps d'une libellule ou d'un hanneton, il nous paraît formé d'anneaux, d'où le nom **d'annelés**; de plus ces animaux sont pourvus de pattes, ce qui les distingue des vers, qui sont aussi des annelés. On distingue trois parties : la *tête*, le *thorax* et *l'abdomen*. La tête porte les antennes qui sont les organes du toucher chez les insectes, les yeux, les mâchoires ou mandibules et quelques autres organes

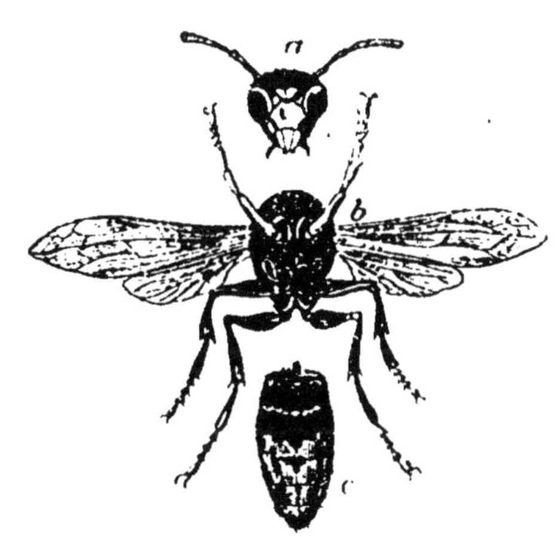

Fig. 168. — Division du corps d'un insecte.

a, tête; *b*, thorax; *c*, abdomen.

servant à la nutrition. Le thorax porte trois paires de pattes, et, chez la plupart, des ailes au nombre de deux (*mouche*) ou de quatre (*papillon, hanneton*).

Les insectes respirent au moyen de petits tubes qui s'ouvrent à l'extérieur par des ouvertures appelées *stigmates·*

Ces tubes, appelés *trachées,* se ramifient et portent l'air dans tout le corps.

185. Métamorphoses des insectes. — Les insectes pondent des œufs, mais ces œufs, au lieu de donner naissance à un insecte parfait, laissent éclore une *larve* ou une *chenille* qui, au bout de quelque temps, file un cocon, s'y renferme et se transforme en *nymphe* ou *chrysalide*. Puis la *métamorphose* s'achève, et après un temps plus ou moins long, l'insecte sort à l'état d'insecte parfait.

186. Insectes nuisibles. — Un grand nombre d'insectes sont nuisibles. Nous placerons au premier rang

Fig. 169. — Métamorphoses d'un insecte.

(*Hanneton*) *a,* larve; *b,* chrysalide.

le hanneton qui cause de si grands dégâts dans nos champs à l'état de larve plutôt qu'à l'état d'insecte parfait. A l'éclosion de l'œuf, c'est un petit ver qui grossit peu à peu et que l'on connaît sous le nom de *ver blanc* ou *turc*. Il reste trois ans sous cette forme, vivant, sous la terre, des racines des plantes qu'il fait périr. — A la fin de la troisième année, il se change en chrysalide ; il sort de sa coque à l'état d'insecte parfait au bout de cinq ou six semaines. A l'état de hanneton, il cause quelques dégâts aux feuilles des arbres ; mais il ne vit que peu de temps, il dépose ses œufs dans la terre et meurt.

Les **sauterelles** sont des insectes qui causent également de grands ravages : elles volent par bandes nombreuses et s'abattent sur un pays qu'elles dépouillent rapidement de toute sa verdure ; c'est surtout en Afrique que ce fléau sévit. Les Arabes emploient tous les moyens pour les détruire, sans toujours y réussir.

Le **phylloxera** est encore un des insectes qui causent le plus de ravages. Il a détruit une grande partie des vignobles de France, en s'attaquant aux racines de la vigne. Presque tous les moyens employés pour le détruire ont échoué. On est obligé de remplacer les plants français par des plants américains qui résistent à l'insecte et sur lesquels on greffe les cépages français.

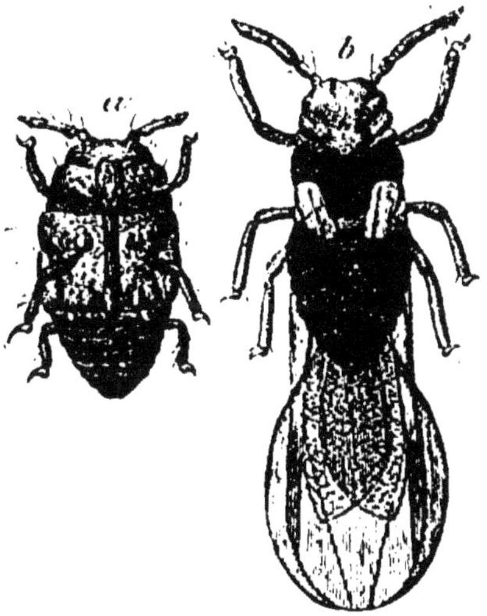

Presque chaque espèce de plante a son ennemi particulier parmi les insectes : les céréales sont

Fig. 170. — Le phylloxera (très grossi).

a, l'insecte sans aile ; *b*, l'insecte ailé.

attaquées par les *charançons,* les plantes potagères par les *chenilles* ou *piérides* du chou, la *courtilière ;* la vigne encore par la *pyrale*, l'*altise;* les arbres par le *cerf-volant* ou *lucarne*, les *chenilles* du *bombyx*, etc.

Les animaux aussi subissent les attaques des insectes :

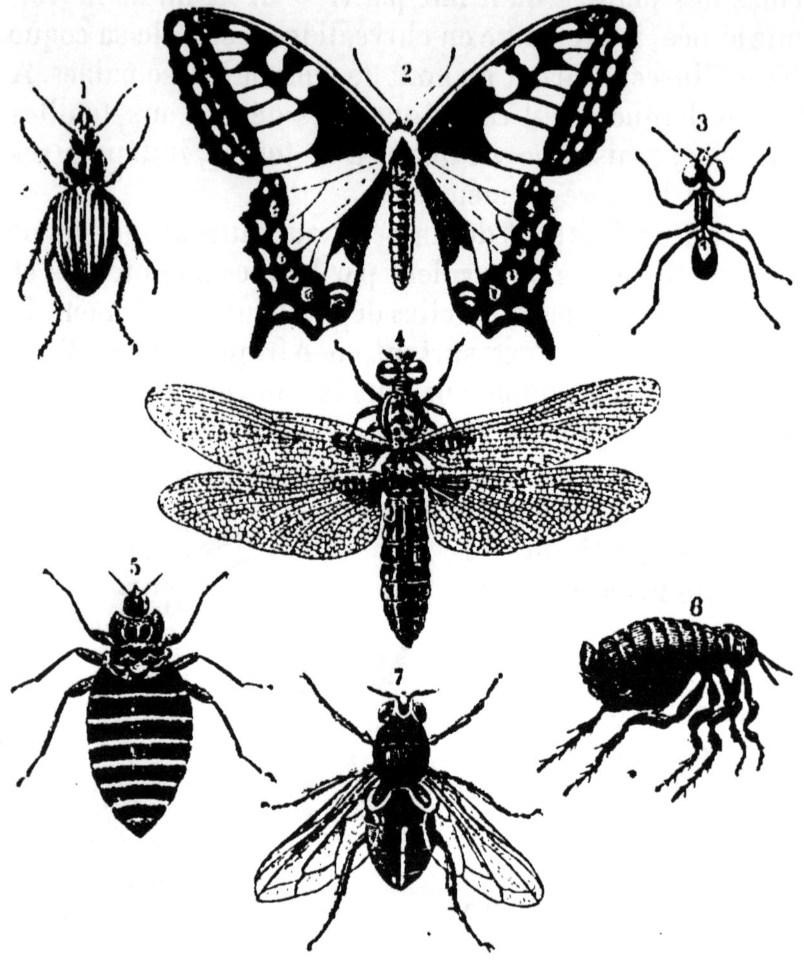

Fig. 171. — Différents types d'insectes.
1, carabe doré; 2, papillon (machaon); 3, fourmi; 4, libellule;
5, 6, parasites de l'homme (punaise et puce); 7, mouche.

il y a des insectes *parasites* de l'homme et des animaux.

L'homme serait incapable de les détruire s'il n'avait des *auxiliaires* parmi lesquels se placent au premier rang les *oiseaux*.

187. Insectes utiles. — **Les abeilles.** — Les abeilles nous fournissent le miel et la cire qu'elles vont récolter sur les fleurs, et qui garnissent les *ruches* qu'elles habitent.

Elles nous donnent un exemple curieux des mœurs d'insectes vivant en société.

Chaque ruche comprend trois sortes d'abeilles : une *seule reine* ou femelle chargée de la ponte des œufs, deux ou trois cents *mâles* ou faux bourdons et plusieurs milliers d'*ouvrières*.

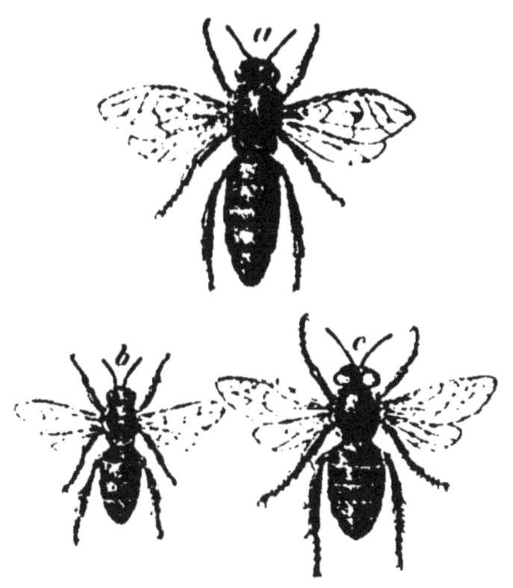

Fig. 172. — Abeilles.
a, reine ; *b*, ouvrière ; *c*, bourdon (mâle).

Les ouvrières confectionnent avec la cire qu'elles produisent des gâteaux ou rayons qui garnissent la ruche. Ces rayons présentent de chaque côté des cellules hexagonales juxtaposées avec la plus grande régularité. C'est dans ces cellules que la reine dépose, au printemps, ses œufs, un par cellule. Les œufs éclosent et donnent naissance à une larve qui se nourrit du miel que les ouvrières vont butiner sur les fleurs ; puis la larve se transforme en insecte parfait.

Fig. 173. — Différentes espèces de ruches. Ruches à cadres. — Ruches fixes.

Après la ponte, les mâles ou faux bourdons devenus

inutiles sont massacrés par les ouvrières. De même, si parmi les nouvelles abeilles il y a de nouvelles reines, l'ancienne leur livre un combat acharné, les tue ou s'échappe, emmenant avec elle une partie de la colonie pour aller former une autre ruche ou *essaim*.

Récolte du miel et de la cire. — Les abeilles ouvrières sont pourvues d'une trompe avec laquelle elles puisent la matière sucrée, contenue au fond des fleurs ; le liquide sucré est avalé, modifié et dégorgé sous forme de miel qu'elles déposent dans les cellules des gâteaux de cire pour la nourriture des jeunes larves.

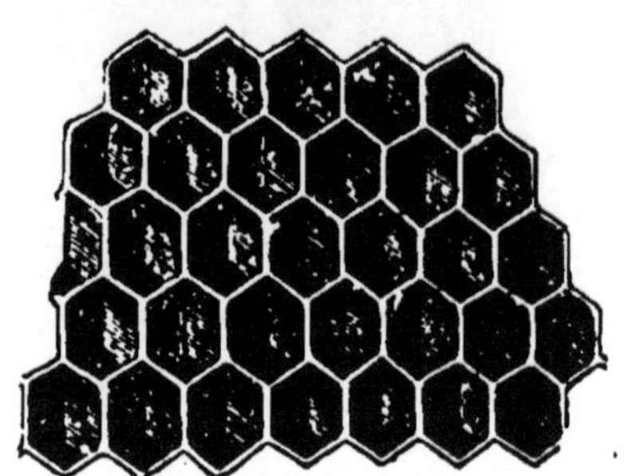

Fig. 174. — Gâteau de cire montrant les cellules dans lesquelles les abeilles déposent le miel.

La cire est formée par une matière grasse qui suinte entre les anneaux de l'abdomen de l'abeille.

A la fin du mois d'août, on enlève les gâteaux de cire pour en retirer le miel qu'ils contiennent, en ayant soin d'en laisser une petite quantité pour la nourriture des abeilles pendant l'hiver.

La *culture des abeilles* exige peu de soins et donne des profits appréciables. Les ruches sont de plusieurs sortes ; les ruches à cadres mobiles, qui servent de supports aux rayons, sont préférables parce qu'on peut les enlever pour opérer la récolte du miel ou de la cire.

Ver à soie. — Cet insecte est remarquable par ses métamorphoses.

L'insecte parfait est un papillon appelé le *bombyx du mûrier ;* c'est la larve ou chenille qui produit la soie avec laquelle est formé le cocon qu'elle file au moment de sa transformation en chrysalide.

L'œuf ou *graine* du ver à soie donne un petit ver de deux à trois millimètres, appelé *magnan*. Ce ver se nourrit de feuilles de *mûrier* que l'on dispose sur des rayons qui garnissent les chambres ou magnaneries où se fait l'élevage. Il se développe rapidement en absorbant une quantité considérable de nourriture. Pendant le premier mois, il subit quatre changements ou *mues;* il acquiert tout son développement, cesse de manger et se présente alors sous la forme d'un ver de huit centimètres de long. Il se met à filer son cocon formé d'un fil très fin que produit, en se solidifiant à l'air, une matière visqueuse qui sort de sa bouche.

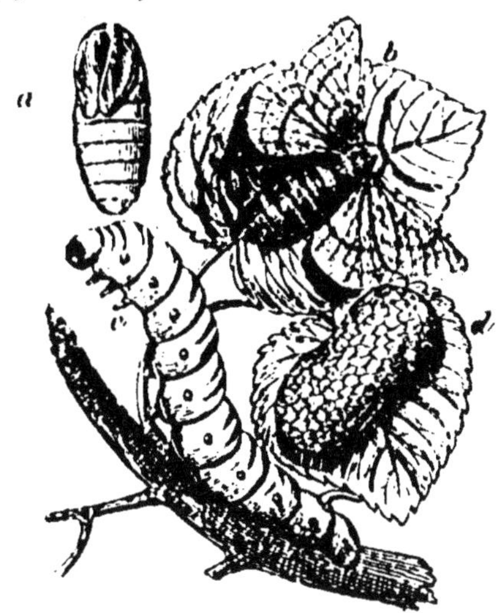

Fig. 175. — Le ver à soie et ses métamorphoses.

a, chrysalide; *b*, papillon (bombyx); *c*, ver à soie; *d*, cocon.

Il reste à l'état de chrysalide pendant trois semaines environ et se transforme en papillon.

Lorsqu'on veut récolter la soie, on étouffe la chrysalide dans l'eau chaude pour l'empêcher de briser le fil du coton en sortant à l'état d'insecte parfait.

L'élevage du ver à soie se fait dans la vallée du Rhône où croît le mûrier.

RÉSUMÉ

184. Les insectes ont le corps formé *d'anneaux* et divisé en trois parties, la tête, le thorax, l'abdomen. — Ils ont des pattes et presque toujours des ailes.

185. Ils subissent des *métamorphoses* et passent successivement par les trois états : larve ou chenille, chrysalide, insecte parfait.

186. Les insectes sont presque tous *nuisibles*.

Le *hanneton* cause de grands dégâts à l'état de ver blanc.

Les *sauterelles* dévorent l'herbe des prairies et les feuilles des arbres.

Le *phylloxera* détruit la vigne.

Les meilleurs auxiliaires de l'homme pour détruire les insectes sont les oiseaux.

187. Parmi les insectes *utiles* nous citerons les *abeilles* et le *ver à soie*.

Les abeilles produisent le *miel* et la *cire*. Elles vivent en société dans des ruches.

Chaque ruche comprend une *reine*, des *mâles* ou faux bourdons et des *ouvrières* chargées du travail et les plus nombreuses.

Les ouvrières construisent des rayons de cire dans lesquels sont disposées des cellules où la reine dépose ses œufs.

Elles récoltent sur les fleurs le miel destiné à la nourriture des jeunes abeilles.

L'apiculture ou culture des abeilles est une source de profits appréciables.

Le ver à soie est la chenille d'un papillon appelé *bombyx du mûrier*.

Le cocon qu'il file pour se transformer en chrysalide est formé d'un fil de soie très fin que l'on utilise dans l'industrie.

DEVOIRS. I. — *Dites ce que vous savez du hanneton : ses métamorphoses, les dégâts qu'il nous cause.*

II. — *Dites ce que vous savez des mœurs des abeilles.*

✳ ✳ ✳

40ᵉ LEÇON

LES INVERTÉBRÉS (*suite*).

188. Les araignées. — Les araignées ressemblent aux insectes par quelques côtés. Elles ont le corps divisé en deux parties, la tête et le thorax réunis sous le nom de *céphalo-thorax*, et l'abdomen.

Elles ont quatre paires de pattes.

Ce sont aussi des articulés.

L'araignée commune sécrète un liquide au moyen duquel elle tisse la toile qui lui sert à prendre les insectes dont elle se nourrit.

Certaines araignées sont munies de crochets venimeux; le scorpion dont la piqûre est dangereuse, l'insecte ou sarcopte de la gale appartiennent à la même classe.

Fig. 176. — Araignée.

189. Les crustacés. — Dans l'écrevisse les articles du corps sont très apparents. Le corps est recouvert d'une croûte calcaire qui a fait donner à ces animaux le nom de *crustacés*. Ils ont cinq paires de pattes dont les deux premières sont transformées en pinces. Ils vivent dans l'eau et respirent au moyen de branchies.

Fig. 177. — Écrevisse
(*crustacé*).

Fig. 178. — Crabe
(*crustacé*).

Le homard, la langouste, le crabe, la crevette sont des crustacés comestibles, très recherchés.

190. Les vers. — Si l'on examine le corps d'un ver de terre, on voit qu'il est formé d'anneaux, mais il est dépourvu de membres : c'est un *annelé*.

Outre le lombric ou ver de terre, qui vit sous terre et amenblit le sol en creusant des galeries, on peut encore citer la sangsue.

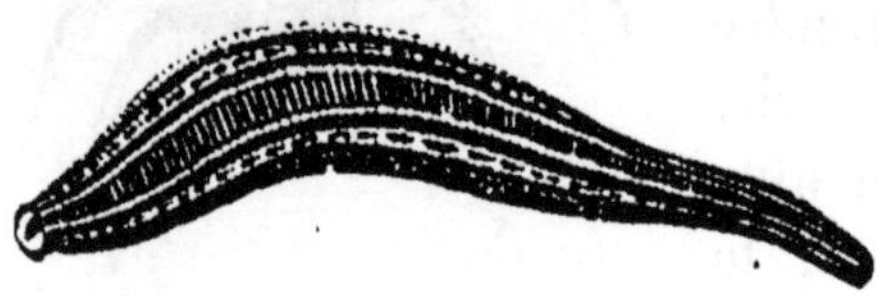

Fig. 179. — Sangsue (*ver*).

Certains *vers parasites* vivent dans le corps des animaux et dans les végétaux et peuvent souvent causer de graves désordres. Le *ténia* ou *ver solitaire* vit dans le corps de l'homme, mais il peut se développer chez le porc qu'il rend *ladre,* d'où le danger de manger de la chair de porc malsaine. La *trichine* est également un ver parasite du porc.

191. Les mollusques. — Les mollusques ont le corps mou et sans divisions apparentes : la limace, l'escargot nous présentent cette forme.

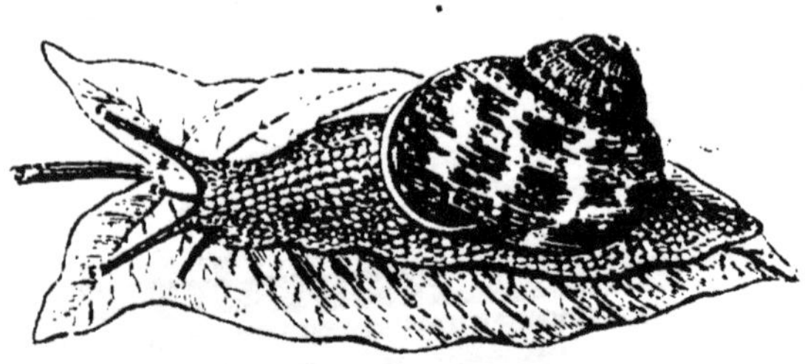

Fig. 180. — Escargot (*mollusque*).

Les uns sont recouverts d'une coquille formée d'une ou deux valves, les autres ont le corps nu. La limace est dans ce cas; l'escargot, la moule, l'huître sont, au contraire, pourvus d'une coquille. L'huître et la moule vivent dans l'eau et sont recherchées comme comestibles.

Une huître, appelée huître perlière, sécrète les perles très recherchées dans la bijouterie.

192. Animaux-plantes. Zoophytes ou rayonnés.

— Certains animaux, comme le corail, l'éponge, vivent sur des supports qu'ils sécrètent et qui les font plus ressembler à des plantes qu'à des animaux, d'où leur nom de *zoophytes*. D'autres ont le corps disposé en forme de rayons, comme l'étoile

Fig. 181. — Corail.

de mer, les méduses, les oursins : on les appelle des *rayonnés*.

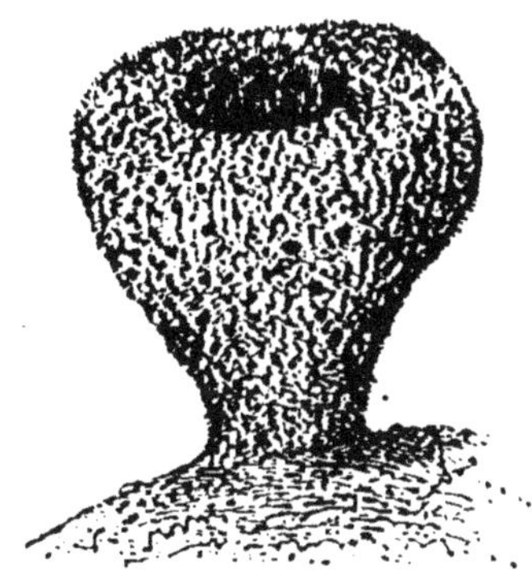

Fig. 182. — Éponge.

Fig. 183. — Étoile de mer.

193. Infusoires.

— L'eau dans laquelle on a fait *infuser* des matières organiques, du foin, par exemple, renferme des quantités innombrables de petits animaux, visibles au microscope seulement. Leur corps est souvent formé d'une seule cellule qui, en se partageant en deux, donne naissance à deux individus.

Ces animaux microscopiques sont répandus dans l'air et dans l'eau. Ils peuvent pénétrer dans notre organisme et y causer certaines maladies appelées microbiennes, du nom de **microbes** que l'on donne à ces êtres. Il est démontré aujourd'hui qu'un grand nombre de maladies ont une origine microbienne. On a heureusement trouvé le moyen de nous préserver de quelques microbes par la vaccination. Jenner avait découvert le vaccin contre la variole, Pasteur a découvert celui de la rage et du charbon, le Dr Roux, plus récemment, celui du croup. On espère découvrir celui d'autres maladies.

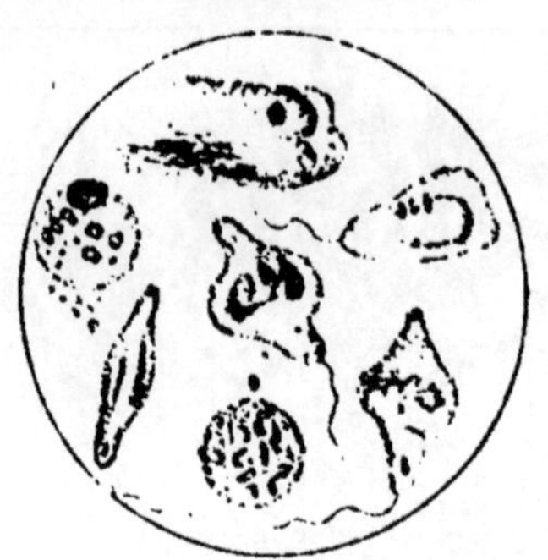

Fig. 184. — Goutte d'eau contenant des infusoires très grossis.

Tableau résumant les Invertébrés.

I. Corps formé d'*anneaux* et pourvu de membres..........	*Articulés*	terrestres..	*Insectes* (hanneton, abeille). *Araignées.*
		aquatiques.	*Crustacés* (homard, écrevisse).
II. Corps formé d'*anneaux* sans pattes..			*Annelés* ou *vers* (ver de terre).
III. Corps mou, sans divisions........			*Mollusques* (limace, huître).
IV. Corps disposé en rayons, animaux ressemblant aux plantes...............			*Rayonnés* ou *Zoophytes* (étoile de mer, corail).
V. Animaux microscopiques, simples...			*Infusoires* (microbes ou ferments).

DEVOIR. — *Quels sont les animaux qu'on appelle infusoires? Quelles maladies peuvent-ils occasionner? Comment peut-on les combattre?*

※ ※ ※

TROISIÈME PARTIE

Les végétaux

41ᵉ LEÇON

LA PLANTE. — SES DIFFÉRENTES PARTIES

192. Idée d'un végétal; ses parties essentielles. — Nous distinguons facilement plusieurs parties dans une plante :

Fig. 185. — Un végétal.
Ricin : tige herbacée montrant les différentes parties de la plante.

Fig. 186. — Un végétal.
Frêne : tige ligneuse.

l'une qui s'enfonce dans la terre et qui la fixe au sol, c'est la **racine** ; l'autre qui s'élève dans l'air, c'est la **tige** qui porte des **feuilles** et, à certaines époques, des **fleurs** et des **fruits**.

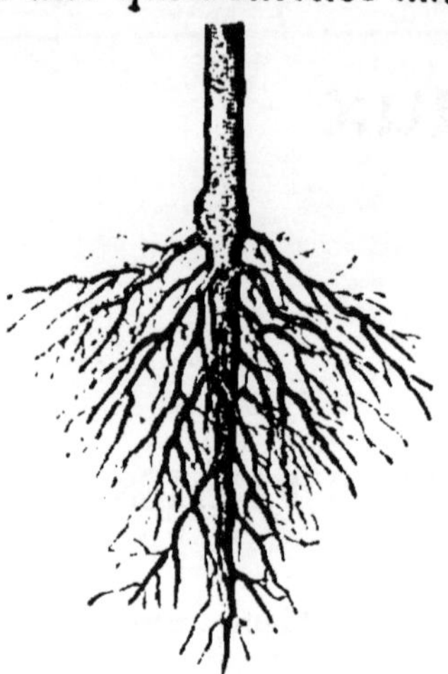

Fig. 187. — Racine pivotante ligneuse (*poirier*).

193. Racine. — La racine peut présenter plusieurs formes différentes. Dans la carotte, elle se compose d'une seule grosse racine centrale de laquelle naissent de petites racines appelées *radicelles ;* dans les arbres, comme le poirier, la racine principale se ramifie en racines secondaires qui produisent également des radicelles formant ce que l'on appelle le *chevelu* de la plante ; dans ces deux cas, la racine est dite *pivotante*. On l'appelle *fasciculée*, lorsqu'elle forme un faisceau de petites racines partant du même point et toutes de la même grosseur, comme dans le blé, le seigle, l'orge, l'avoine. Certaines tiges émettent des racines que l'on nomme racines *adventives*, tels sont le fraisier (coulants), le lierre.

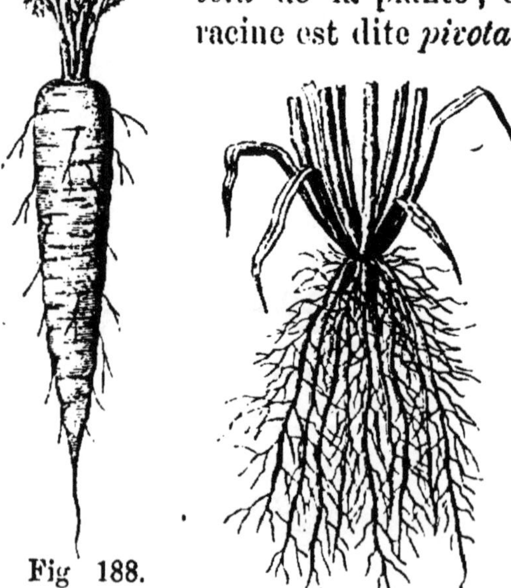

Fig 188. Racine pivotante herbacée (*carotte*).

Fig. 189. — Racine fasciculée (*blé*).

194. Poils ab-

sorbants. — Les dernières ramifications des racines ou radicelles sont garnies, vers l'extrémité, d'un manchon de poils appelés poils *absorbants* que l'on aperçoit bien lorsqu'une racine se développe dans l'eau. Ces poils font l'office de suçoirs et puisent dans le sol les liquides qui servent de nourriture à la plante. L'extrémité des radicelles est protégée par une enveloppe résistante nommée *coiffe*.

Fig. 190. — Racines adventives du fraisier.

195. La tige. — La tige fait suite à la racine ; elle en est séparée par le collet. Elle est, ou *herbacée*, comme dans le blé, ou *ligneuse*, comme dans les arbres. Dans le premier cas, elle est formée de *cellules* et *vaisseaux* qui la parcourent dans toute sa longueur et se prolongent, d'une part dans les racines jusqu'aux poils absorbants, d'autre part dans les nervures des feuilles. Dans les tiges ligneuses, on trouve, au centre, la

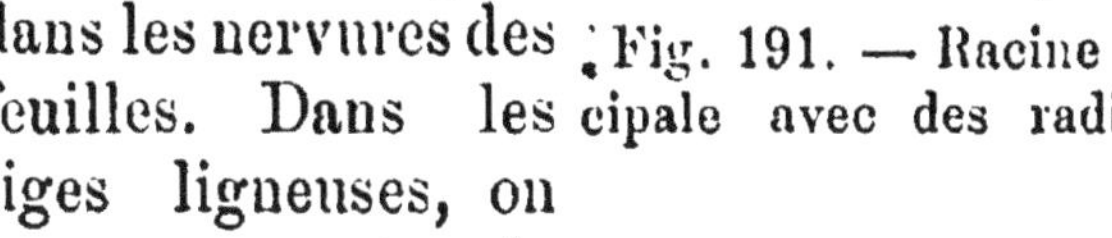

Fig. 191. — Racine principale avec des radicelles.

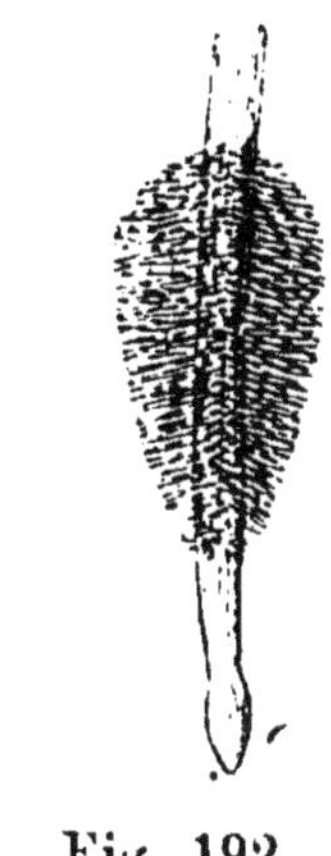

Fig. 192. Poils absorbants (*grossis*).

moelle, puis le *bois* formé de fibres produites par l'épaississement des parois des cellules, enfin l'*écorce*.

Le bois et l'écorce sont également traversés par des vaisseaux, plus nombreux dans la couche qui sépare ces deux parties et qui porte le nom de **couche génératrice.**

La tige porte directement les feuilles, ou se ramifie et donne naissance aux branches sur lesquelles sont attachées les feuilles.

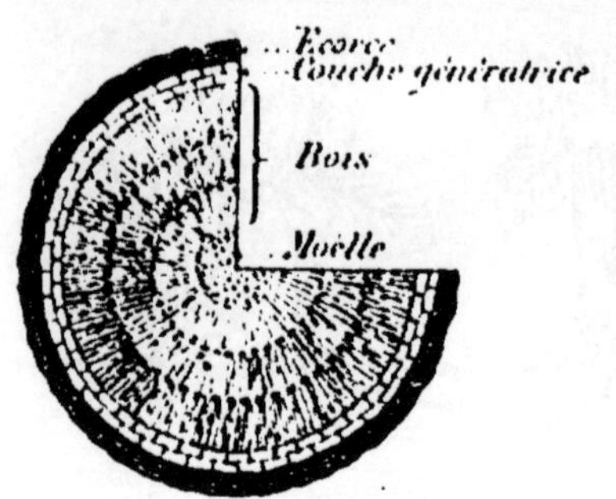

Fig. 193. — Coupe horizontale d'une tige ligneuse.

RESUMÉ

192. La plante est un *être vivant* qui naît, se développe et meurt, mais elle n'est douée ni de mouvement, ni de sensibilité.

193. On distingue trois parties dans une plante : la *racine*, la *tige* et les *feuilles*.

194. La racine est la partie qui s'enfonce dans le sol : elle est *pivotante* ou *fasciculée*.

Son extrémité est garnie de *poils absorbants.*

195. La tige est la partie qui s'élève dans l'air : elle est *herbacée* ou *ligneuse;* elle porte les branches et les feuilles.

DEVOIR. — *Faites la description d'un végétal, et indiquez-en les parties essentielles.*

❋ ❋ ❋

42ᵉ LEÇON

LES FEUILLES

196. Structure des feuilles. — Les feuilles sont des organes minces, de couleur verte, supportés par la tige ou par les rameaux. Elles sont tantôt reliées à la tige par la queue ou *pétiole*, tantôt la partie élargie appelée *limbe* s'attache directement à la tige, comme dans le pois.

Quand on examine de près une feuille, on voit qu'elle présente des *nervures* qui partent du pétiole, se ramifient et forment un réseau serré. Les intervalles formés par ces nervures sont remplis par des cellules qui contiennent une matière verte appelée **chlorophylle.**

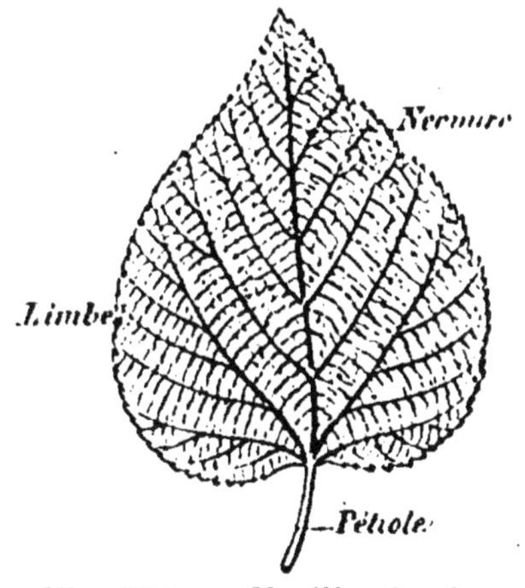

Fig. 194. — Feuille simple (*tilleul*).

C'est cette matière qui donne aux feuilles leur couleur; la chlorophylle se développe à la lumière; les plantes qui poussent dans l'obscurité ont les feuilles blanches; on fait blanchir les salades en les recouvrant.

Sur la face inférieure, des ouvertures que l'on ne peut apercevoir qu'au microscope et appelées *stomates*, font communiquer le tissu intérieur des feuilles avec l'atmosphère.

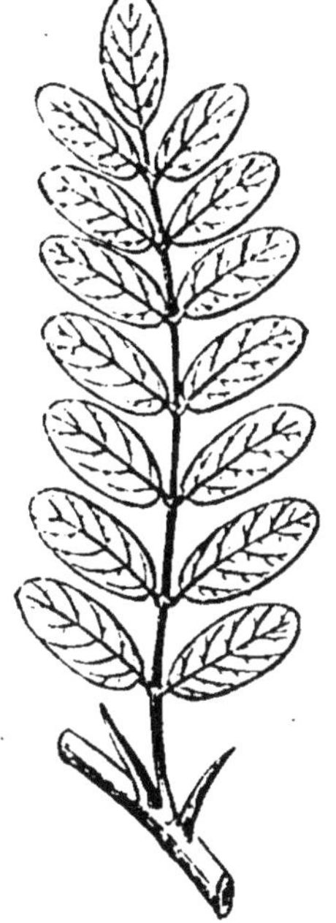

Fig. 195. — Feuille composée (*faux acacia*).

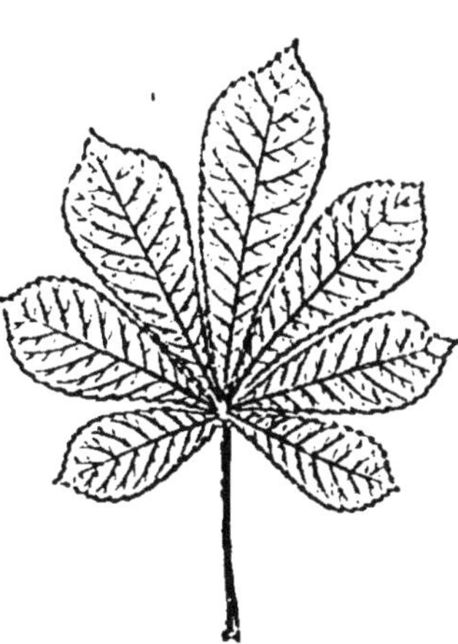

Fig. 196. — Feuille composée (*marronnier*).

Forme des feuilles. — Les feuilles ont des formes différentes, suivant les végétaux ; elles sont *simples*, comme

Fig. 197.
Feuille lobée
(*chêne*).

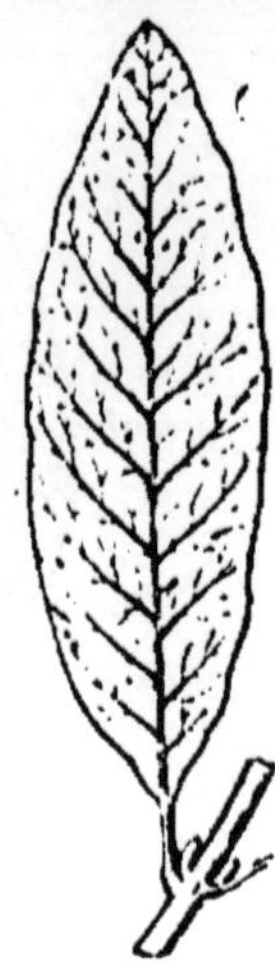

Fig. 198.
Feuille lancéolée
(*laurier*).

Fig. 199. — Feuille
dentée
(*peuplier*).

celles de la vigne, ou *composées*, comme celles du mar-

Fig. 200. — Feuilles
alternes (*cerisier*).

Fig. 201. — Feuilles opposées
(*menthe*).

ronnier et de l'acacia. Elles sont *lancéolées* (laurier) ou *lobées*, c'est-à-dire découpées comme celles du chêne.

197. Leur position sur la tige. — Certaines feuilles, avons-nous vu, n'ont pas de pétiole ; on les appelle feuilles *sessiles* ; dans le maïs, le blé, la base de la feuille enveloppe la tige : elle est dite *engainante*.

Sur la tige, les feuilles sont attachées une par une, en

Fig. 202. — Feuilles
engainantes (*maïs*).

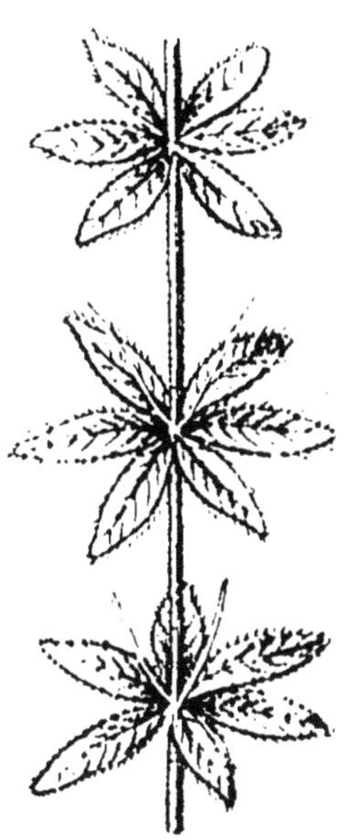

Fig. 203. — Feuilles
verticillées (*garance*).

différents points ; elles sont *alternes*, ou bien *opposées* deux par deux à la même hauteur ; elles sont enfin *verticillées* quand elles sont disposées en plus grand nombre, à la même hauteur tout autour de la tige.

198. Fonctions des feuilles. — *Les feuilles sont le siège d'une évaporation constante* (voir 9ᵉ Leçon), d'autant plus abondante que la surface des feuilles est plus considérable : on a évalué à 36,000 kilogrammes le poids de l'eau qui s'évapore ainsi par jour d'un hectare de terre planté en maïs.

Elles absorbent en outre le gaz carbonique de l'air, le décomposent au moyen de la chlorophylle et, sous l'influence de la lumière solaire, retiennent le carbone et rejettent l'oxygène. Cette action peut être mise en évidence de la manière suivante : sous une cloche remplie d'eau chargée de gaz carbonique, de l'eau de seltz, par exemple, introduisons les feuilles vertes d'une plante, et laissons le tout exposé à la lumière solaire. Au bout de quelques heures, nous verrons s'accumuler au haut de la cloche des bulles de gaz que nous pourrons reconnaître pour de l'oxygène.

Fig. 204. — Évaporation par les feuilles.

Les feuilles servent enfin à la respiration des plantes.

Les plantes respirent, comme les animaux, en prenant à l'air l'oxygène et en rejetant du gaz carbonique.

Pendant le jour, la production de gaz carbonique pro-

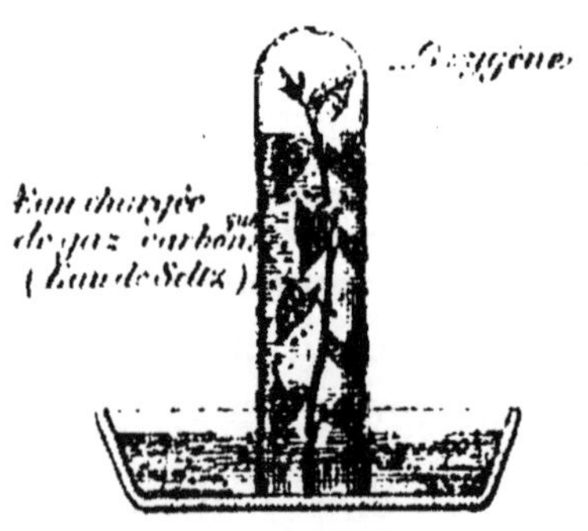

Fig. 205. — Absorption et décomposition du gaz carbonique par les feuilles.

Fig. 206. — Respiration de la plante.

venant de la respiration est masquée par la production plus considérable de l'oxygène provenant de la fonction chlorophyllienne ; mais, pendant la nuit, on peut mettre en évidence la production du gaz carbonique au moyen de l'eau de chaux.

199. Bourgeons. — A l'extrémité de la tige et à l'aisselle des feuilles, se trouve un organe appelé *bourgeon,* recouvert de petites écailles qui le protègent. Si l'on ouvre ce bourgeon, on aperçoit des feuilles enroulées qui se développent au printemps, au moment de la végétation. Certains bourgeons plus gros donnent naissance à des fleurs.

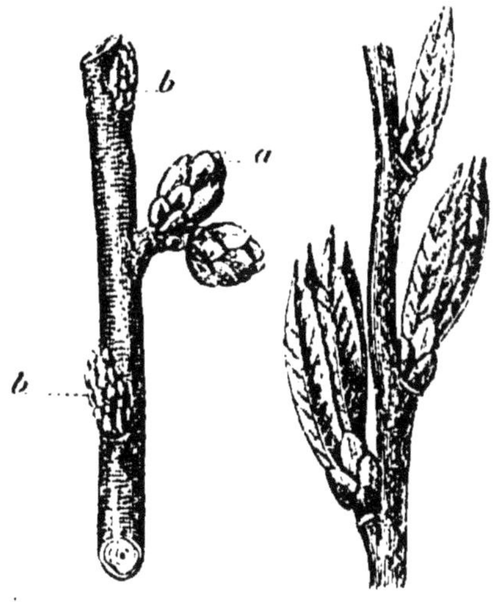

Fig. 207. — Bourgeons.
a, bourgeon à fleurs ; *b,* bourgeon à bois

RÉSUMÉ

196. Les *feuilles* sont des organes minces, de formes diverses, placés sur la tige ou sur les branches.

197. Elles sont formées de *nervures* et de *cellules* contenant une substance verte qui les colore et que l'on appelle *chlorophylle*.

198. Les feuilles laissent *évaporer* l'eau qui se trouve en excès dans la plante.

Elles *absorbent en outre le gaz carbonique de l'air* pour prendre le carbone.

Elles servent enfin à la *respiration* des plantes.

199. Les *bourgeons,* en se développant, donnent naissance à des feuilles ou à des fleurs.

DEVOIR. — *Quelles sont les fonctions remplies par les feuilles? Qu'appelle-t-on fonction chlorophyllienne?*

※ ※ ※

43ᵉ LEÇON

LA GERMINATION

200. Comment naît un végétal. — La plupart des végétaux proviennent de **graines**. Les graines mises dans des conditions convenables **germent** et donnent naissance à une nouvelle plante.

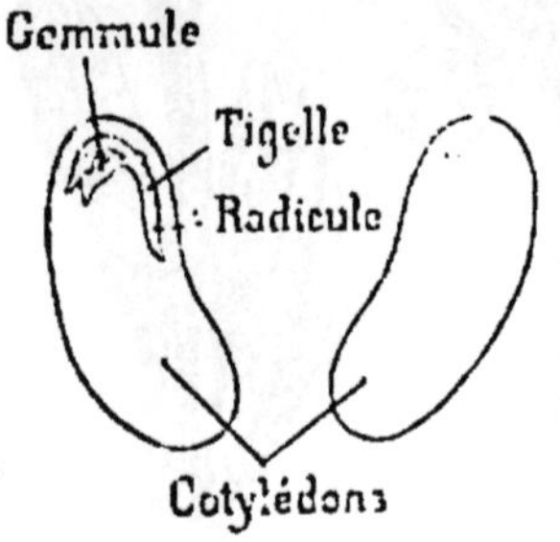

La graine. — Examinons une graine de haricot, par exemple ; si nous la dépouillons de la peau qui l'enveloppe, nous voyons deux parties qui se séparent facilement et que l'on appelle les **cotylédons**. Entre ces deux parties, avec un peu d'attention, nous apercevons un germe qui renferme tous les éléments de la plante : une petite tige ou *tigelle;* la *radicule* qui donnera naissance à la racine ; un petit bourgeon ou *gemmule* qui produira les premières feuilles.

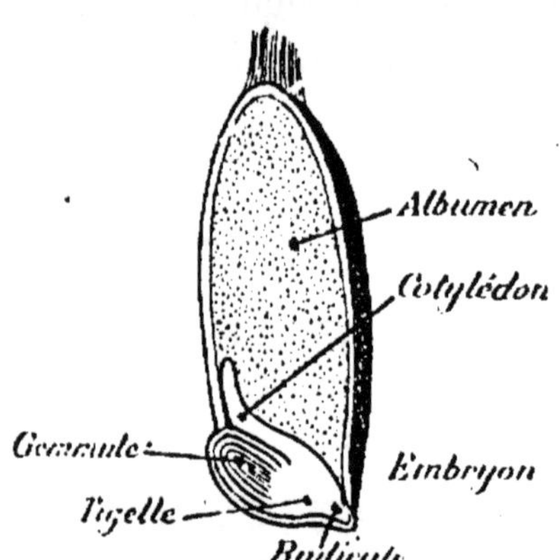

Fig. 208. — Graine de haricot.

Dans un grain de blé qui aurait commencé à germer, nous verrions les mêmes éléments, mais un seul cotylédon dans la graine.

Fig. 209. — Grain de blé.

201. Germination. — Plaçons maintenant ce haricot sur de la mousse humide, ou dans du sable mouillé à une douce température : au bout de quelques jours, la graine se gonfle, les cotylédons s'entr'ouvrent, la radicule et la tigelle s'allongent en sens inverse, les deux premières feuilles apparaissent, le végétal est constitué.

Ce développement continuera encore pendant quelques jours, en même temps que l'on verra les cotylédons se rider et se vider. Si à ce moment on ne fournit à la plante que de l'eau pure, elle dépérit et meurt ; mais si on la transplante dans un sol convenable ou si on lui donne de l'eau contenant en dissolution les substances nécessaires à sa nourriture, elle continue à se développer.

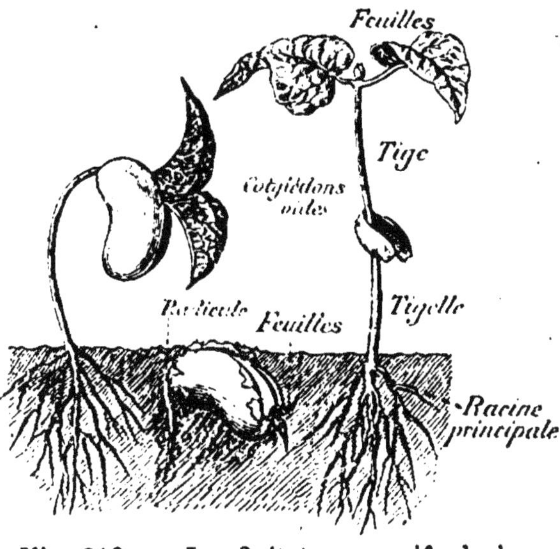

Fig. 210. — Les 3 états successifs de la germination du haricot.

202. Conditions pour qu'une plante germe. — Nous avons vu que, pour germer, la graine avait besoin de *chaleur* et d'*humidité*. Dans un terrain sec et par un temps froid, les graines ne germent pas ou germent difficilement ; un excès de chaleur ou d'humidité produirait le même effet.

L'*air* est aussi nécessaire à la germination. Dans un milieu privé d'air ou rempli

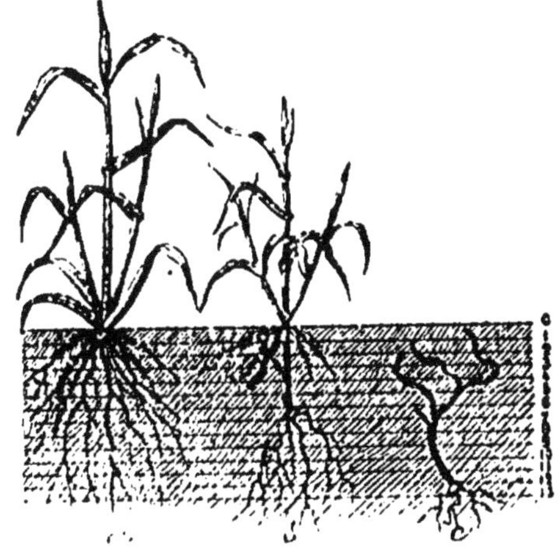

Fig. 211. — *a*, profondeur normale ; bon développement ; *b* et *c*, le grain enterré trop profondément germe mal.

d'acide carbonique, une graine ne germerait pas ; dans un

sol dur et compact, la germination a lieu difficilement. Ceci explique la nécessité d'ameublir le sol pour laisser pénétrer la chaleur. l'air et l'humidité.

La *profondeur* du semis influe, pour les mêmes raisons, sur la germination. Des expériences ont prouvé que des graines enfoncées trop profondément donnent naissance à des plantes chétives.

RÉSUME

200. La graine contient en *germe* le végétal ; ce germe est entouré d'un ou deux *cotylédons* destinés à fournir à la plante sa première nourriture.

201. Quand on place la graine dans des conditions convenables, le germe se développe ; mais quand les organes de la plante sont constitués, il faut lui donner de la nourriture.

202. Pour germer, une plante a besoin de *chaleur*, d'*humidité* et d'*air*, de là, la nécessité d'ameublir le sol. La profondeur des semis influe aussi sur la germination.

DEVOIR. — *Germination d'une graine; conditions nécessaires.*

❋ ❋ ❋

44° LEÇON

LA NUTRITION DES PLANTES

203. Comment se nourrit un végétal. — Le végétal prend à la graine, pendant les premiers jours, la nourriture nécessaire à son développement. Une fois cette réserve épuisée, il dépérit si on ne le transplante dans un milieu convenable où il trouve de nouvelles substances pour sa nourriture.

Le sol renferme ces substances, mais on peut les fournir à la plante sous une autre forme. Dans de la brique ou du verre pilés, un végétal peut vivre, si on a soin de l'arroser

avec de l'eau contenant en dissolution certaines substances
que nous étudierons prochainement.

Au contraire, dans une terre épuisée
par plusieurs cultures successives, le
végétal dépérirait. Ce n'est donc pas
la terre elle-même, mais les substances
qu'elle renferme qui servent de nourriture à la plante.

204. Rôle de la terre. — La
terre sert à fixer le végétal au moyen
des racines. Elle a aussi un autre rôle
très important. Elle *absorbe* et *retient*
les principes nutritifs. Si l'on verse
du purin sur de la terre végétale contenue dans un pot à fleur, le liquide sort
clair, dépouillé de tous les éléments
fertilisants qu'il contenait. Bien plus,
si l'on arrose abondamment cette terre,
l'eau n'entraîne aucune des substances
qui y sont contenues. ainsi qu'on peut

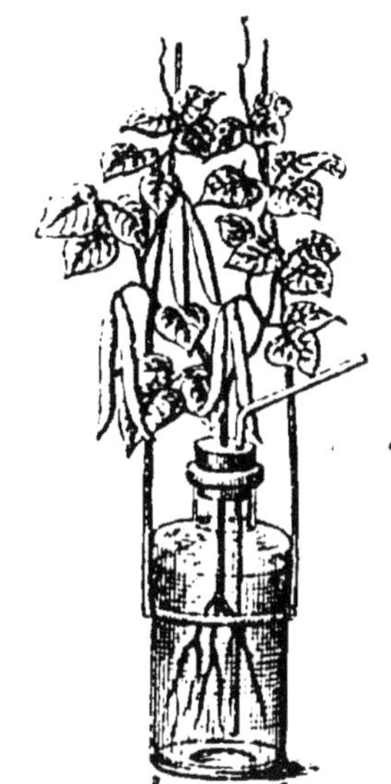

Fig. 212. — Culture
dans l'eau.

L'eau renferme les
éléments nécessaires à
la plante.

(*Nitrate de potasse, su-
perphosphate de chaux.*)

s'en convaincre au moyen de cultures comparatives.

La terre a donc un **pouvoir absorbant** qui lui permet
de *fixer* les sels nécessaires à la nourriture de la plante,
mais elle ne contient ces sels que si on les lui fournit.

205. Aliments des plantes. — Ces aliments doivent
renfermer les substances mêmes qui composent les végétaux. Or, l'*analyse* nous montre que ceux-ci sont formés
de *carbone* (charbon de bois), d'*eau* (oxygène et hydrogène), d'*azote*, de *potasse* (que l'on retrouve dans le résidu
des cendres des végétaux), d'*acide phosphorique* et de
chaux.

Le carbone est fourni à la plante par le gaz carbonique
de l'air, les autres substances doivent lui être fournies par
le sol.

206. Nécessité des engrais. — Une terre qui a
nourri des plantes est appauvrie et dépourvue des éléments

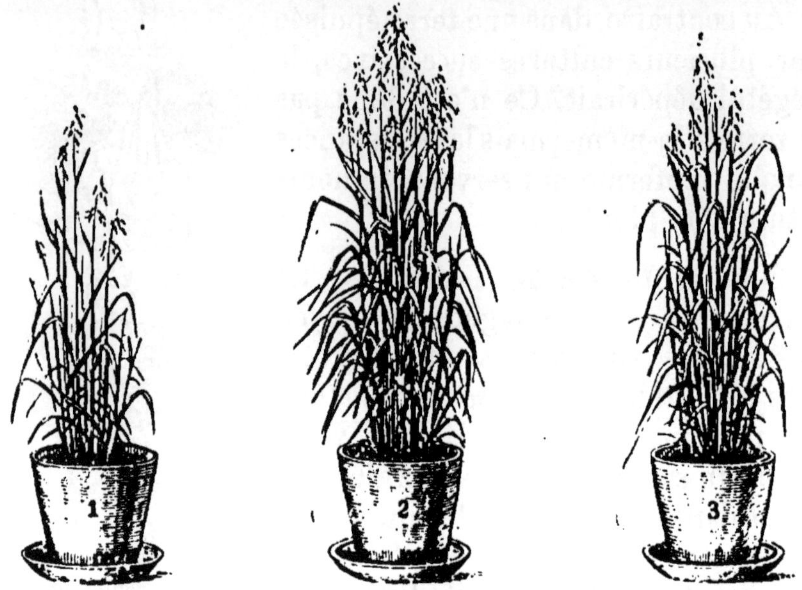

Fig. 213. — Expérience pour montrer le pouvoir absorbant de la terre.
N° 1, témoin ; les n°ˢ 2 et 3 ont été arrosés de purin, le n° 3 a été ensuite
lavé abondamment : la végétation reste aussi abondante qu'au n° 2.

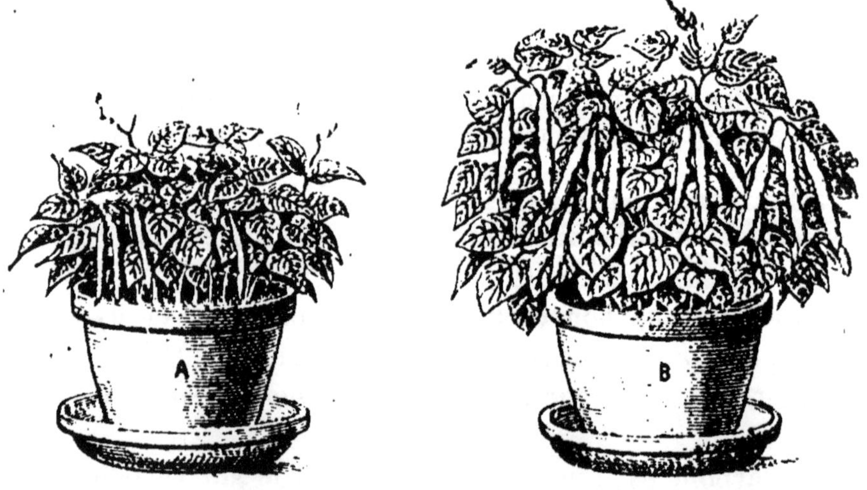

Fig. 214. — Cultures démonstratives pour montrer la nécessité
des engrais.
A, terre épuisée sans engrais ; B, brique pilée avec engrais.

nutritifs ; si on veut lui faire produire une nouvelle récolte, on devra lui fournir de nouveaux éléments : de là la
nécessité des *engrais*.

207. Le fumier et les engrais minéraux. —
Le *fumier* des animaux est le meilleur des engrais parce
qu'il contient les éléments essentiels de la vie des plantes :
azote, potasse, acide phosphorique. C'est un engrais
complet.

Il serait cependant insuffisant parce qu'il ne restitue à
la terre qu'une partie des éléments qui lui ont été enlevés
par la récolte. On le complète au moyen d'*engrais minéraux* dits *engrais chimiques*.

RÉSUMÉ

203. La plante se nourrit de substances contenues dans le sol,
mais qu'on peut lui fournir dans l'eau, dans du verre ou de la
brique pilés.

204. La terre sert à *fixer* le végétal ; elle a aussi la propriété
très importante d'*absorber* et de fixer les principes nutritifs des
engrais.

205. Les aliments nécessaires à la plante doivent contenir, outre
l'eau et le carbone, de l'*azote*, de la *potasse*, de l'*acide phosphorique*
et de la *chaux*.

207. C'est au moyen des *engrais* qu'on fournit ces quatre éléments
aux végétaux.

DEVOIR. — *Quels sont les éléments nécessaires à la vie
d'une plante? Comment sont-ils fournis aux végétaux?*

❋ ❋ ❋

45e LEÇON

ABSORPTION DES ALIMENTS

208. Rôle des racines. — C'est par les racines que la plante puise dans le sol les substances nécessaires à sa nourriture. Ces substances sont à l'état de *dissolution* dans l'eau, et sont pompées par les poils radicaux qui entourent l'extrémité des racines.

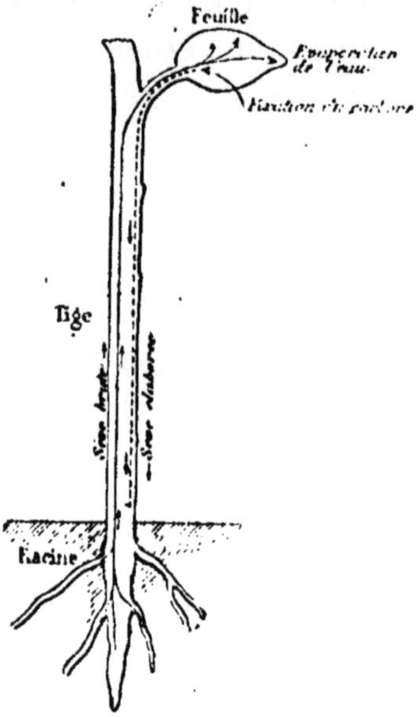

Nous avons vu (9e leçon) une expérience qui montre l'*absorption* de l'eau par les racines.

Des racines, les substances absorbées passent dans la tige par les canaux qui traversent la racine et la tige. Elles forment alors **la sève brute** qui arrive dans les feuilles.

C'est par les vaisseaux du bois que monte la sève brute, et par l'évaporation des feuilles qu'est provoquée cette ascension de la sève dans la tige.

Fig. 215. — Figure théorique pour montrer la circulation de la sève.

209. Rôle des feuilles. — Dans les feuilles s'accomplit la double fonction que nous avons déjà étudiée :

1° La *fonction de transpiration* ou évaporation par laquelle l'*eau en excès* dans la sève brute s'échappe dans l'atmosphère.

2° La *fonction chlorophyllienne* par laquelle la chlorophylle contenue dans les cellules de la feuille, sous l'influence de la lumière solaire, *fixe le carbone* de l'acide carbonique de l'air et rejette l'oxygène.

C'est avec raison que l'on a comparé les feuilles de l'arbre aux poumons de l'animal. C'est dans ces deux organes que s'accomplissent les échanges gazeux qui transforment le liquide nourricier, sang et sève, de l'un et de l'autre.

210. Sève élaborée. — La sève débarrassée de son excès d'eau par la transpiration et chargée de carbone, se transforme en un liquide riche en principes nutritifs : c'est la **sève élaborée.**

Cette sève élaborée revient alors aux branches et à la tige par les vaisseaux extérieurs placés entre l'écorce et le bois. Elle dépose les matières qu'elle contient et donne naissance à une couche circulaire de bois.

211. Comment on peut reconnaître l'âge d'un végétal. — C'est au printemps que la sève entre en circulation ; pendant l'hiver, la végétation s'ar-

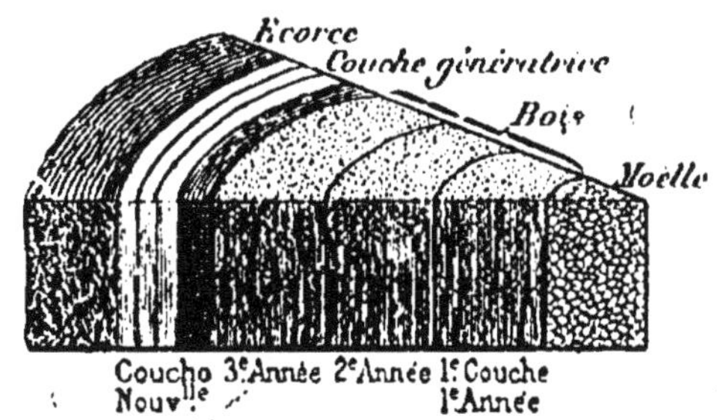

Fig. 216. — Coupe d'une tige ligneuse montrant la formation de chaque couche ligneuse.

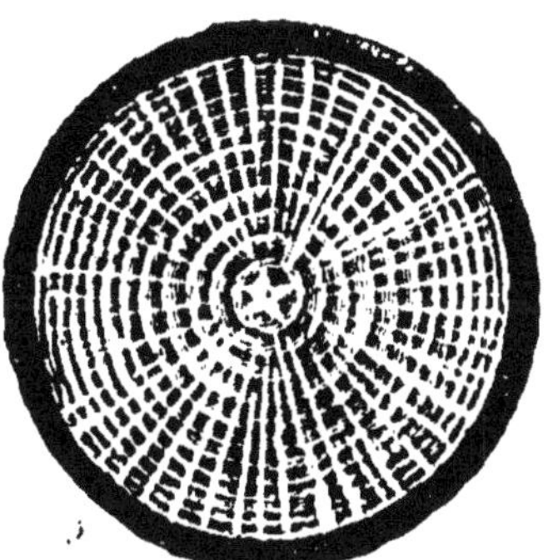

Fig. 217. — Coupe transversale d'une branche de chêne de 11 ans.

Fig. 218. — Coupe d'un pin de 11 ans.

rête. Chaque année, une nouvelle couche de bois se forme

donc et la plante s'accroît en diamètre. Ces couches sont faciles à distinguer dans certains arbres ; leur nombre indique l'âge du végétal.

Les dernières couches formées sont plus tendres et d'une couleur plus claire, elles forment l'aubier ; tandis que les couches anciennes sont plus dures et forment le *vieux bois*.

RÉSUMÉ

208. Les racines *puisent* dans le sol, au moyen des poils absorbants, la nourriture liquide des plantes.

209. La *sève brute* monte aux feuilles où elle se *concentre* par l'évaporation et se *charge* du carbone produit par la fonction chlorophyllienne.

210. La sève élaborée redescend par la couche génératrice, *dépose* les matières qu'elle contient et *donne naissance* à une couche circulaire de bois.

211. On peut reconnaître l'âge d'un végétal au nombre de couches ainsi formées.

DEVOIR. — *Décrivez la circulation de la sève dans un végétal. — Dites quelles sont les modifications qu'elle subit.*

✳ ✳ ✳

46e LEÇON

LA FLEUR

La plupart des végétaux portent des **fleurs** qui donnent naissance à un *fruit*. Le fruit contient les **graines**, et les graines en germant reproduisent un végétal semblable à celui qui leur a donné naissance.

La fleur est donc l'organe de la reproduction des végétaux.

212. Parties essentielles de la fleur. — Examinons une fleur de giroflée, par exemple ; nous voyons qu'elle se compose : 1° d'une enveloppe extérieure de couleur verte que l'on nomme le **calice** ; le calice est formé de plusieurs feuilles, libres ou soudées entre elles, appelées *sépales* ; 2° d'une seconde enveloppe colorée et qui constitue la partie brillante de la fleur, c'est la **corolle** formée également de plusieurs *pétales* ; 3° d'organes en nombre variable appelés **étamines** qui se présentent sous la forme de filets surmontés d'un petit sac couvert d'une poussière jaune que l'on appelle le *pollen* ; 4° enfin à l'intérieur, et occupant le centre, d'un organe appelé **pistil** comprenant à la base un renflement ou *ovaire* surmonté d'un filet creux appelé *style* et terminé par le *stigmate*.

Le calice et la corolle sont des organes protecteurs, ils peuvent manquer, tandis que les étamines et le pistil qui sont les organes essentiels existent toujours. Ils se trouvent ordinairement sur la même fleur, mais ils peuvent

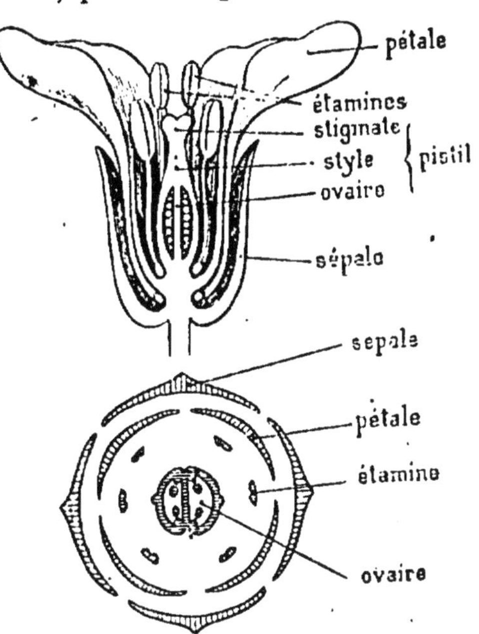

Fig. 219. — Fleur de la giroflée (*coupe*).

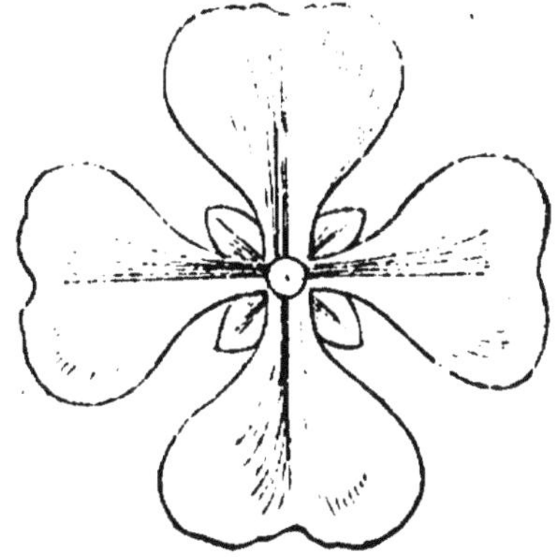

Fig. 220. — Plan du calice et de la corolle.

4 pétales, 4 sépales en croix.

être quelquefois séparés sur des fleurs différentes ou même

Fig. 221.

Chanvre mâle.　　　　Chanvre femelle.

se trouver sur des plantes différentes, comme dans le chanvre par exemple.

213. Fonction de la fleur. — L'ovaire qui se trouve à la base du pistil renferme de petites graines appelées **ovules**, mais pour que ces ovules se développent et donnent les graines proprement dites, il faut qu'ils soient *fécondés* par le pollen des étamines. En tombant sur le pistil, les grains de pollen traversent le sty-

Fig. 222. — Étamines.

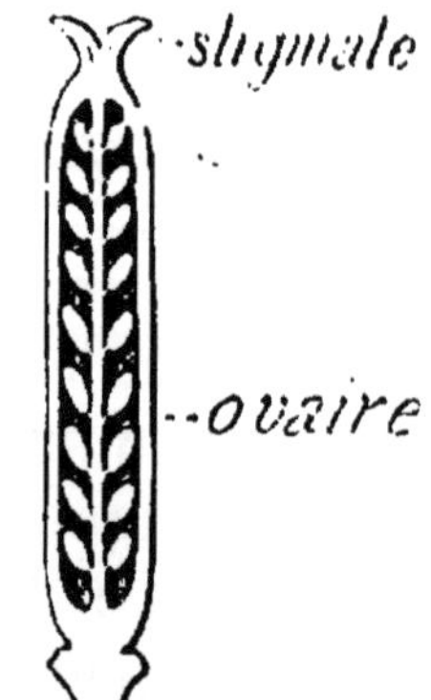

Fig. 223. — Pistil.

le, arrivent au contact des ovules et les fécondent. Cette fécondation s'accomplit naturellement dans la plupart des fleurs. Quelquefois le vent ou les insectes, eu trans-

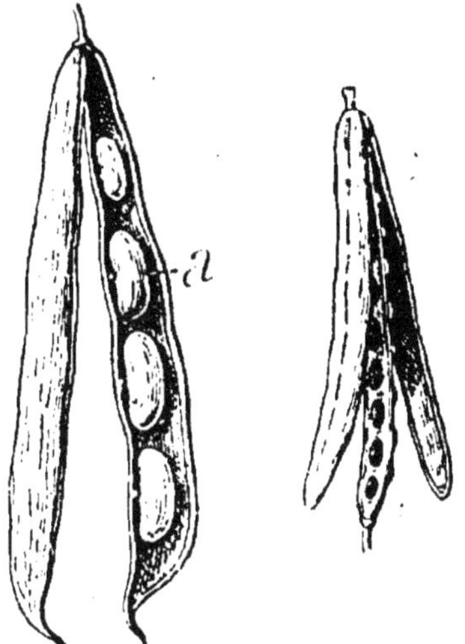

Fig. 224. — Fruits secs
(*haricots* — *colza*).

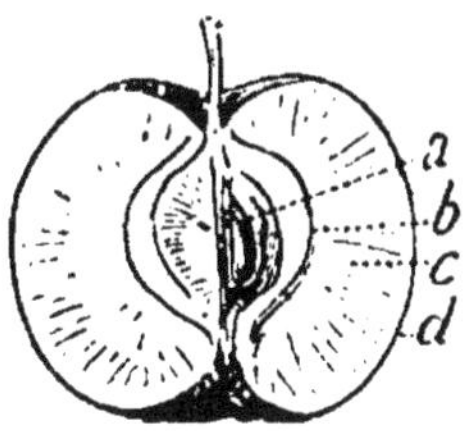

Fig. 225. — Fruits à pépins
(*pomme*).

a, pépins; *b*, enveloppe membra-
neuse; *c*, chair; *d*, peau.

portant le pollen d'une fleur à l'autre, facilitent la fécondation.

214. Développement du fruit. — La fécondation

Fig. 226. — Poire
(*fruit à pépins*).

Fig. 227. — Cerises
(*fruit à noyau*).

une fois opérée, les *ovules* se développent et se transforment en *graines* propres à la germination. En même temps l'*ovaire* se développe également et produit le **fruit** : tantôt l'enveloppe se dessèche, on a alors les fruits secs comme le haricot ; tantôt les parois s'épaississent, le fruit est charnu comme dans la pomme et la poire (fruits à pépins), la prune, la cerise (fruits à noyau).

Un grand nombre de fruits servent à notre nourriture, d'autres sont utilisés dans l'industrie.

RÉSUMÉ

212. La fleur est l'organe qui reproduit la *graine*, c'est donc l'organe *de reproduction des végétaux*.

Elle se compose généralement de deux enveloppes, le *calice* et la *corolle*, mais les parties essentielles sont les *étamines* et le *pistil*.

213. Le pistil comprend l'*ovaire* qui renferme les *ovules ;* les étamines fournissent le *pollen* qui doit féconder les ovules pour que ceux-ci donnent les graines.

214. Le développement de l'ovaire donne naissance au *fruit.*

Devoir. *Quelles sont les différentes parties d'une fleur complète, et quel est le rôle de chacune d'elles?*

✳ ✳ ✳

47ᵉ LEÇON

MODE DE REPRODUCTION DES VÉGÉTAUX

215. Reproduction au moyen des graines. — Le **semis** est le mode le plus général de reproduction des végétaux. Nous avons vu qu'une graine semée germe et donne naissance à une nouvelle plante.

Les végétaux obtenus par semis ne sont pas toujours absolument semblables à ceux qui ont produit la graine, souvent ils *dégénèrent ;* il est reconnu, par exemple, que les arbres fruitiers obtenus par graines donnent des fruits de qualité inférieure.

216. Bouturage et marcottage. — Le bouturage et le marcóttage ont, au contraire l'avantage de donner des végétaux absolument semblables à ceux que l'on veut reproduire. Dans la *bouture,* on détache d'une plante un rameau garni de bourgeons et on l'enfonce en terre. Ce rameau émet des racines qui se développent et nourrissent la nouvelle plante ainsi obtenue. Dans la *marcotte,* le rameau, non détaché du pied mère, est couché en terre sur une certaine longueur et on ne le détache que lorsqu'il a donné des racines assez développées pour le nourrir.

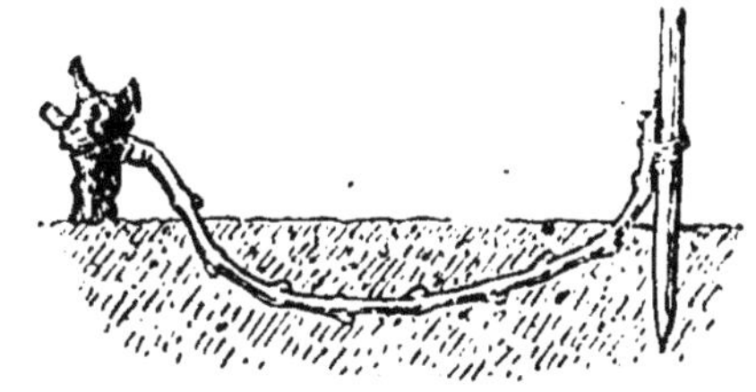

Fig. 228. — Marcotte de vigne.

Tous les végétaux ne peuvent pas se reproduire par le bouturage ou le marcottage; les végétaux à bois tendre et à moelle, les plantes herbacées sont ceux qui se reproduisent le plus facilement de

Fig. 229. — Marcotte.

Le rameau est entouré de terre pour que les racines se développent.

cette manière : la vigne, par exemple, se reproduit également bien par bouture et par marcotte (*provignage*).

217. Greffage. — Par la greffe, on transporte sur un végétal appelé *sujet,* un rameau nommé *greffon* pris sur un autre végétal dont on veut conserver l'espèce.

La greffe doit se faire au moment où la sève va entrer

en circulation ; la condition essentielle de la réussite, c'est que la *couche génératrice* du sujet et celle du greffon soient en contact immédiat : il faut, en effet, que la sève du sujet puisse passer dans la greffe, et nous savons que c'est dans la couche génératrice que se trouvent les vaisseaux qui conduisent la sève.

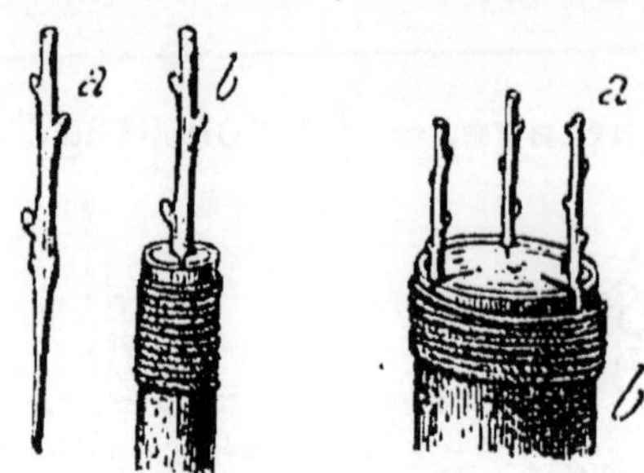

Fig. 230. — Greffe en fente et en couronne.

a, greffon ; *b*, sujet

C'est généralement pour améliorer certaines espèces d'arbres fruitiers que l'on pratique la greffe ; sur des espèces vivaces, cerisiers, pru-

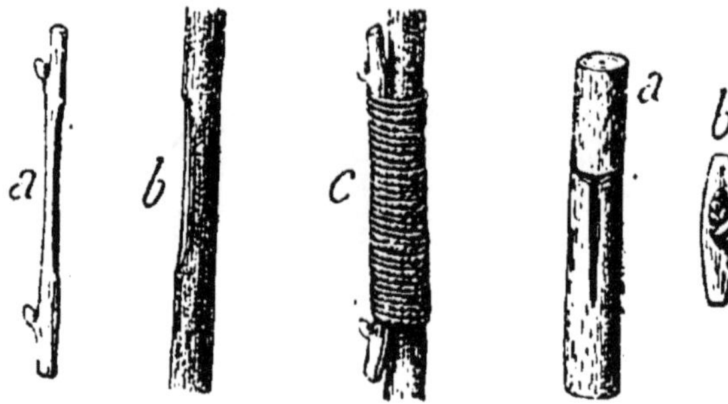

Fig. 231. — Greffe par approche.   Fig. 232. — Greffe en écusson.

niers, pommiers sauvages (*sauvageons*) qui ne produisent que de mauvais fruits, on greffe de bonnes espèces.

La greffe ne peut se pratiquer qu'entre des végétaux d'espèces analogues.

RÉSUMÉ

215. Le *semis* est le mode le plus général de reproduction des végétaux ; mais les plantes obtenues sont souvent dégénérées.

216. Le *bouturage* et le *marcottage* s'emploient pour certaines espèces de végétaux qui émettent facilement des racines adventives·

217. Par la *greffe* on transporte sur un pied vigoureux, mais donnant des fruits médiocres, un rameau provenant d'une bonne espèce.

La greffe se pratique en *fente* ou en *écusson ;* il faut dans tous les cas que la couche génératrice du sujet et celle du greffon soient en contact.

DEVOIR. — *Dites ce que vous savez du bouturage et du marcottage. Comment se pratique la greffe?*

✳ ✳ ✳

48ᵉ LEÇON

CLASSIFICATION DES VÉGÉTAUX

218. Plantes sans fleurs et plantes à fleurs. — Tous les végétaux n'ont pas de fleurs et ne donnent pas de graines ; les *fougères,* par exemple, ne fleurissent pas ; seulement nous pouvons remarquer sur la face inférieure des feuilles de petites *taches brunes,* ran-

Fig. 234. — Champignons.

Les spores ou graines sont situées sur les feuillets *a* ou dans les tubes *b* qui sont à la partie inférieure du chapeau.

Fig. 233.
Fougère.

gées régulièrement et formées d'une poussière qui, en tombant sur le sol, donne naissance à des plantes semblables.

Les *champignons*, les *algues*, les *mousses* sont dans le même cas.

On appelle tous ces végétaux des **cryptogames**.

Les végétaux qui fleurissent s'appellent des **phanérogames**, par opposition aux précédents.

219. Dicotylédones et mono-cotylédones. — Dans les plantes phanérogames, nous distinguerons celles dont les graines ont deux cotylédons, comme le haricot, ce sont les **dicotylédones** ; et celles dont la graine n'a qu'un cotylédon, comme le blé, ce sont les **monocotylédones**. D'autres caractères les distinguent : les dicotylédones ont généralement des *fleurs à quatre ou cinq divisions,* les nervures des feuilles sont ramifiées, la racine est

Fig. 235. — Mousse.
Les spores sont contenues dans les urnes ou sporanges.

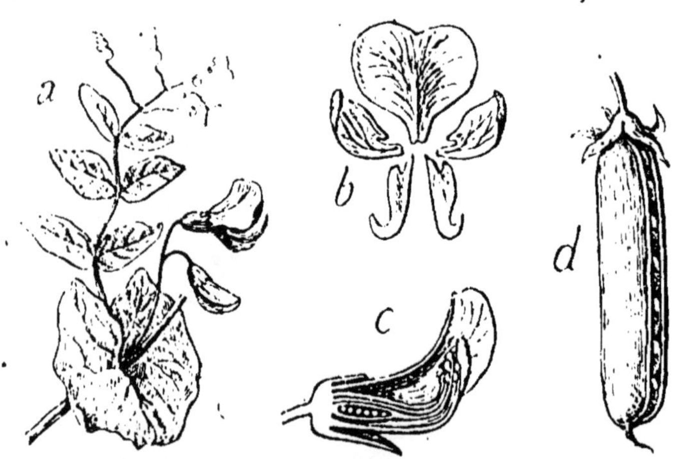

Fig. 236. — Légumineuses (*pois*).
a, plante ; *b*, pétales séparés de la fleur ; *c*, coupe de la fleur ; *d*, fruit ou gousse.

le plus souvent pivotante. Les monocotylédones ont des

fleurs à *trois ou six divisions,* les nervures des feuilles sont parallèles, la racine est fasciculée.

220. Principales familles de dicotylédones. — 1° Les plantes de nos jardins, de la famille du pois ou

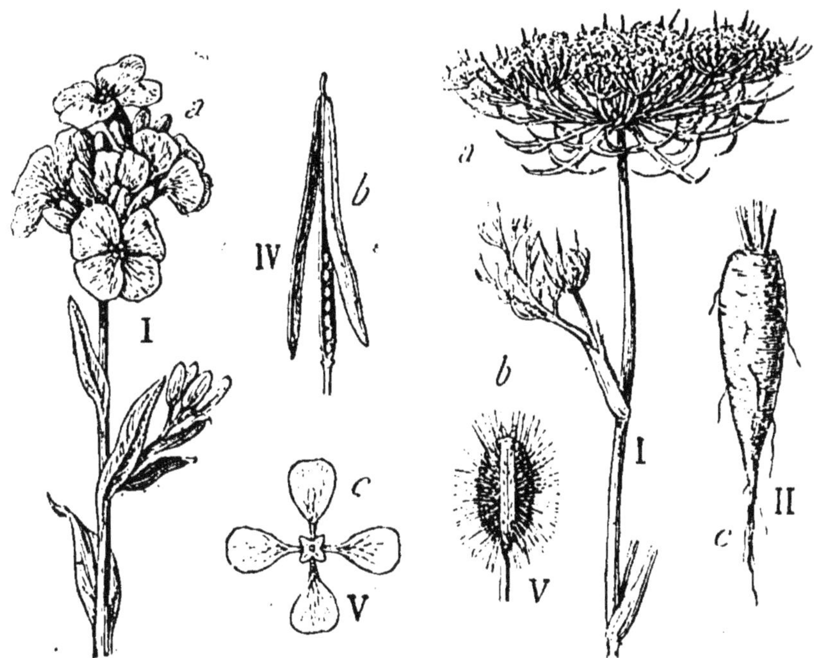

Fig. 237. — Crucifère (*giroflée*).
a, fleur; *b*, fruit (silique); *c*, corolle, pétales en croix.

Fig. 238. — Ombellifère (*carotte*).
a, fleur; *b*, fruit; *c*, racine.

du haricot, et que l'on nomme **légumineuses.** Elles sont reconnaissables à la forme de leurs fleurs qui rappelle celle d'un papillon (*papilionacées*); leur fruit est une *gousse;*

2° Les plantes de la famille du chou dont les fleurs, formées de quatre parties, sont disposées en croix, d'où leur nom de **crucifères** : le navet, le cresson, le radis, le colza, la giroflée ;

3° Les plantes, comme la carotte, le persil, le cerfeuil, le panais, qui ont des fleurs en forme d'ombrelle : ou les appelle **ombellifères;**

4° Les plantes, comme l'artichaut, le pissenlit, dont la

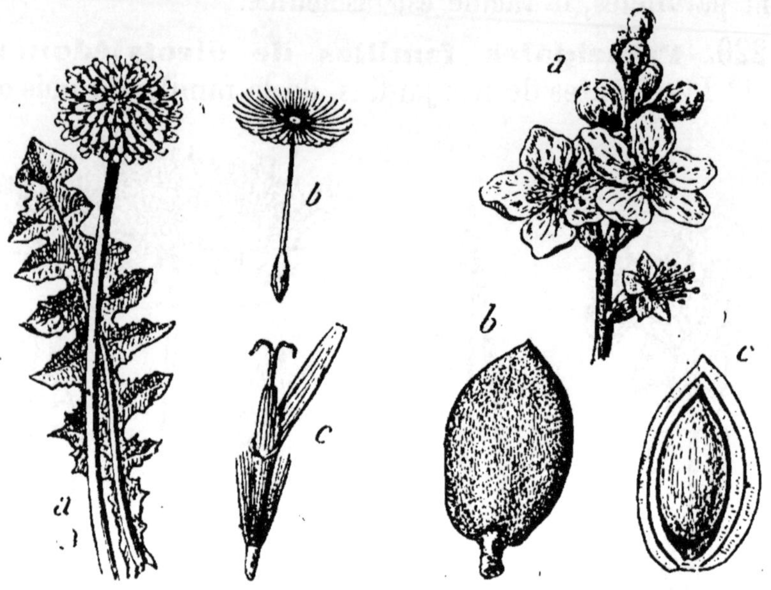

Fig. 239. — Composée (*pissenlit*).
a, fleur composée ; *b*, fruit ;
c, une fleur isolée.

Fig. 240. — Rosacée
(*amandier*).
a, fleur ; *b*, fruit ; *c*, coupe du fruit.

fleur est *composée* d'un grand nombre de petites fleurs réunies sur un réceptacle commun : ce sont les **composées** :

la laitue, le salsifis, — la camomille, l'absinthe, l'arnica ;

5° Les arbres fruitiers dont la fleur ressemble à celle du rosier sauvage et que l'on appelle des **rosacées** : ce sont le poirier, le pommier, le prunier, le cerisier, l'abricotier, l'amandier; le fraisier appartient aussi à cette famille ;

Fig. 241. — Rosacée (*fraisier*).

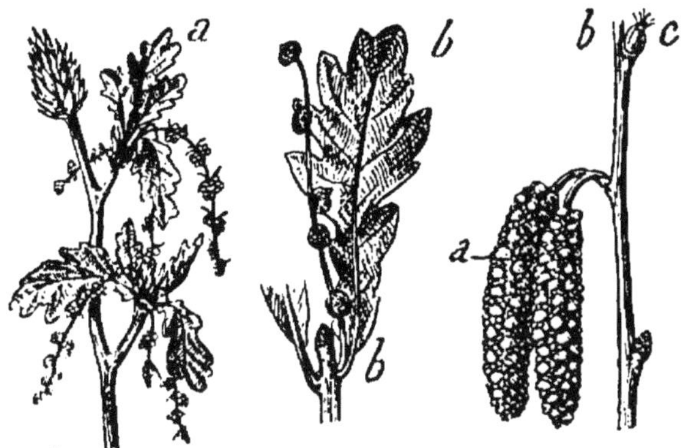

Fig. 242. — Amentacées.

a, fleurs mâles ; *b*, fleurs femelles du chêne ; *c*, fleur du noisetier.

Fig. 243.
Graminée (*blé*).

Fig. 244.
Graminée (*avoine*).

Fig. 245.
Graminée (*orge*).

Fig. 246. — Graminée (*maïs*).
a, fruit.

Fig. 247. — Liliacée
(*lis*).

6° Enfin, les arbres de nos forêts comme le chêne, l'orme, l'érable, le châtaignier, le hêtre, le noisetier, qui forment la famille des **amentacées**.

221. Principales monocotylédones. — D'abord toute la grande famille des **céréales**, blé, orge, avoine, seigle, maïs, dont le fruit est un *épi* et qui donne le *grain;* ce sont les **graminées**, auxquelles appartiennent encore les *herbes* de nos prairies naturelles ; 2° les plantes à bulbes comme l'oignon, l'ail, l'échalote, l'asperge, le *lis*, et que l'on nomme **liliacées**.

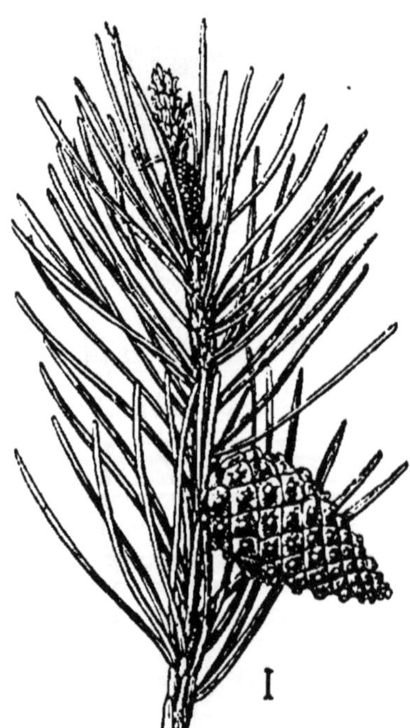

Fig. 248. — Conifère (*pin sylvestre*).

222. Conifères. — Une dernière division comprend les arbres comme le pin, le sapin, le cyprès, le mélèze dont le feuillage est persistant et qui restent toujours *verts ;* la plupart sont des arbres *résineux.*

RÉSUMÉ

218. On distingue les *plantes à fleurs (phanérogames)* des *plantes sans fleurs (cryptogames).*

219. Les cryptogames comprennent les *fougères*, les *mousses*, les *champignons*, les *algues*, qui se reproduisent au moyen de *spores.*

220. Les phanérogames se divisent en *dicotylédones* et en *monocotylédones*. Les principales familles de dicotylédones sont les *légumineuses*, les *crucifères*, les *ombellifères,* les *composées*, les *rosacées*, les *amentacées.*

221. Les principales monocotylédones sont les *graminées* et les *liliacées.*

222. Les *conifères* ou *arbres verts*, dont le fruit est un *cône*, forment une dernière division.

DEVOIR. — *Quelles sont les principales familles de végétaux que vous connaissez? Citez un végétal appartenant à chacune d'elles; faites-en la description.*

✻ ✻ ✻

40ᵉ LEÇON

USAGES DES VÉGÉTAUX

223. Division des végétaux d'après leurs usages. — Selon leurs usages, les végétaux se divisent en :

1° *Plantes alimentaires,* qui servent à notre nourriture ;

2° *Plantes fourragères,* qui servent à l'alimentation des animaux domestiques ;

3° *Plantes industrielles,* desquelles nous retirons certaines substances employées dans l'industrie.

Fig. 249. — Laitue   Fig. 250. — Cresson
(*plantes alimentaires*).

Nous distinguerons encore les plantes *médicinales* employées comme médicaments.

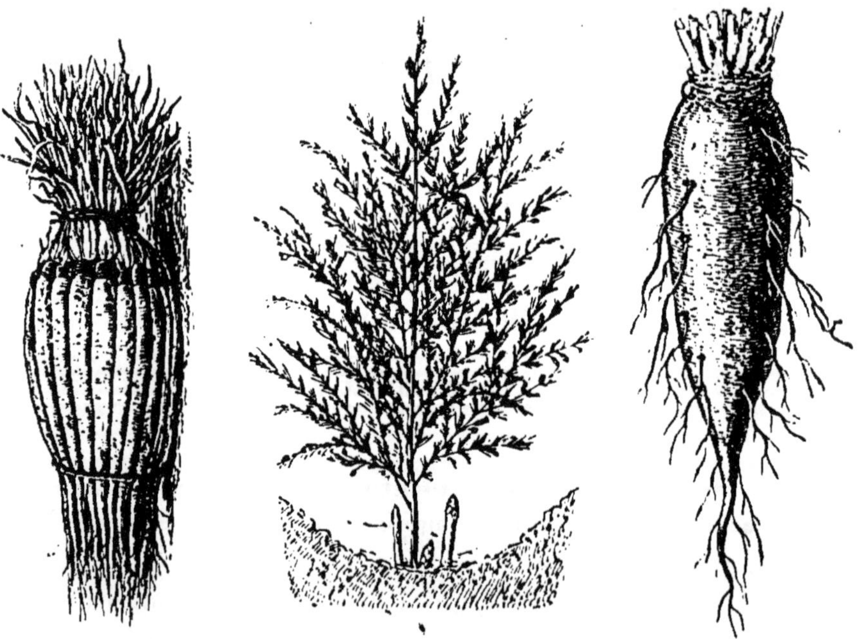

Fig. 251.—Salsifis   Fig. 252. — Asperge   Fig. 253. — Bette-
(*plantes alimentaires*).   rave alimentaire.

Il y a enfin des plantes *nuisibles* que nous devons connaître pour les détruire ou éviter d'en faire usage.

224. Plantes alimentaires. — Les unes nous don

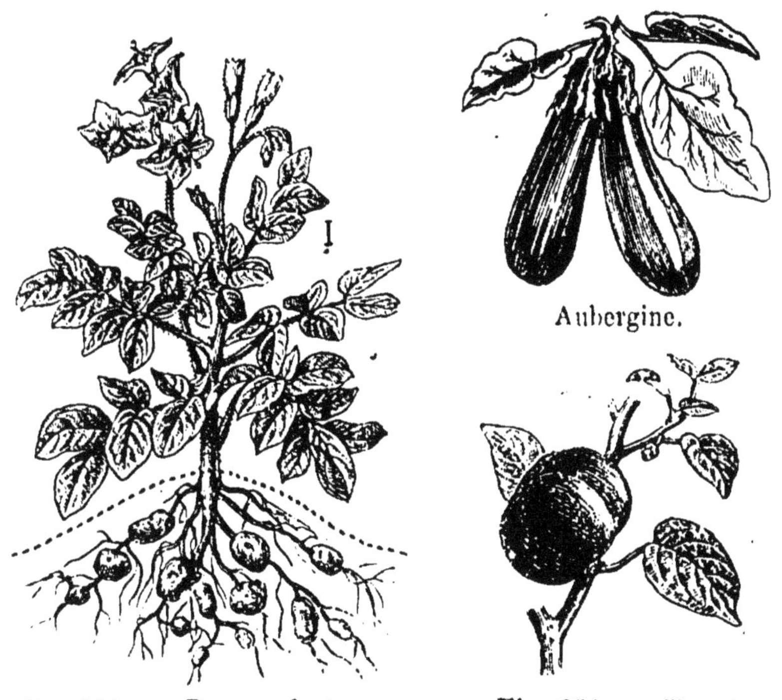

Aubergine.

Fig. 254. — Pomme de terre   Fig. 255. — Tomate
(*plantes alimentaires*).

nent leurs *feuilles,* comme le chou, l'épinard, l'oseille, les salades ; les autres, leurs *racines,* comme la betterave, la carotte, le salsifis ; d'autres enfin, leurs *graines,* comme les pois, les haricots : ce sont ces dernières, riches en azote, qui contiennent les substances les plus nutritives. — Un grand nombre nous donnent leurs *fruits :* le melon, la tomate, l'aubergine et tous les arbres fruitiers.

225. Plantes fourragères. — Les plantes fourragères sont consommées en vert, ce sont les fourrages verts ; ou en sec, ce sont les fourrages secs. Les premiers sont formés par les *feuilles* (choux), les *racines* ou les *tubercules* (betteraves, navets, pommes de terre) de certaines plantes.

Fig. 256. — Sainfoin
(*plante fourragère*).

Fig. 257. — Luzerne
(*plante fourragère*).

Fig. 258. — Lin
a, graine.

Les autres sont formés par le *foin* ou herbe sèche de nos prairies.

226. Plantes industrielles. — Parmi les plantes industrielles, nous citerons : 1° les *plantes textiles*, comme le lin, le chanvre, dont la tige renferme des fibres que l'on utilise pour la fabrication de la toile, des cordages ;

2° Les *plantes oléagineuses*, comme l'olivier, l'œillette, le colza, qui contiennent dans leurs graines ou dans leurs tissus de l'huile employée à différents usages ;

3° La *betterave et la canne à sucre*, desquelles on retire le sucre ;

4° Les *arbres* de nos forêts nous donnent enfin les bois variés employés, selon leur nature et leur qualité, dans les constructions, dans la fabrication des meubles, etc.

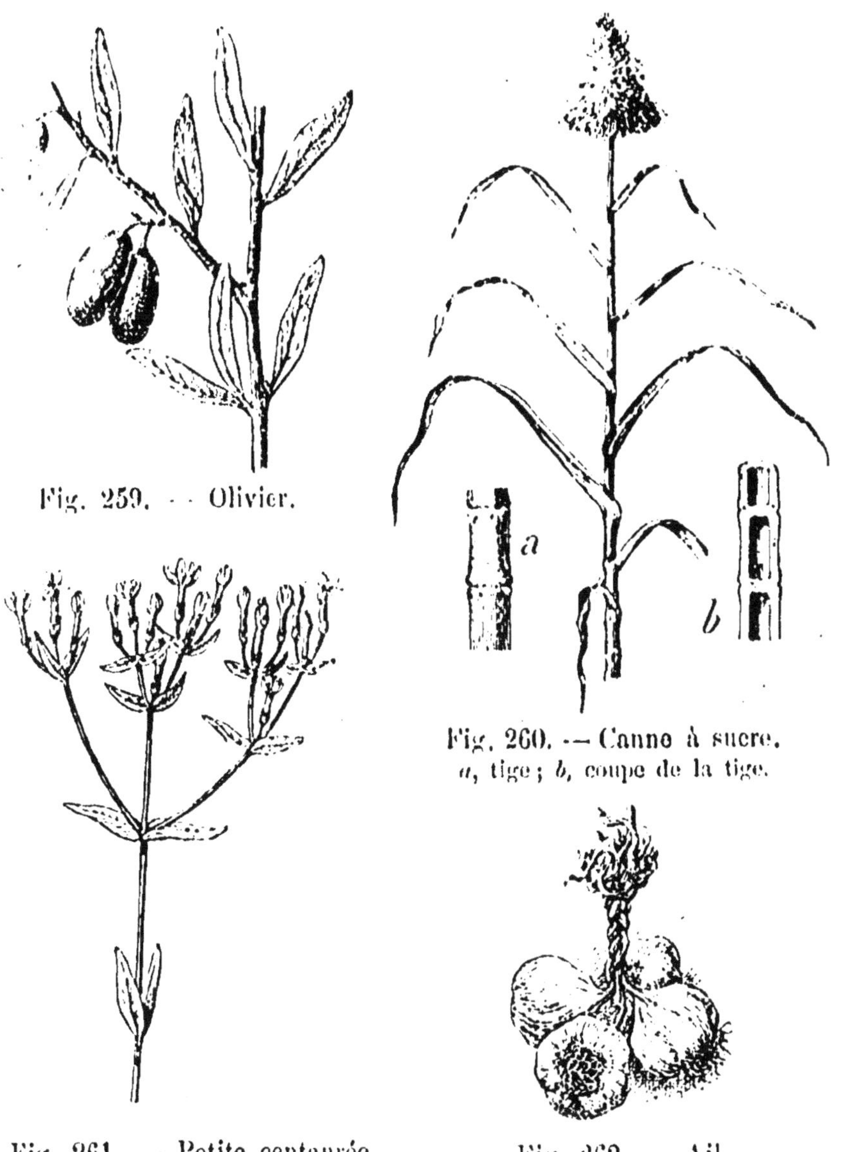

Fig. 259. — Olivier.

Fig. 260. — Canne à sucre.
a, tige ; b, coupe de la tige.

Fig. 261. — Petite centaurée
(fébrifuge).

Fig. 262. — Ail
(vermifuge).

227. Plantes médicinales. — Les plantes médicinales sont assez nombreuses ; elles renferment toutes un principe qui agit sur notre organisme et peut les faire employer comme *médicaments*. Les unes, appelées *fébrifuges,*

Fig. 263. — Mauve
(*émolliente*).

Fig. 264. — Bouillon
blanc (*émolliente*).

Fig. 265. — Bourrache
(*sudorifique*).

PLANTES NUISIBLES

Fig. 270. — Ciguë (*poison*).

Fig. 271. — Belladone.

Fig. 266. — Camomille   Fig. 267. — Pavot   Fig. 268. — Absinthe
  (excitante).   (calmante).   (tonique et vermifuge).
                                                           Fleurs.

PLANTES NUISIBLES

Fig. 272. — Fausse oronge
(champignon vénéneux).

Fig. 273. — Cuscute.

sont employées contre la fièvre : la centaurée, le quinquina ; d'autres sont *vermifuges*, et employées contre les vers intestinaux : l'ail, la fougère mâle. Il y a des *plantes émollientes* employées pour ramollir les tissus et calmer l'inflammation : la mauve, la guimauve, le bouillon-blanc, le chiendent, la graine de lin employée en cataplasmes. Le tilleul, le sureau, la bourrache sont des *plantes sudorifiques* qui provoquent la sécrétion de la sueur. Enfin, certaines plantes, dites *purgatives*, stimulent les intestins et facilitent leurs fonctions : huile de ricin.

Fig. 269. — Ricin (*purgative*).

228. Plantes nuisibles. — Les plantes nuisibles

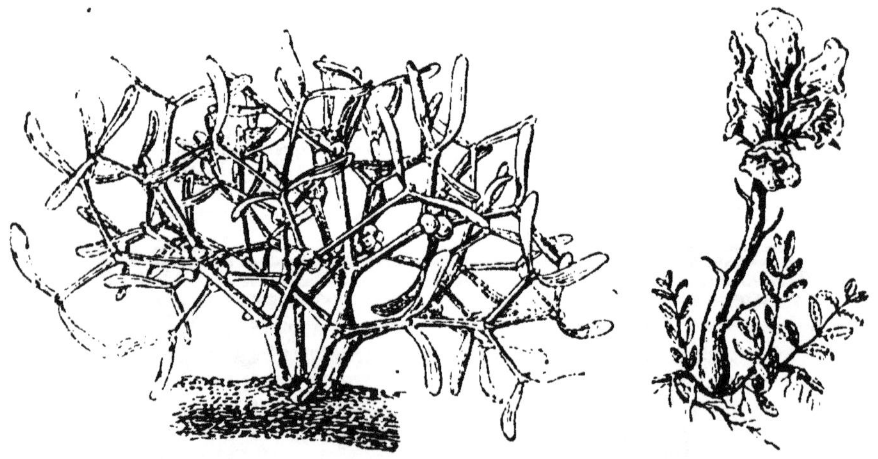

Fig. 274. — Gui (*plante parasite nuisible*).   Fig. 275.—Orobanche.

sont, ou des plantes qui renferment un *poison* et qui, absorbées, peuvent causer des empoisonnements : tels sont la ciguë, la belladone, un certain nombre de champignons dits vénéneux ; ou des *plantes parasites* qui vivent aux dépens des plantes utiles et causent par là de grands dégâts : le *gui*, qui vit sur les pommiers ; la *cuscute*, qui vit sur la luzerne et le trèfle ; l'*orobanche*, qui s'attaque aux racines du chanvre, du maïs, du sainfoin.

Applications à l'Hygiène. — Les plantes médicinales que nous utilisons sont employées en *infusion*, en *décoction*, ou en *macération*.

On fait infuser les feuilles et les fleurs (tilleul, camomille, thé), en versant dessus de l'eau bouillante et en laissant reposer pendant quelques minutes en vase clos.

On prépare la décoction surtout avec les racines (chiendent, guimauve), en les faisant bouillir dans l'eau.

Une macération consiste à laisser tremper dans l'eau, le vin ou l'alcool, différentes parties de la plante pour dissoudre le principe actif qu'elles renferment.

RÉSUMÉ

223. Au point de vue de leurs usages, les plantes se divisent en :

224. *Plantes alimentaires* qui servent à la nourriture de l'homme ;

225. *Plantes fourragères* employées à l'alimentation des animaux ;

226. *Plantes industrielles* desquelles nous retirons certaines substances employées dans l'industrie.

227. Les *plantes médicinales* renferment un principe qui peut être employé en médecine.

228. Les *plantes nuisibles* sont ou des plantes renfermant un poison ou des *plantes parasites*.

DEVOIR. — *Citez des plantes médicinales et des plantes nuisibles ; indiquez leurs propriétés.*

Tableau des principales familles de plantes.

PLANTE TYPE.	CARACTÈRES DISTINCTIFS.	FAMILLES.	AUTRES PLANTES DE LA MÊME FAMILLE.
Giroflée	Fleurs formées de quatre parties disposées en croix.	CRUCIFÈRES.....	Chou, navet, cresson, radis, colza.
Fraisier	Fleurs formées de cinq parties, étamines nombreuses.	ROSACÉES.......	Rose sauvage, ronce, arbres fruitiers (poirier, cerisier).
Pois	Fleurs irrégulières en forme de papillon. Le fruit est une gousse.	LÉGUMINEUSES ou PAPILIONACÉES.	Haricot, fève, lentille, trèfle, luzerne, sainfoin, genêt, ajonc, glycine.
Persil	Fleurs en forme d'ombrelle ...	OMBELLIFÈRES ...	Carotte, cerfeuil, panais, ciguë.
Marguerite	Fleurs nombreuses réunies sur un plateau, entourées d'une collerette.	COMPOSÉES......	Pissenlit, laitue, salsifis, artichaut, bluet.
Noisetier	Fleurs en chaton	AMENTACÉES ...	Arbres des forêts (chêne, orme, châtaignier).
Blé	Fleurs en épis; donnent le grain.	GRAMINÉES	Orge, avoine, seigle, maïs, canne à sucre.
Lis	Plantes à bulbes; fleurs à trois ou six divisions.	LILIACÉES......	Ail, échalote, oignon, jacinthe, tulipe.
Sapin	Arbres toujours verts, fruit en forme de cône.	CONIFÈRES	Pin, sapin, mélèze, cèdre.

Notions complémentaires de Physique

50ᵉ LEÇON

LA PESANTEUR. — ÉQUILIBRE ET POIDS DES CORPS

229. Tous les corps tombent. — Si nous abandonnons une bille tenue à la main, elle tombe. La direc-

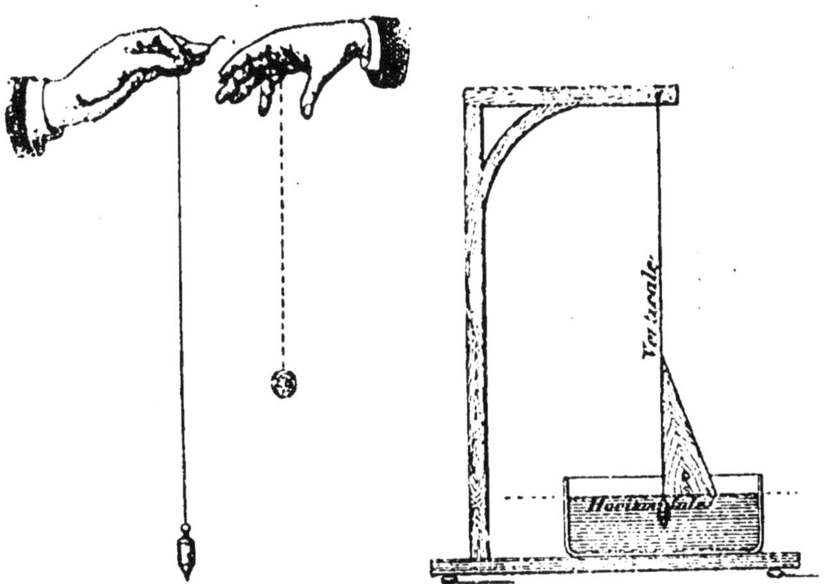

Fig. 276. — Un corps qui tombe suit la direction du fil à plomb.

Fig. 277. — Le fil à plomb détermine la verticale.

tion qu'elle suit en tombant est celle du *fil à plomb*; c'est une ligne **verticale** perpendiculaire à la ligne **hori-**

zontale que détermine la surface de l'eau dormante. La verticale prolongée passerait par le centre de la terre.

230. La pesanteur. Cette force qui attire tous les corps vers le centre de la terre s'appelle la **pesanteur**.

Tous les corps sont pesants : cependant si nous laissons tomber en même temps une bille et une feuille de papier, la bille aura plus vite touché le sol que la feuille de papier ; la feuille de papier roulée en boule tomberait presque aussi vite que la bille. Cette différence provient de la résistance de l'air qui s'exerce sur une plus grande surface quand la feuille de papier est dépliée. On peut encore faire l'expérience suivante : découpons une rondelle de papier d'un diamètre un peu inférieur à une pièce de monnaie ; les deux objets, abandonnés en même temps, mais tombant séparément, arriveront l'un après l'autre à toucher le sol ; mais si l'on place la feuille de papier au-dessus de la pièce, toutes les deux arriveront presque en même temps, parce que cette dernière ouvre un passage à l'autre, à travers l'air.

Dans le vide, tous les corps tomberaient également vite.

Fig. 278. - -Tous les corps ne tombent pas également vite dans l'air.

(*1*, pièce de monnaie ; *3*, papier ; *2*, les deux objets réunis arrivent en même temps.)

231. Équilibre des corps. — Si un corps est soutenu par une *force* égale ou supérieure à l'action de la pesanteur, comme la résistance d'un autre corps qui le supporte ou d'un fil auquel il est suspendu, le corps ne tombe pas, il est en *repos,* c'est-à-dire en **équilibre.** Mais il exerce une pression sur le corps qui le supporte ; *cette pression est le* **poids** *du corps.*

232. Poids d'un corps, densité. — Elle n'est pas la même pour tous les corps, comme on peut s'en apercevoir par l'effort qu'il faut faire pour soutenir un morceau de fer et un morceau de liège de la même grosseur. Le poids varie suivant le *volume* du corps et suivant sa *nature*. Il est évident qu'un décimètre cube d'un corps pèse deux fois moins que deux décimètres cubes du même corps. D'autre part, *à volumes égaux,* deux corps différents ont des poids différents ; un décimètre cube de fer pèse plus qu'un décimètre cube de bois.

On dit que ces corps n'ont pas la même **densité** : le fer est plus *dense* que le bois. *La densité d'un corps est le rapport du poids d'un certain volume de ce corps au poids du même volume d'eau.* En désignant par 1 la densité de l'eau, dont le décimètre cube pèse 1 kilogramme, le fer, dont le décimètre cube pèse $7^{kg},8$ aura pour densité 7, 8.

Fig. 276. — Dans le vide les corps tombent également vite.

RÉSUMÉ

229. Tous les corps *tombent* en suivant la direction d'une ligne *verticale.*

230. La force qui attire les corps vers le centre de la terre est la *pesanteur*; elle agit sur tous les corps; c'est la résistance de l'air qui empêche tous les corps de tomber également vite.

231. La pression qu'exerce un corps sur un autre qui le supporte et l'empêche de tomber est le *poids* du corps. On peut mesurer ce poids au moyen de la *balance*.

232. Des volumes égaux de deux corps différents n'ont pas le même poids.

233. On appelle *densité* le rapport du poids d'un corps au poids du même volume d'eau.

DEVOIR. — *Quelle est l'action de la pesanteur sur le corps? Qu'appelle-t-on poids d'un corps? Qu'est-ce que la densité?*

✳ ✳ ✳

51ᵉ LEÇON

LES LEVIERS. — LA BALANCE

233. Mesure du poids d'un corps. — On mesure le poids d'un corps au moyen de la balance qui est une sorte de **levier**.

234. Leviers. — Quand on veut soulever une pierre très lourde, on emploie le levier. C'est une barre rigide, en bois ou en fer, dont on introduit l'extrémité sous le corps à soulever. En plaçant sous cette barre, le plus près possible de cette extrémité, un corps très résistant pour servir de **point d'appui** et en pesant à l'autre bout, on déplacera la pierre avec un effort relativement peu considérable.

On peut remarquer que l'effort sera d'autant moins grand que le bras de levier où s'exerce la **puissance** sera plus long.

235. Il y a plusieurs genres de leviers. — Dans le levier que nous venons de prendre comme exemple,

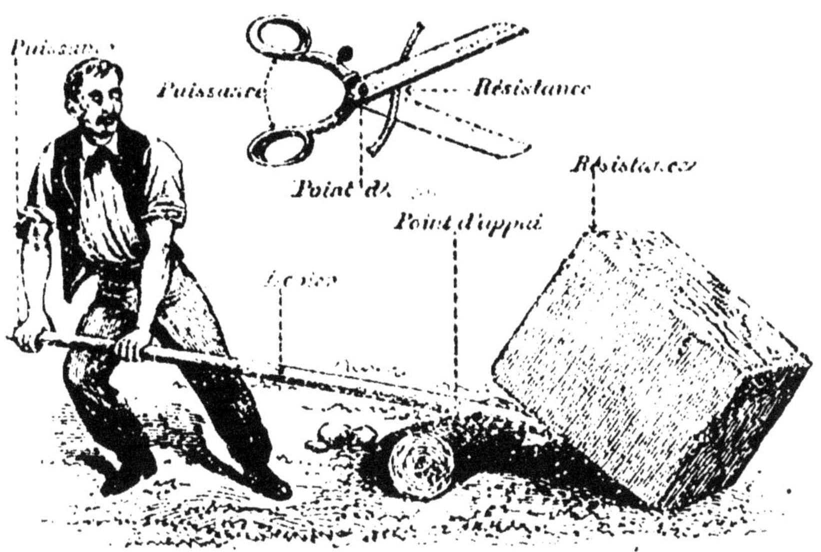

Fig. 280. — Leviers du premier genre (ciseaux).

le point d'appui est au milieu, la puissance et la résistance sont aux deux extrémités. Une paire de ciseaux, de tenailles sont des leviers du même genre.

Dans la brouette, le casse-noisette, *la résistance est entre le point d'appui et la puissance.*

Les pincettes, la manivelle qui fait tourner la meule du rémouleur nous

Fig. 281. — Levier du second genre (brouette).

donnent des exemples de leviers d'un troisième genre dans

lesquels *la puissance est au milieu*. Le même principe s'applique à tous ces leviers : *plus le bras de levier de la puissance* (bras de la brouette) *est grand par rapport au bras de levier de la résistance, moins l'effort à exercer est considérable*.

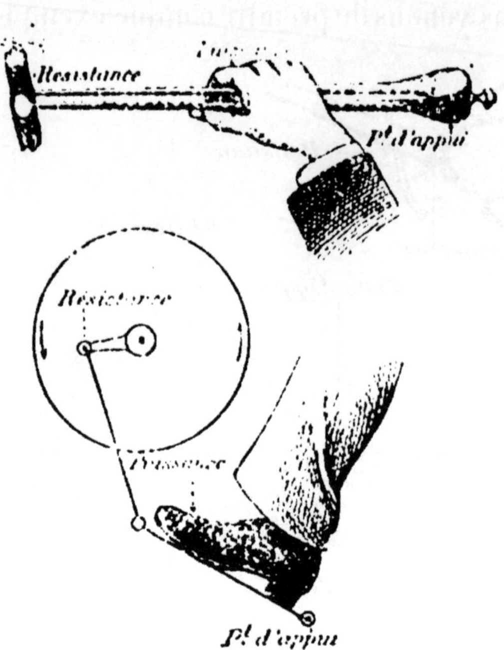

Fig. 282. — Leviers du troisième genre (*pincettes, manivelle*).

236. La balance est un levier. — Supposons une barre de fer rigide, suspendue en son milieu ; les deux parties de même longueur et de même poids se feront **équilibre** et la barre restera **horizontale**.

Si l'on suspend un corps à l'une de ses extrémités, l'équilibre sera rompu, mais on pourra le rétablir en plaçant à l'autre extrémité un corps *de même poids*. En remplaçant ce corps par des poids connus, ces poids représenteront la valeur exacte du poids du premier corps.

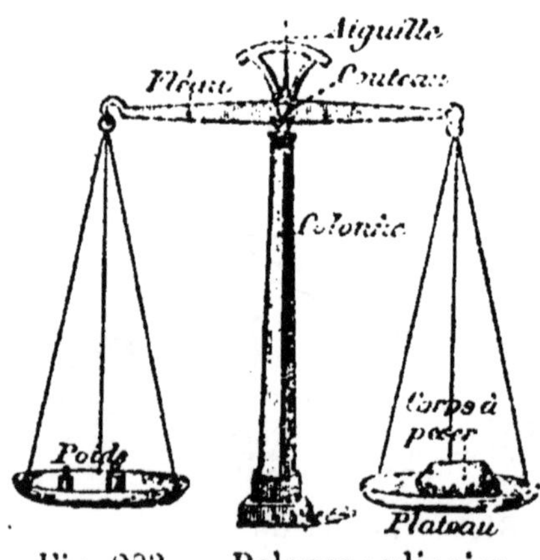

Fig. 283. — Balance ordinaire.

Dans la balance ordinaire, la barre de fer appelée **fléau** repose en son milieu sur une colonne par deux arêtes aiguës (couteau). A chaque extrémité sont suspendus des plateaux qui servent à placer les poids et le corps à peser ; une aiguille indique la position du fléau.

Dans la balance Roberval, les plateaux sont placés au-dessus du fléau ; cette disposition facilite le passage des objets volumineux.

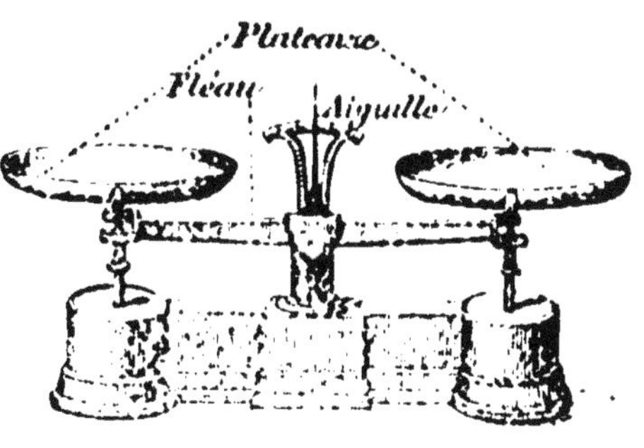

Fig. 284. — Balance de Roberval.

237. Qualités d'une balance. — Une balance doit être *juste* et *sensible*. Elle est juste quand, après avoir changé de plateaux les poids et le corps à peser, *l'équilibre subsiste ;* elle est sensible, lorsque *l'équilibre est détruit* par l'addition d'un *faible* poids à l'un ou à l'autre plateau.

RÉSUMÉ

234. Un *levier* est un instrument qui permet avec un *effort relativement faible* de vaincre une *grande résistance.*

235. Le levier a besoin d'un *point d'appui* pour agir ; la *puissance* est l'effort à exercer pour vaincre la résistance.

Il y a plusieurs genres de leviers : dans tous, l'effort à exercer (puissance) est en raison inverse de la longueur du bras de levier de la puissance.

236. La balance est un levier : le fléau reste en *équilibre (horizontal)* quand les poids appliqués à ses deux extrémités sont *égaux.*

237. Une balance doit être *juste* et *sensible.*

❋ ❋ ❋

52ᵉ LEÇON

ÉQUILIBRE DES LIQUIDES. — VASES COMMUNICANTS

238. Niveau des liquides. — La surface d'un liquide en repos est **horizontale**; la ligne qu'elle détermine forme, comme nous l'avons vu, un angle droit avec la verticale.

Fig. 285. — La surface d'un liquide en repos est horizontale.

239. Vases communicants. — Quand on fait communiquer entre eux plusieurs vases contenant un liquide, le niveau du liquide dans chaque vase est sur une même ligne horizontale.

Au moyen d'un tube en caoutchouc, faisons communiquer un entonnoir rempli d'eau avec un tube en verre, nous verrons presque immédiatement l'eau arriver dans le tube et s'établir au même niveau dans les deux vases. Si nous amenons l'extrémité supérieure du tube au-dessous du niveau de l'eau dans l'entonnoir, l'eau jaillira par cette extrémité et formera un *jet d'eau*.

240. Applications. — Le *niveau d'eau* dont on se sert pour déterminer la ligne horizontale et établir la différence de niveau de deux points donnés est une appli-

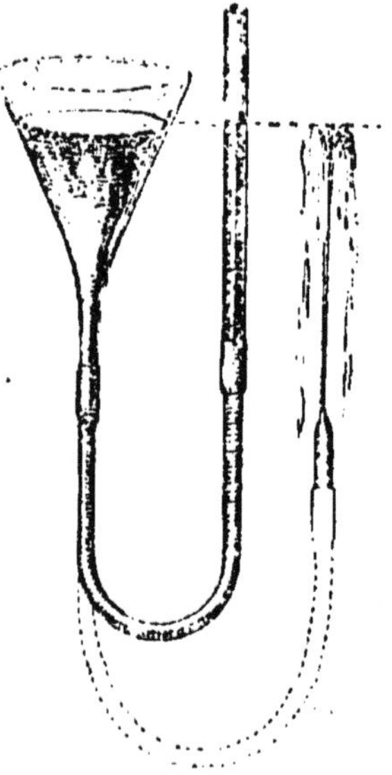

Fig. 286. — L'eau tend à se mettre au même niveau dans les deux vases.

cation du principe des vases communicants. Il se compose de deux fioles en verre reliées entre elles par un tube creux. Quand on y verse de l'eau, le niveau du liquide dans les deux fioles est sur une même ligne horizontale.

La distribution de l'eau dans les villes est encore une application du même principe. Toutes les bornes-fontaines et tous les robinets desservant les maisons *communiquent* par des conduites avec un réser-

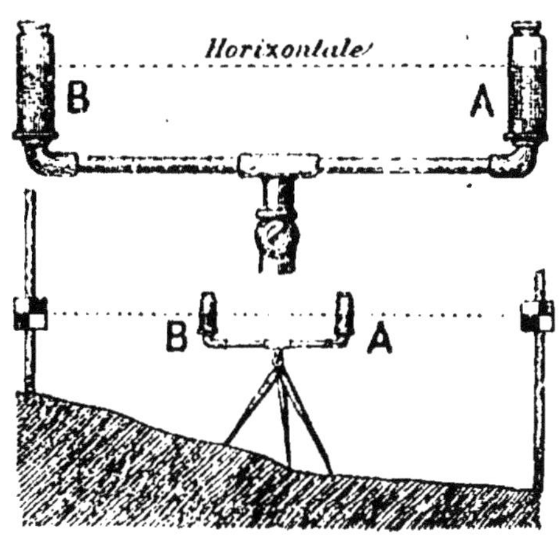

Fig. 287. — Niveau d'eau.

voir placé sur un lieu élevé. Quand on ouvre les robinets, l'eau s'écoule avec une force d'autant plus grande, que la différence de niveau avec le réservoir est plus considérable ; elle pourra s'élever sous sa propre pression jusqu'aux derniers étages, pourvu que le niveau de l'eau dans le réservoir soit supérieur aux maisons.

On obtiendra un *jet d'eau* en adaptant à une des conduites un tube vertical effilé ; l'eau jaillira avec force et à une hauteur d'autant plus grande que le niveau du réservoir sera plus élevé.

RÉSUMÉ

238. La surface d'un liquide en repos est toujours *horizontale*.

239. Dans plusieurs *vases communicants*, le niveau du liquide dans chacun d'eux est sur une même ligne horizontale.

240. Le *niveau d'eau*, la *distribution de l'eau* dans les villes sont des applications du principe des vases communicants.

DEVOIR. — *Décrivez un jet d'eau et montrez comment il fonctionne.*

53ᵉ LEÇON

PRINCIPE D'ARCHIMÈDE. — CORPS FLOTTANTS. BALLONS

241. Principe d'Archimède. — Quand nous cherchons à enfoncer un morceau de bois ou de liège dans l'eau, nous éprouvons une certaine résistance et le corps,

Fig. 288. — On sent la poussée du liquide quand on plonge la main dans l'eau.

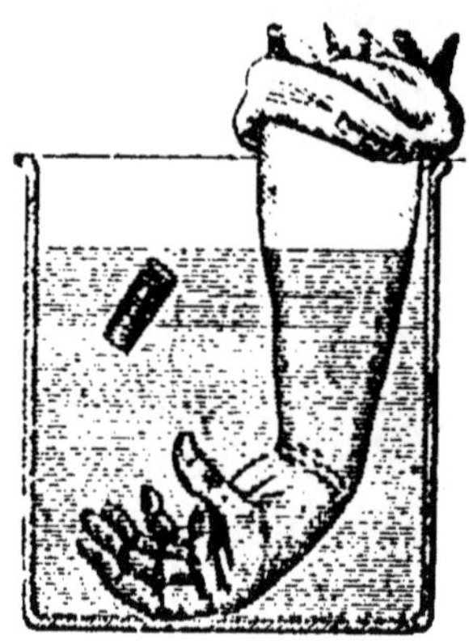

Fig. 289. — Le bouchon remonte à la surface de l'eau.

abandonné à lui-même, au fond de l'eau, remonte à la surface. C'est la **pression** de *bas en haut* qu'exerce le liquide sur les corps qui y sont plongés qui produit cette résistance et fait remonter le corps.

On comprend que cette **pression** ou **poussée** de bas en haut *diminue* l'action de la pesanteur, et que le poids d'un corps soit moins grand dans l'eau que dans l'air. C'est ce que l'on constate d'ailleurs quand on cherche à remuer une pierre dans l'eau ; on la soulève plus facilement dans l'eau que dans l'air.

242. Mesure de cette poussée. — En pesant successivement un corps dans l'air et dans l'eau, la différence des poids obtenus doit donner la mesure de cette poussée : *Elle est exactement égale au poids du volume d'eau déplacé par le corps.*

Ce principe a été découvert par Archimède et s'énonce ainsi : *Tous les corps plongés dans un liquide subissent une poussée de bas en haut égale au poids du liquide déplacé.*

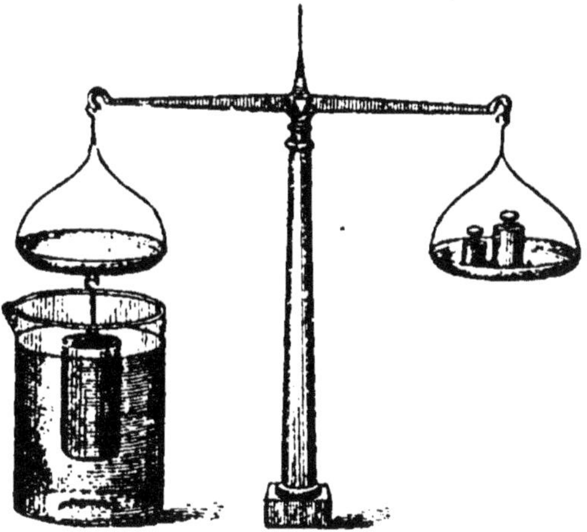

Fig. 290. — Le corps pesé dans l'eau subit une poussée; l'équilibre est rompu.

243. Corps flottants. — Si cette pression est supérieure au poids du corps, le corps **flotte** (bois, liège); si elle est inférieure, le corps tombe au fond de l'eau (pierre, fer). Mais en donnant certaines formes au *même* poids d'un corps, on peut augmenter le volume d'eau déplacé et par conséquent la poussée, sans changer le poids; c'est ce qui explique pourquoi une boite en fer blanc peut flotter et comment on peut construire des bateaux avec des matériaux plus lourds que l'eau. *Le poids du volume d'eau déplacé est dans ce cas supérieur au poids du corps flottant.*

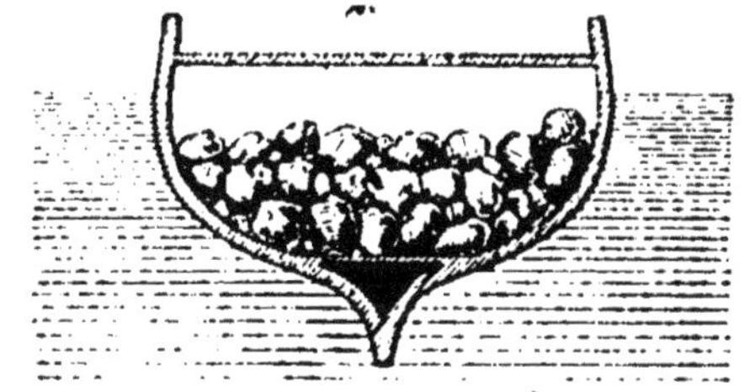

Fig. 291. — Un bateau chargé peut flotter parce qu'il déplace un grand volume d'eau.

Quand un corps flotte, il s'enfonce de manière à déplacer un volume d'eau dont le poids est exactement égal au poids du corps.

244. Ballons. — Le même principe peut s'appliquer aux corps plongés dans l'air. Nous savons qu'un litre d'air pèse environ 1 gr. 3. Un corps plus léger que l'air, comme un ballon rempli d'hydrogène ou de gaz d'éclairage, doit *flotter,* c'est-à-dire s'élever dans l'air pour la même raison que les corps plus légers que l'eau flottent sur ce liquide.

Les premiers ballons étaient gonflés au moyen de l'air chaud; on se sert aujourd'hui de l'hydrogène ou le plus souvent du gaz d'éclairage.

Fig. 292. — Ballon.

RÉSUMÉ

241. Un corps plongé dans un liquide subit une *poussée de bas en haut* égale au poids du liquide déplacé.

242. Le corps *flotte* si cette poussée est supérieure au poids du corps ; c'est ce qui a lieu pour les corps plus légers que l'eau.

243. On peut donner à certains corps plus lourds que l'eau une forme creuse qui leur fait déplacer une plus grande quantité d'eau et leur permet de flotter (boîte en fer blanc, bateau en fer).

244. C'est pour la même raison qu'un *ballon* gonflé avec un gaz plus léger que l'air s'élève dans l'air.

DEVOIR. — *Expliquez pourquoi les corps plus légers que l'eau peuvent flotter, et montrez comment les ballons peuvent s'élever dans les airs.*

✳ ✳ ✳

54ᵉ LEÇON

LES POMPES. — SIPHON. — PIPETTE

245. Les pompes. — Les pompes sont des appareils qui servent à élever l'eau d'un réservoir à un niveau supérieur. Il y en a de plusieurs sortes, mais toutes reposent sur le même principe : quand on *aspire* l'eau d'un vase au moyen d'un tube, nous avons vu que l'eau montait dans le tube, parce que la pression atmosphérique qui s'exerce extérieurement n'était plus contrebalancée par l'air du tube qui a été enlevé en partie.

Fig. 293. — L'eau *aspirée* monte dans le tube.

246. Pompe aspirante. — Dans la pompe aspirante

l'aspiration est produite au moyen d'un *piston* qui se meut dans un cylindre appelé corps de pompe ; ce corps de pompe communique avec le réservoir ou puits par un tuyau. Quand le piston s'élève, l'air du tuyau d'aspiration pénètre dans le corps de pompe et, occupant un volume plus grand, sa pression diminue ; l'eau monte par conséquent dans le tuyau.

Quand le piston s'abaisse, pour empêcher l'eau de retomber, une soupape qui s'ouvre de bas en haut *ferme* l'orifice du tuyau d'aspiration et empêche l'air extérieur de rentrer. — Une seconde soupape, fermant une ouverture pratiquée dans le piston, s'ouvre également de bas en haut pour laisser échapper l'air du corps de pompe quand le piston s'abaisse, et l'eau du réservoir qui, après plusieurs coups de piston, va pénétrer dans le corps de pompe et s'écouler au dehors.

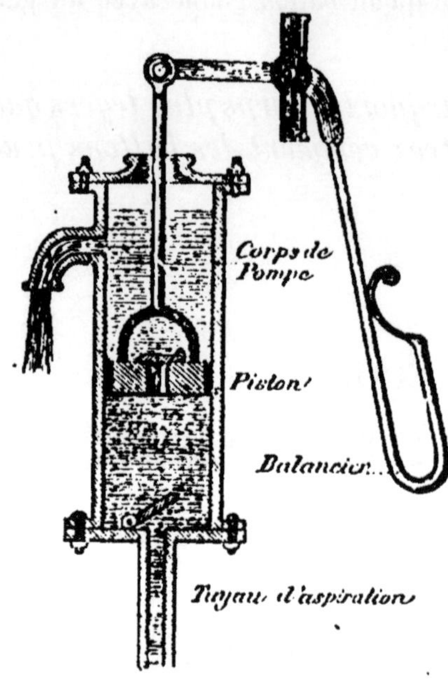

Fig. 294. — Pompe aspirante.

Comme l'élévation de l'eau dans le tuyau est produite par la pression atmosphérique, on comprend qu'on ne pourra élever l'eau qu'à une hauteur qui, *théoriquement,* ne doit pas dépasser $10^m,33$, mais qui, dans la pratique, n'atteint que 8 ou 9 mètres.

247. Pompe aspirante et foulante. — Cette pompe remédie à cet inconvénient et peut élever l'eau à une plus grande hauteur. Ainsi que l'indique la figure 378, l'eau est d'abord aspirée dans le corps de pompe, comme dans la pompe aspirante, puis *refoulée*, au

Fig. 295.— Pompe aspirante et foulante.

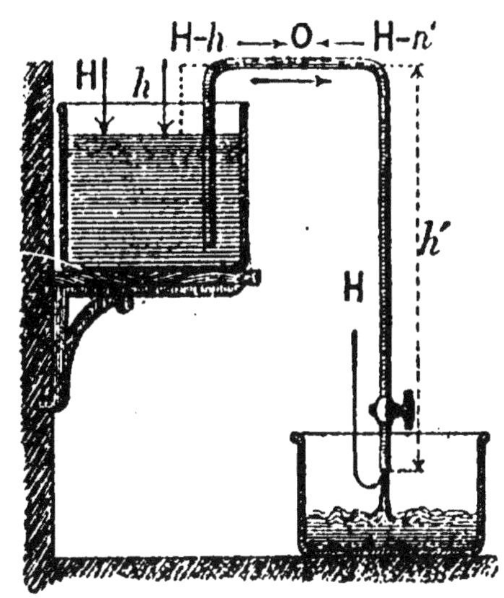

Fig. 296. — Siphon.
Le liquide s'écoule sous l'action de la pression atmosphérique.

moyen de l'abaissement du piston, dans un tuyau d'ascension. La hauteur à laquelle on peut élever l'eau est limitée par l'effort qu'il faut exercer sur le piston pour refouler l'eau.

248. Siphon et pipette. — Le *siphon*, qui est employé pour transvaser les liquides, et la *pipette*, qui sert à puiser du vin, du vinaigre, fonctionnent également sous l'action de la pression atmosphérique.

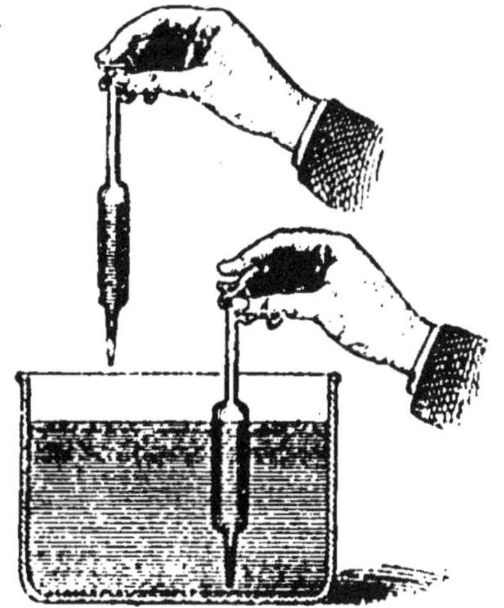

Fig. 297.— Pipette.— L'eau est maintenue par la pression de l'air.

RÉSUMÉ

245. La *pompe aspirante* est un instrument avec lequel on *aspire* l'eau d'un réservoir. L'aspiration est produite au moyen d'un piston.

246. La pression atmosphérique peut faire monter l'eau jusqu'à une hauteur de 10^m,33 (en pratique, 8 ou 9 mètres).

247. Dans la pompe *foulante*, l'eau est refoulée à une plus grande hauteur au moyen d'un piston.

248. Le *siphon* et la *pipette* sont des instruments qui servent à transvaser les liquides et qui s'appuient sur la pression atmosphérique.

DEVOIR. — *Montrez le fonctionnement de la pompe aspirante et de la pompe aspirante et foulante.*

✳ ✳ ✳

55ᵉ LEÇON

MACHINES A VAPEUR

249. Force élastique de la vapeur d'eau. — La vapeur d'eau, comme les gaz, a une **force élastique** que l'on utilise dans les machines à vapeur pour produire le mouvement.

Prenons un tube contenant de l'eau et fermé par un bouchon. Si nous chauffons ce tube,

Fig. 208. — La force élastique de la vapeur d'eau chasse le bouchon.

l'eau ne tarde pas à se transformer en vapeur et le bouchon est violemment chassé par la vapeur d'eau produite. Nous avons remarqué en faisant bouillir l'eau d'une marmite que la vapeur s'échappe en soulevant le couvercle. A la température d'ébullition de l'eau, c'est-à-dire à 100°, *la force élastique de la vapeur d'eau est équivalente à la pression atmosphérique.*

Mais, si nous plaçons des poids sur le couvercle de la

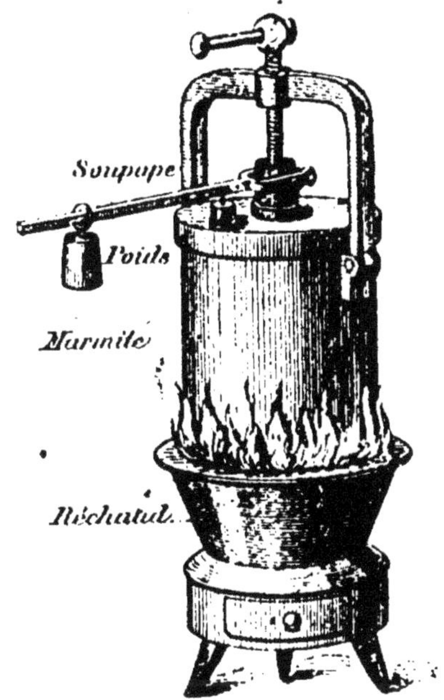

Fig. 299. — Marmite de Papin.
La force élastique de la vapeur d'eau
augmente avec la température.

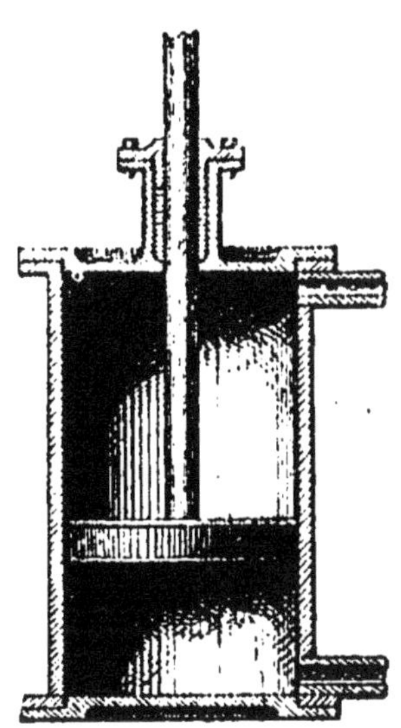

Fig. 300. — Piston
et cylindre.

marmite, il faudra chauffer davantage pour que la vapeur puisse s'échapper ; à l'aide d'un thermomètre, nous pourrons constater que plus la température augmente plus les poids soulevés seront considérables : nous pouvons donc dire que *la force élastique de la vapeur d'eau augmente avec la température.*

250. Principe des machines à vapeur. — Une machine à vapeur comprend trois parties essentielles: la *chaudière* qui produit la vapeur, le *cylindre* où la vapeur

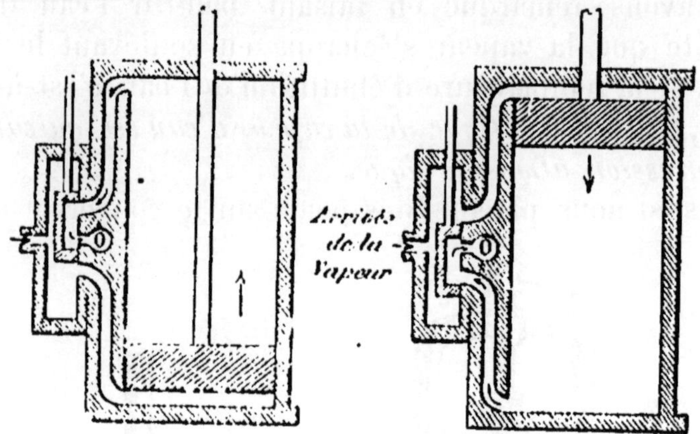

Fig. 301. — Distribution de la vapeur au moyen du tiroir.

A gauche, la vapeur arrive en dessous du piston et le fait monter. A droite, la vapeur arrive au dessus et le fait descendre; O, ouverture pour laisser échapper la vapeur.

produit le mouvement, les *organes de transmission*, bielle,

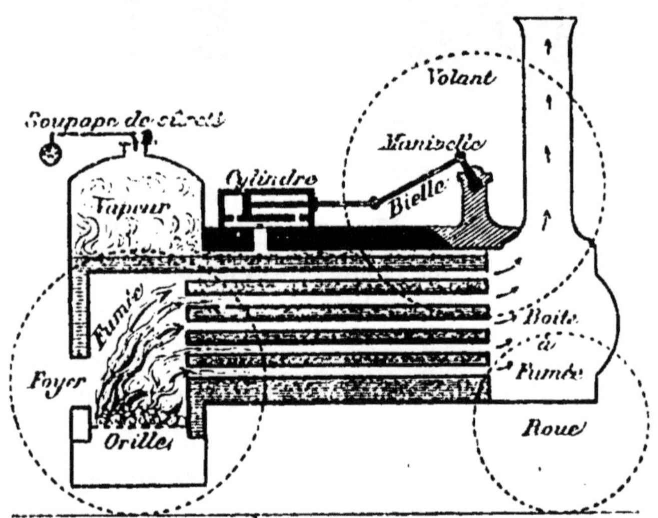

Fig. 302. — Figure théorique montrant les différents organes de la machine à vapeur.

volant, etc., qui transmettent le mouvement aux différents organes.

La vapeur produite par la chaudière arrive alternativement sur les deux faces d'un piston qui se meut librement dans un cylindre ; sous la *pression* de la vapeur, le piston subit un mouvement de va-et-vient qu'il communique, par une tige, aux différents organes de la machine.

La distribution de la vapeur sur les deux faces du piston est faite au moyen d'un *tiroir* placé sur le côté du cylindre. Ce tiroir, mû par la machine elle-même et renfermé dans une boîte où arrive la vapeur, ouvre ou ferme alternativement une ouverture donnant accès à la vapeur, à chaque extrémité du cylindre.

Le mouvement du piston est communiqué aux différents organes de la machine, roues de la locomotive, hélice des bateaux à vapeur, etc.

RÉSUMÉ

249. La vapeur d'eau a une *force élastique qui s'accroît avec la température* et que l'on utilise pour produire le mouvement dans les machines à vapeur.

250. La vapeur se forme dans la *chaudière*. Elle arrive alternativement sur les deux faces d'un *piston* qui se meut dans un *cylindre*. Ce piston subit un mouvement de va-et-vient qu'il transmet par une tige aux différents organes de la machine.

Devoir. — *Comment utilise-t-on la force élastique de la vapeur dans la machine à vapeur?*

✳ ✳ ✳

56e LEÇON

ÉLECTRICITÉ. — ÉLECTRICITÉ ATMOSPHÉRIQUE. ORAGE. — PARATONNERRE

251. Les corps s'électrisent par le frottement. — Quand on frotte certains corps, un bâton de résine ou de cire à cacheter, un bâton de verre, avec un chiffon de laine, ils acquièrent la propriété d'attirer les corps légers. On appelle **électricité** la force développée ainsi sur ces corps et le corps frotté est dit *électrisé*.

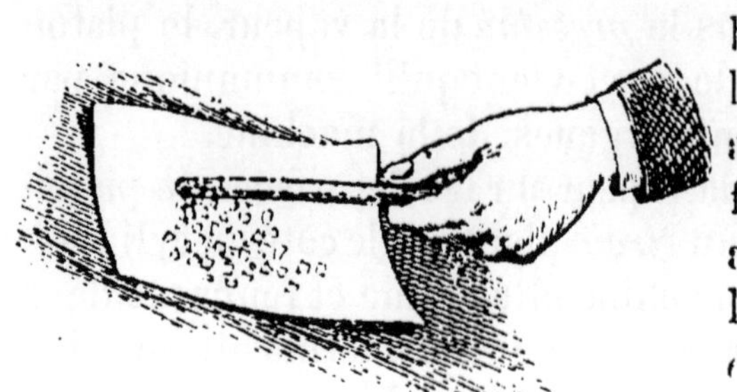

Fig. 303. — Les corps légers sont attirés par le bâton de cire électrisé.

252. Corps bons conducteurs et corps mauvais conducteurs. — Tous les corps ne semblent pas au premier abord pouvoir être électrisés par le frottement. Ainsi, le fer, le cuivre, et en général les métaux ne s'électrisent pas quand on les frotte. Cependant si on a soin de les tenir *isolés* du sol par un support en verre, on peut les électriser eux aussi, comme les autres corps.

On les appelle *corps bons conducteurs*, parce qu'ils laissent s'échapper l'électricité développée sur eux ; les autres qui s'opposent au passage de l'électricité, sont des *corps mauvais conducteurs* de l'électricité.

253. Électrisation par influence. — Quand on approche d'un corps fortement électrisé un autre corps, ce dernier s'électrise à son tour et il se produit une *petite étincelle électrique* accompagnée d'un bruit sec, pendant que les deux corps se déchargent de leur électricité.

254. Électricité atmosphérique. — L'orage et les phénomènes qui l'accompagnent sont dus à l'électricité. En temps d'orage, les nuages sont chargés d'électricité. Quand ils se rapprochent, une étincelle jaillit, c'est l'*éclair;* et un bruit répercuté par l'écho se produit, c'est le *tonnerre.*

Le même fait se produit quand un nuage s'approche du sol : l'étincelle jaillit entre le nuage et le point du sol le plus rapproché. On dit que la foudre est tombée.

Fig. 304. — L'éclair jaillit entre deux nuages chargés d'électricité, ou entre un nuage et le sol.

C'est ordinairement sur les lieux élevés, parce qu'ils sont plus rapprochés des nuages, que la foudre tombe ; aussi, en temps d'orage, il est dangereux de chercher un abri sous un arbre élevé.

255. Paratonnerre. — On préserve les édifices élevés et les monuments, en les surmontant d'un **paratonnerre**. Le paratonnerre, inventé par Franklin, se compose d'une tige en métal terminée par une pointe en platine et reliée au sol par une chaîne. Quand un nuage chargé d'électricité s'approche du paratonnerre, son électricité s'échappe par la pointe du paratonnerre et s'écoule dans le sol, sans causer de dégâts.

Fig. 305 — Paratonnerre.

N, nuages chargés d'électricité. — A, pointe du paratonnerre. — B, C, D, chaîne métallique qui conduit l'électricité dans le sol.

RESUMÉ

252. Tous les corps *s'électrisent par le frottement*; seulement les uns conservent leur électricité, ce sont les *corps mauvais conducteurs*; les autres la laissent échapper, ce sont les *corps bons conducteurs*.

253. Quand deux corps électrisés se rapprochent, il jaillit une *étincelle* et il se produit un bruit sec.

254. L'*éclair* et le bruit du *tonnerre* sont dus à l'étincelle qui jaillit entre deux nuages fortement électrisés ou entre un nuage et le sol.

255. Le *paratonnerre*, en soutirant l'électricité du nuage, préserve les monuments de la foudre.

DEVOIR.— *Décrivez un orage et expliquez comment se produisent l'éclair et le bruit du tonnerre.*

※ ※ ※

57ᵉ LEÇON

PILES, COURANT ÉLECTRIQUE. — AIMANTS ET ÉLECTRO-AIMANTS.

256. La pile. — Nous venons de voir que, par le frottement, certains corps donnent de l'électricité : on a construit des machines électriques basées sur ce principe.

Mais il y a d'autres moyens de produire de l'électricité. Si l'on plonge deux lames, l'une de *zinc*, l'autre de *cuivre*, dans un vase contenant de l'eau

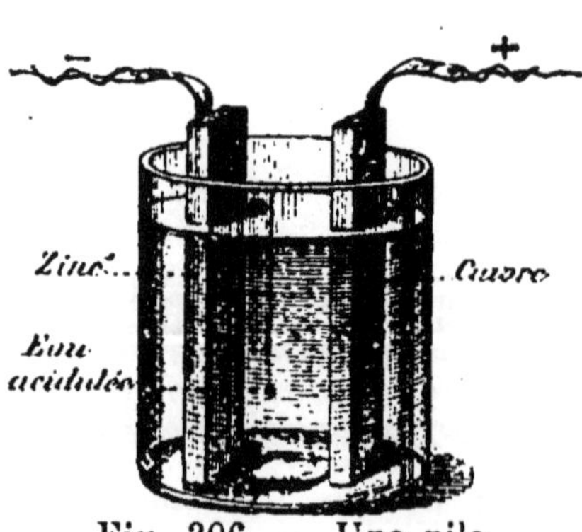

Fig. 306. — Une pile.

additionnée d'un peu d'acide sulfurique, il se produit de l'électricité sur ces deux lames. Et si on les réunit par un fil métallique, il se produit dans le fil un mouvement d'électricité, d'une plaque à l'autre, qui constitue ce que l'on appelle un **courant électrique.**

L'appareil ainsi construit s'appelle une **pile.** Les deux plaques constituent les deux **pôles** de la pile.

257. Aimants. — On rencontre en Suède et en Norvège un minerai de fer qui jouit de la propriété d'attirer le fer, l'acier et quelques autres métaux. On donne le nom d'**aimants** aux corps doués de cette propriété.

Fig. 307. — Aimants.

Par le frottement, ces aimants *naturels* communiquent leurs propriétés à un barreau d'acier : on peut construire ainsi des *aimants artificiels.*

258. Boussole. — Une aiguille d'acier aimantée, sus

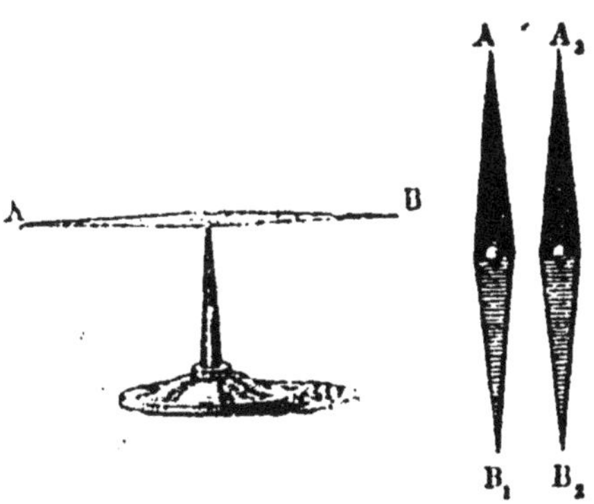

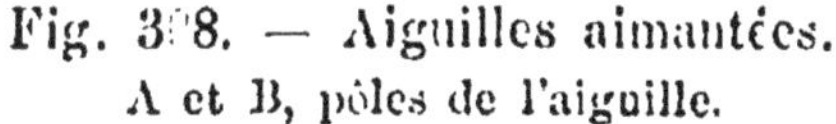

Fig. 308. — Aiguilles aimantées.
A et B, pôles de l'aiguille.

Fig. 309. — Boussole.

pendue en son milieu, a en outre la propriété de se *diriger vers le nord;* la **boussole** dont se servent les marins pour reconnaitre leur route, n'est pas autre chose qu'une aiguille aimantée.

259. Électro-aimants.

— Voici maintenant un autre moyen de produire l'aimantation du fer ou de l'acier.

Si on enroule un fil autour d'un *barreau de fer doux* et que l'on fasse passer un courant électrique, le barreau s'aimante et devient capable d'attirer le fer ; mais l'aimantation *cesse* aussitôt que le courant cesse lui-même ; c'est là un **électro-aimant** dont nous verrons l'application dans la télégraphie électrique.

Un barreau d'acier s'aimante également sous l'action du courant électrique ; mais l'aimantation persiste après le passage du courant, au lieu de disparaitre instantanément comme dans le barreau de fer doux.

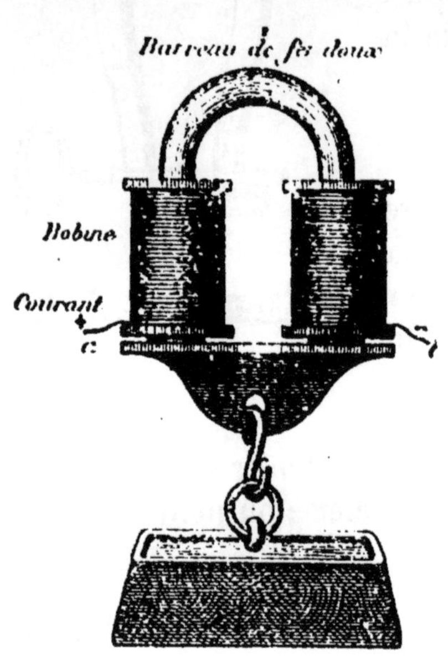

Fig. 310. — Un électro-aimant.

RÉSUMÉ

256. La *pile* est un appareil qui sert à produire de l'électricité. Cette électricité est recueillie dans un fil qui relie les deux pôles de la pile et forme un *courant électrique*.

257. Un *aimant* est un corps qui a la propriété d'attirer le fer ; il y a des *aimants naturels* et des *aimants artificiels*.

258. La *boussole* est un instrument formé d'une aiguille aimantée montée sur un pivot et qui a la propriété de se diriger constamment vers le nord.

259. Quand on fait passer un courant dans un fil enroulé autour d'un barreau de fer doux, ce barreau s'aimante : on a un *électro-aimant.*

Devoir. — *Dites quelle est la propriété et quels sont les usages de la boussole.*

✳ ✳ ✳

58ᵉ LEÇON

APPLICATIONS DE L'ÉLECTRICITÉ

260. Applications. — L'électricité a aujourd'hui de nombreuses applications et elle entre de plus en plus dans les usages courants de la vie. Nous étudierons quelques-unes seulement de ses applications : l'éclairage électrique et la télégraphie électrique.

261. Éclairage électrique. — L'éclairage électrique est produit de deux façons : 1° au moyen de *lampes à arc;* 2° au moyen de *lampes à incandescence.*

Quand un fil électrique est parcouru par un courant d'une forte intensité, il s'é-chauffe et la chaleur est d'autant plus grande que le courant est plus fort et que le fil est plus fin. Si l'on rompt le circuit, en rapprochant l'extrémité des deux fils, il jaillit une petite étincelle électrique, c'est là le principe des lampes à arc.

Fig. 311. — Lampe à arc.

Deux charbons de cornue taillés en pointe sont rattachés

à un fil parcouru par un fort courant électrique : si on rapproche leurs extrémités, il jaillit une brillante étincelle appelée *arc voltaïque* qui donne une lumière continue pendant tout le temps que le courant passe.

262. Lampes à incandescence.

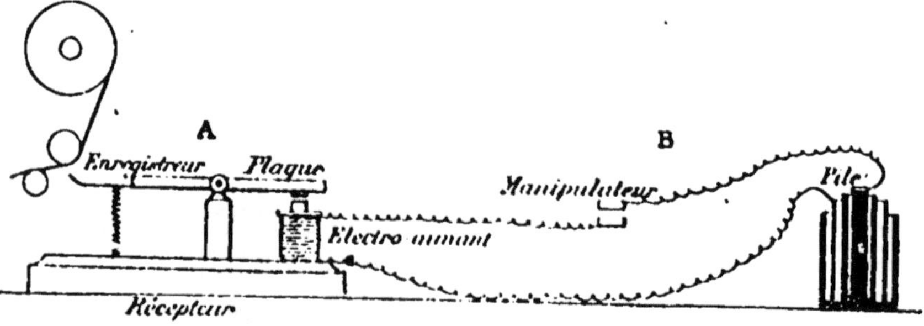

Fig. 312. — Lampe à incandescence.

— Dans notre première expérience, si nous rétablissons le courant interrompu en reliant l'extrémité des deux fils par un fil très fin, ce fil s'échauffe, devient *incandescent* et *lumineux*. On l'enferme dans une ampoule en verre *vide d'air* pour l'empêcher de brûler en s'*oxydant*, au contact de l'oxygène.

L'éclairage électrique exige de forts courants qui sont produits par des machines spéciales.

263. Télégraphie électrique.

— Le courant électrique peut franchir instantanément des distances considérables. Supposons dans une ville A un électro-aimant

Fig. 313. — Principe du télégraphe électrique.

qui communique avec une pile située dans une autre ville B. En B on pourra à volonté établir ou rompre le courant électrique et par conséquent produire l'aimantation ou la désaimantation de l'électro-aimant. Si donc devant cet électro-aimant on place une plaque de fer maintenue par un ressort, la plaque sera attirée ou repoussée suivant que le courant passera ou sera interrompu. On aura ainsi instan-

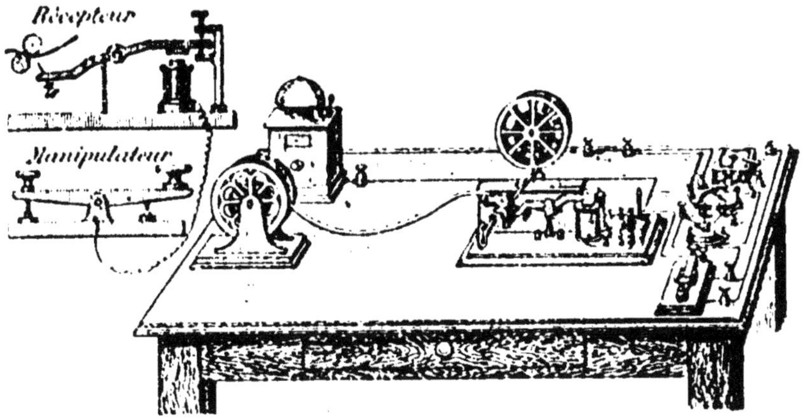

Fig. 314. — Télégraphe Morse.

tanément en A des mouvements provoqués en B par la marche ou la rupture à volonté du courant. Il sera facile de combiner ces mouvements et au moyen de signes conventionnels, points ou traits, d'établir un alphabet qui permettra de correspondre.

RÉSUME

261. L'éclairage électrique est produit au moyen des *lampes à arc* et des *lampes à incandescence*.

Dans les lampes à arc, la lumière est produite par l'étincelle qui jaillit entre deux charbons reliés à un fort courant électrique.

262. Dans les lampes à incandescence, la lumière est produite par l'incandescence d'un fil très fin parcouru par le courant.

263. Le *télégraphe électrique* se compose d'un *transmetteur* du courant et d'un *récepteur ;* ce récepteur est un électro-aimant qui met en mouvement une plaque de fer doux pendant le passage du courant.

DEVOIR. — *Expliquez comment fonctionne le télégraphe électrique.*

59ᵉ LEÇON

LE SON

264. Comment le son est produit. — Quand on fait vibrer une corde *fortement tendue*, ou une lame de métal serrée par l'une de ses extrémités, *il se produit un son*. Une cloche qui résonne subit aussi des **vibrations** que l'on peut mettre en évidence au moyen d'une petite balle suspendue le long des parois de la cloche.

Le son est donc produit par les **vibrations** *d'un corps.*

Dans les instruments de musique, le son est

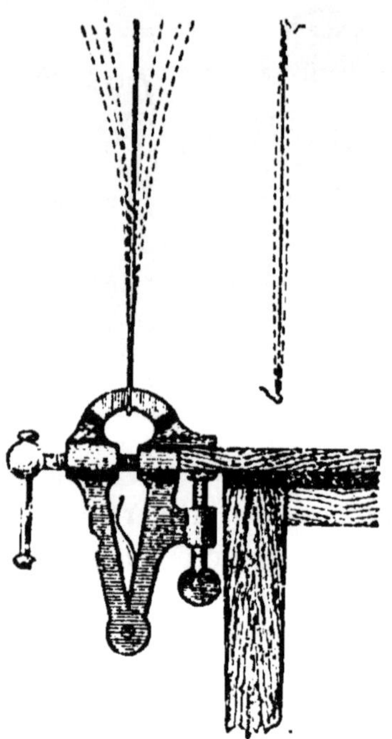

Fig. 315. — Une lame ou une corde qui *vibrent* produisent un son.

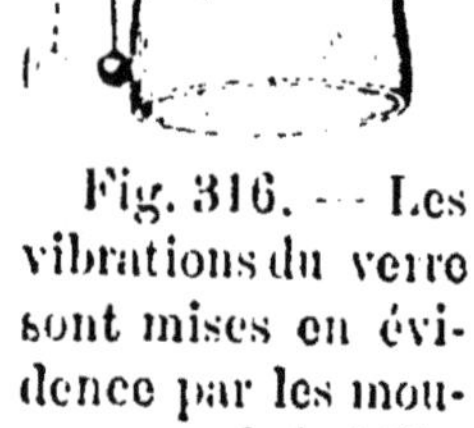

Fig. 316. — Les vibrations du verre sont mises en évidence par les mouvements de la bille.

produit par les vibrations d'une corde (violon, harpe, piano), d'une membrane (tambour), ou de l'air qui circule dans des tuyaux (flûte, piston).

265. Comment le son se propage. — Sous une cloche dans laquelle on a fait le *vide*, on peut faire fonctionner un timbre, l'oreille ne perçoit pas de son ; quand on s'élève en ballon, les sons deviennent de plus en plus faibles. *C'est que l'air est nécessaire à la transmission du son.* Les vibrations du corps sonore sont communiquées à l'air à travers lequel elles se propagent à la façon des ondes liquides qui se produisent quand on jette une pierre dans l'eau. Ces ondes sonores viennent frapper la membrane du tympan et l'impression est transmise au cerveau par le nerf acoustique.

Quand ces ondes rencontrent un obstacle, un mur par exemple, elles sont renvoyées et peuvent revenir à l'oreille qui perçoit alors successivement deux sons, l'un provenant des vibrations venues directement, l'autre, des vibrations réfléchies : c'est le phénomène de **l'écho**.

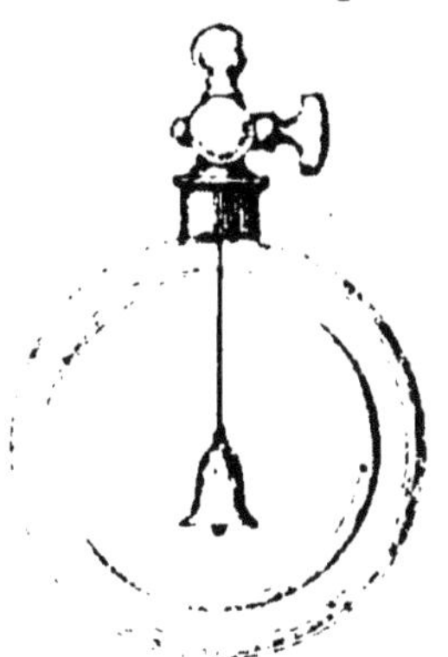

Fig. 317. — Dans une cloche vide d'air le son ne se propage pas.

Le son se propage également dans les liquides et dans les solides : on perçoit très distinctement à l'extrémité d'une poutre le bruit produit à l'autre extrémité par un grattement léger; en appuyant l'oreille sur le sol, on entend le bruit d'une voiture à plusieurs kilomètres.

266. Vitesse du son. — Les vibrations mettent un certain temps pour se propager du corps sonore à l'oreille de l'observateur. On n'*entend* la détonation éloignée d'une arme à feu qu'après avoir *eu* la fumée : le temps qui s'écoule entre ces deux moments est le temps que le son met à parcourir la distance qui nous sépare du chasseur. *La vitesse du son dans l'air est d'environ 340 mètres par seconde.* Elle est plus considérable dans les liquides et dans les solides.

267. Applications. — Certains appareils sont des applications du mode de production et de propagation du son.

Dans les *tuyaux* et dans les *cornets acoustiques,* les

vibrations sont recueillies et concentrées dans un espace limité (tuyau ou cornet) de manière à *renforcer* le son.

268. Phonographe. — Le phonographe *enregistre* et *reproduit* les sons. Supposons une plaque vibrante munie d'un petit stylet qui appuie légèrement sur un cylindre garni de papier d'étain ou recouvert de cire. Si l'on parle devant cette plaque, en même temps que le cylindre tourne et se déplace latéralement, le stylet. en suivant les vibrations de la plaque, produira sur le cylindre une trace plus ou moins profonde. Que l'on remette le cylindre en place, et qu'on le fasse tourner comme précédemment, la plaque entrera en vibration et reproduira les mêmes sons que ceux que l'on avait enregistrés.

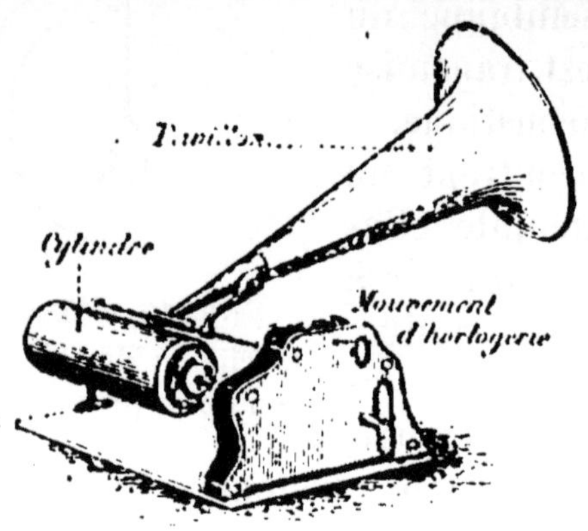

Fig. 318. — Un phonographe.

On amplifie les sons au moyen d'un cornet ou pavillon adapté à l'appareil.

269. Téléphone. — Le téléphone permet de trans-

Fig. 319. — Principe du téléphone.

mettre les sons à une grande distance, et à deux personnes éloignées de converser.

Sous sa forme la plus simple, le téléphone se compose de deux plaques vibrantes reliées par un fil parcouru par un courant électrique. Quand on parle devant l'une de ces plaques, les vibrations modifient l'*intensité* du courant et sont transmises avec une grande sensibilité à l'autre plaque qui reproduit ces vibrations. En approchant l'oreille de cette dernière plaque les sons sont perçus distinctement.

Le téléphone comprend un appareil *transmetteur* et un appareil *récepteur*.

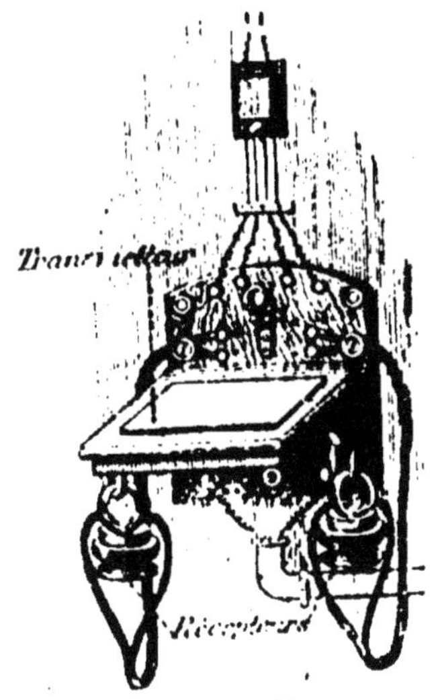

Fig. 320. — Un poste téléphonique.

RÉSUMÉ

264. Le son est produit par les *vibrations* d'un corps.

265. Le son se *propage* à travers l'air en produisant des *ondes sonores* qui viennent frapper l'oreille. Il se propage également dans les liquides et dans les solides.

266. La *vitesse* du son dans l'air est de 340 mètres par seconde.

268. Le *phonographe* est un appareil qui sert à *enregistrer* et à *reproduire* les sons.

269. Le *téléphone transmet* les sons à une grande distance et permet à deux personnes éloignées de converser.

❋ ❋ ❋

60ᵉ LEÇON

LA LUMIÈRE. — RÉFLEXION ET RÉFRACTION

270. Production et propagation de la lumière. — La lumière, pendant le jour, nous vient du soleil ; pendant la nuit, c'est au moyen de la combustion de certains corps ou par la lumière électrique qu'on supplée à la lumière solaire (voir leçon 14, *Éclairage*).

Fig. 321. — La lumière se propage en ligne droite.

Les corps lumineux émettent des rayons dans toutes les directions ; quelques-uns de ces rayons viennent frapper notre œil et l'impressionner ; d'autres vont frapper les corps qui nous entourent ; ils les *éclairent* et les rendent *visibles*.

Les rayons lumineux vont en ligne droite, ainsi que nous pouvons le voir quand un rayon de soleil traverse une chambre obscure, en passant par la fente d'un volet.

271. Réflexion des rayons lumineux. — Si l'on reçoit sur une glace polie un rayon de soleil, il est renvoyé ou *réfléchi* et va former une tache lumineuse qui se déplace suivant l'inclinaison du miroir. En faisant cette expérience dans la chambre obscure, on peut suivre la trace lumineuse du rayon *direct* arrivant sur la glace et du rayon *réfléchi*, et on peut

Fig. 322. — Réflexion de la lumière.

Le rayon OP est réfléchi sur le miroir M suivant PA en faisant un angle BPA égal à l'angle OPB.

constater que ce rayon est renvoyé en formant avec la

glace un angle égal à celui que le rayon direct forme lui-même avec la glace.

272. Miroirs. — Cette loi de la réflexion de la lumière nous explique comment les miroirs reproduisent l'image des objets placés devant eux. Supposons une bougie allumée placée devant un miroir ; elle émet des rayons lumineux dont quelques-uns vont frapper le miroir. — Ils sont réfléchis suivant la loi que nous avons indiquée et

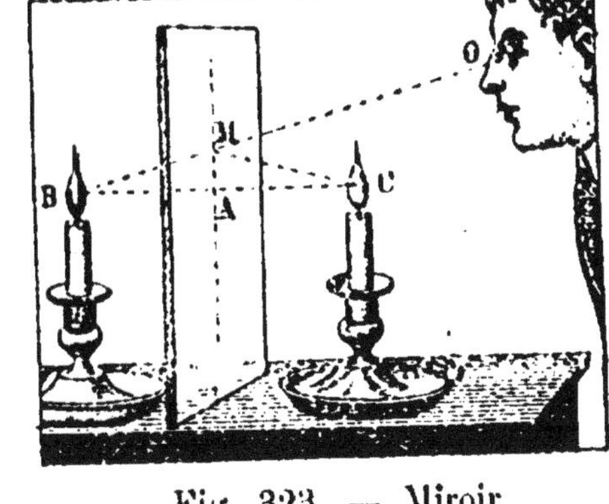

Fig. 323. — Miroir

Le rayon CM se réfléchit suivant MO et l'œil voit en B l'image de la bougie C.

parmi eux, ceux qui viennent frapper notre œil nous font apercevoir la bougie comme si elle était placée dans le prolongement de ces rayons, c'est-à-dire derrière le miroir et dans une position *symétrique*.

273. Réfraction. — Un bâton plongé dans l'eau nous paraît brisé, une cuiller plongée dans un verre d'eau nous paraît déformée ; l'extrémité du bâton nous paraît relevée. Ce phénomène est dû à la déviation que subissent les rayons lumineux quand ils changent de

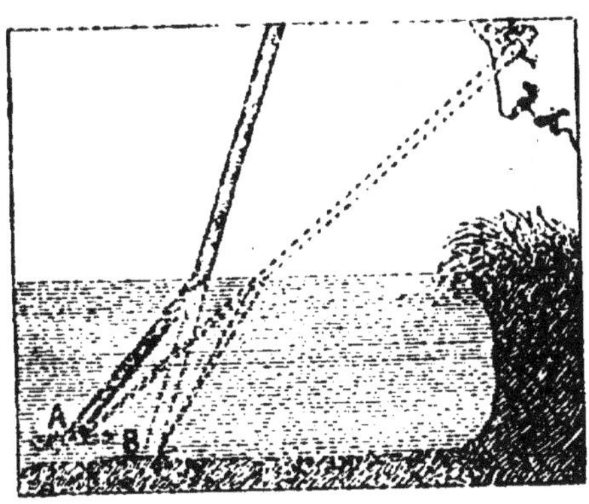

Fig. 324. — Le bâton paraît brisé dans l'eau parce que l'œil voit en A les rayons qui viennent du point B.

milieu, en passant de l'air dans l'eau, par exemple ; c'est ce que l'on appelle la **réfraction**.

274. Lentilles. — Les lentilles sont des instruments dans lesquels on utilise cette propriété. Les unes dites *lentilles convergentes* sont formées d'une lame de verre ou de cristal plus épaisse au milieu que sur les bords ;

Fig. 325. — Une lentille convergente concentre les rayons du soleil (*chaleur et lumière*).

elles ont la propriété de rapprocher les rayons lumineux ; les autres, dites *lentilles divergentes,* sont au contraire plus minces au milieu que sur les bords, elles écartent les rayons lumineux.

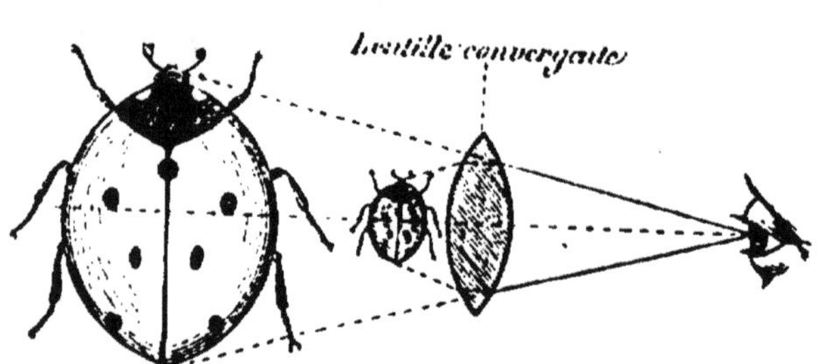

Fig. 326. — La loupe grossit les objets.

275. Applications des lentilles. — Les lentilles trouvent leur application dans un grand nombre d'instruments d'optique.

La *loupe* et le *microscope* qui servent à grossir les objets sont des lentilles convergentes.

La *chambre noire des photographes* se compose d'une

boîte à parois opaques ; une ouverture pratiquée en avant et munie d'une *lentille convergente* laisse passer les rayons lumineux ; les objets placés devant cette ouverture

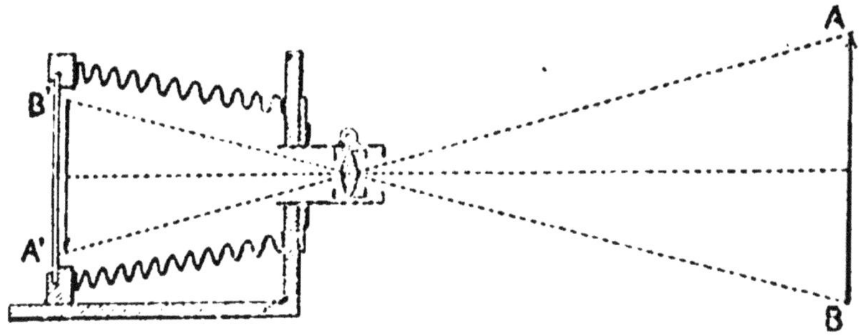

Fig. 327. — *Chambre noire des photographes.*
L'image de l'objet *AB*, placé en avant de la lentille, se forme en B'A' sur l'écran. Elle est renversée.

se reproduisent renversés, en arrière, sur le fond de la boîte. L'œil peut être comparé à une chambre noire dans laquelle le cristallin joue le rôle de lentille.

La *lanterne magique* et *l'appareil à projections* sont des appareils qui reproduisent sur un écran, l'image agrandie d'une photographie ou d'une vue sur verre, placée en arrière d'une lentille

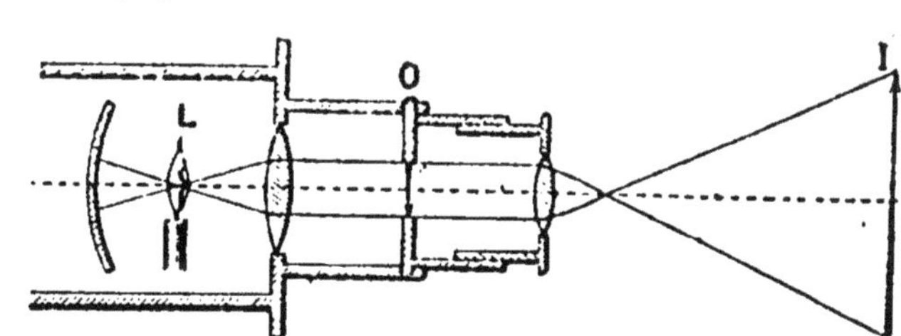

Fig. 328. — *Appareil à projections.*
L'image de l'objet placé en O est agrandie et renversée.

biconvexe et fortement éclairée.

Enfin, les *lunettes* employées par les myopes et les

presbytes sont des lentilles, *divergentes* pour les premiers,

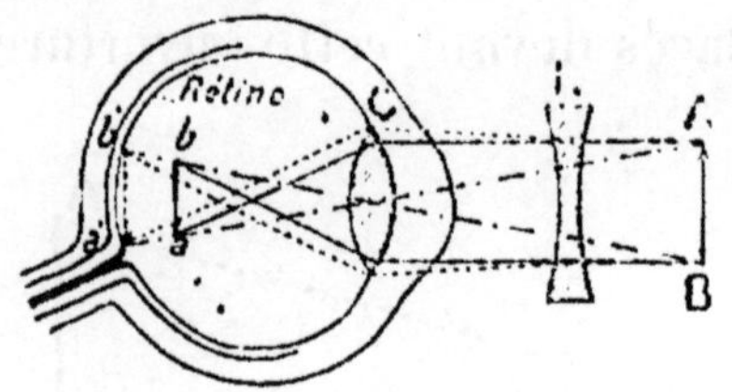

Fig. 329. — *Œil myope.*

L'image *ab* se forme en avant de la rétine; en interposant une lentille divergente L, l'image est reportée en *a'b'* sur la rétine.

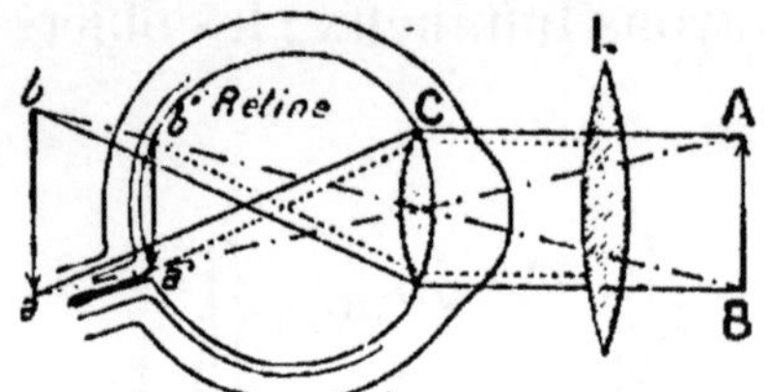

Fig. 330. — *Œil de presbyte.*

L'image qui se forme en *ab* est ramenée sur la rétine en *a'b'* par l'interposition de la lentille L.

convergentes pour les seconds, qui ont pour objet de corriger les défauts de l'œil.

RÉSUMÉ

270. La lumière qui nous vient du soleil ou des corps lumineux se propage en ligne droite.

271-272. Quand un rayon lumineux vient frapper une surface polie, il est *réfléchi*. Ce sont les rayons réfléchis provenant d'un objet placé devant un miroir qui nous font apercevoir l'image de cet objet derrière le miroir.

273. En passant d'un milieu dans un autre, le rayon lumineux subit une *déviation* ou *réfraction*.

274. Les *lentilles* sont des milieux transparents (verre ou cristal) qui réfractent les rayons lumineux : elles sont *convergentes* ou *divergentes*.

275. Les *lentilles* trouvent leur application dans un certain nombre d'instruments d'optique : la loupe, le microscope, la chambre noire du photographe, la lanterne magique, les lunettes.

DEVOIR. — *Qu'appelle-t-on réfraction? Quelle est la propriété des lentilles? Citez des instruments où ces propriétés sont utilisées.*

Notions agricoles

1re LEÇON

PRÉPARATION DU SOL : FAÇONS CULTURALES

OBSERVATIONS ET REMARQUES. — *Examen d'une charrue; rôle de chaque partie.*

1. Les labours. — Les labours sont la première et la plus importante des façons que la terre doit subir pour permettre à la plante de se nourrir et de vivre.

Ils ont pour objet : 1° d'*ameublir* la terre, par suite de l'aérer et d'y faire pénétrer la chaleur et l'humidité; 2° d'*enfouir* et de *répartir* dans le sol les engrais répandus à la surface, et, sous l'action de l'air, de les rendre plus assimilables pour les végétaux; 3° de *détruire* les mauvaises herbes en les déracinant.

2. Différentes sortes de labours. — Suivant leur profondeur, on distingue les labours *superficiels* qui n'ont que 5 à 15 centimètres de profondeur, les labours *moyens* ou ordinaires et les labours *profonds* qui vont jusqu'à 50 et même 60 centimètres. Ces derniers, dits labours de *défoncement,* se pratiquent dans les terres fortes lorsqu'il y a avantage à mélanger un sous-sol léger avec le sol pour obtenir une terre plus légère.

Selon la forme donnée à la surface du sol cultivé, on distingue les labours en *billons,* les labours en *planches* et les labours à *plat.*

Les labours en billons et en planches conviennent dans les terrains humides parce qu'ils permettent à la terre de s'égoutter et à l'eau de s'écouler. En outre, dans les terrains où la couche arable a peu d'épaisseur, les labours

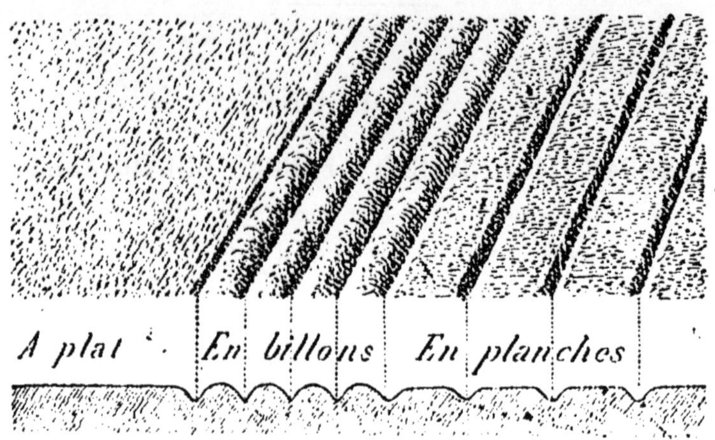

Fig. 1. — Différentes sortes de labours.

en billons augmentent l'épaisseur de cette couche et favorisent la végétation des plantes.

Les labours à plat présentent l'avantage d'utiliser toute la surface de terrain à cultiver ; de plus, ils permettent l'emploi de machines agricoles qui ne pourraient pas fonctionner dans les autres modes de labours.

3. Époque des labours. — Les labours se pratiquent en toute saison, mais de préférence avant l'hiver. Les *labours* d'automne exposent la terre à l'action de l'air et de la gelée ; ils facilitent la destruction, par le froid, des mauvaises herbes et des insectes nuisibles.

Ils sont quelquefois précédés des labours dits de *déchaumage*, qui se font aussitôt la récolte enlevée et qui ont pour but d'enterrer les chaumes laissés sur le sol.

Au printemps, on pratique les labours *légers* qui préparent la terre à recevoir la semence ou les jeunes plantes.

4. La charrue. — C'est à l'aide de la charrue que se font les labours. Il y en a de plusieurs sortes : dans toutes, les parties essentielles sont : le *coutre* ou *couteau* qui coupe la terre verticalement, le

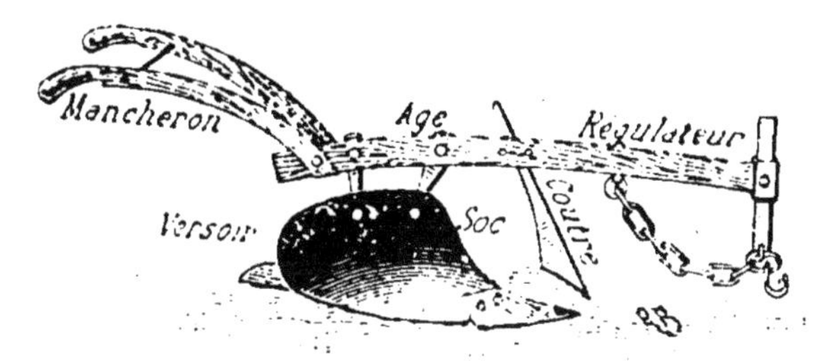

Fig. 2. — Charrue simple.

soc qui la détache horizontalement, et le *versoir* qui retourne la bande de terre ainsi détachée. Ces pièces, ainsi que plusieurs autres pièces accessoires, sont fixées sur une monture en bois ou en fer.

Dans la charrue ordinaire, la bande de terre est versée du même côté de l'opérateur, par conséquent dans un sens à l'aller, dans le sens contraire au retour. Avec la *charrue Brabant double*, munie de deux socs accouplés qui tournent autour d'un axe et sont utilisables,

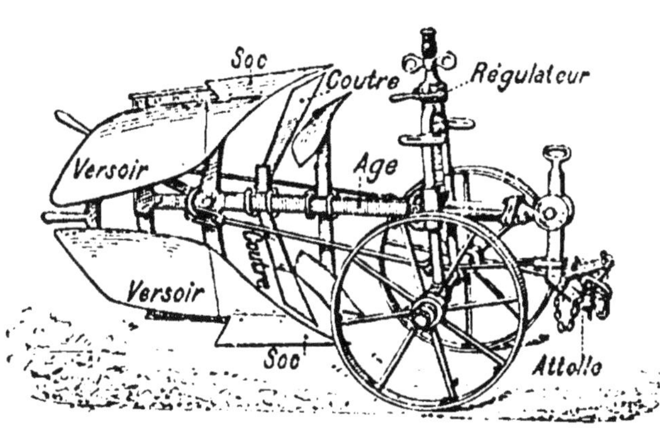

Fig. 3. — Charrue Brabant.

l'un à l'aller, l'autre au retour, on verse la terre du même côté. On l'emploie pour les labours à plat dans les grandes exploitations.

5. Le hersage. — Le hersage a pour objet l'émiettement de la terre que le labour a laissée en mottes assez grosses, surtout dans les terres fortes. Il sert également à déterrer et à ramener à la surface les mauvaises herbes déracinées par la charrue. On herse aussi pour enterrer les engrais ou les semences répandues à la surface du sol, pour ameublir la terre après l'hiver et favoriser la végétation.

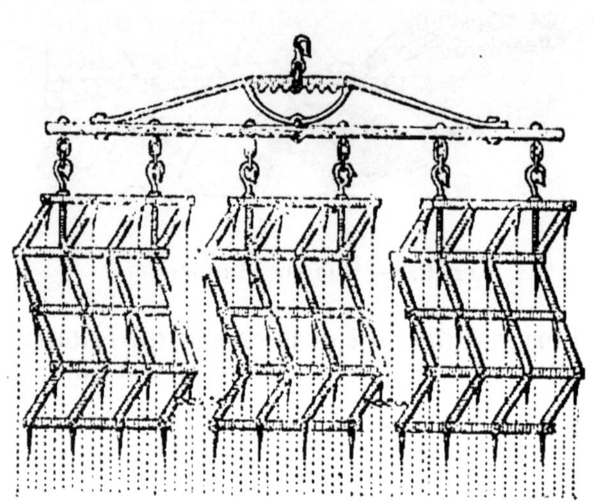

Fig. 4. — Herse articulée.

La herse employée pour cette opération est composée de pointes fixées sur un bâti qui peut être *articulé* et que l'on traîne à la surface du sol.

6. Le roulage. — Le roulage qui se fait au moyen d'un rouleau en bois, en pierre, ou en métal, a pour but de tasser la terre afin de l'empêcher de se dessécher trop rapidement. On le pratique après les semailles d'automne ou de printemps.

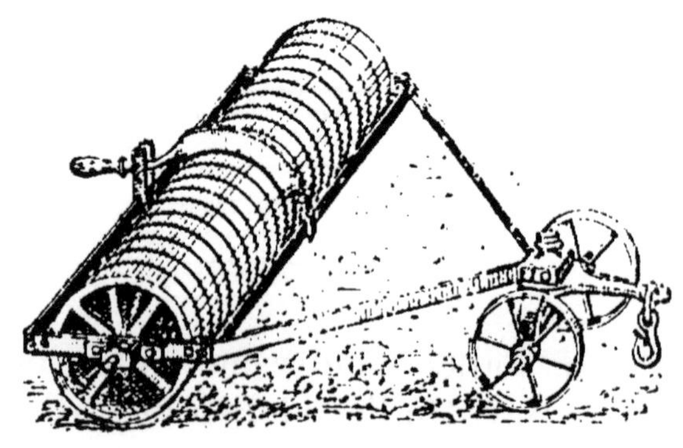

Fig. 5. — Roulement cannelé.

7. Les binages et les sarclages. — Ces opérations se font pendant la végétation des plantes pour enlever les mauvaises herbes, et en même temps ameublir la surface du sol et diminuer l'évaporation en empêchant l'humidité de monter jusqu'à la surface.

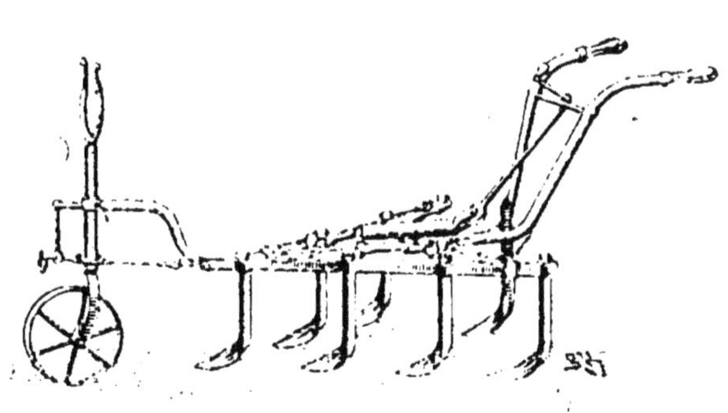

Fig. 6. — Houe à cheval.

— Les binages s'effectuent à la main ou avec la houe à cheval.

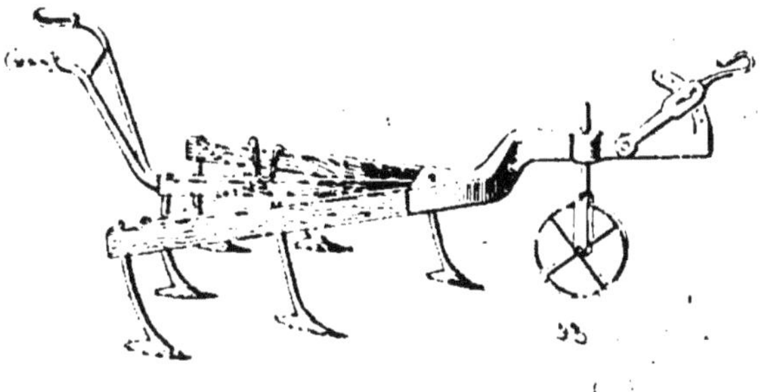

Fig. 7. — Extirpateur.

8. Le scarifiage. — Le scarifiage qui s'effectue avec le scarificateur ou l'extirpateur, remue la terre assez profondément, mais sans la retourner ; c'est une opération intermédiaire entre les labours et les binages.

RÉSUMÉ

1. Les *labours* sont la plus importante des façons à donner à la terre. Ils ont pour objet l'*ameublissement* du sol, l'*enfouissement* et la *répartition* des engrais, la *destruction* des mauvaises herbes.

2. On distingue, suivant leur profondeur, les labours *superficiels*, les labours *moyens* et les labours *profonds* ou de *défoncement*. On laboure en *billons*, en *planches* ou à *plat*.

3. Les labours d'*automne* sont les plus importants ; ils sont quelquefois précédés d'un labour de *déchaumage*. Au printemps, on pratique les labours *légers* qui achèvent la préparation du sol.

4. La charrue comprend trois parties essentielles : le *couteau*, le *soc* et le *versoir*. La charrue Brabant est munie de deux socs que l'on utilise alternativement, à l'aller et au retour, pour retourner la terre du même côté.

5-6 Le *hersage* et le *roulage* ont pour but d'émietter la terre et de la tasser pour empêcher l'évaporation.

7-8. Les *binages*, *sarclages*, *scarifiages* servent à ameublir le sol et se pratiquent pendant la végétation.

QUESTIONS ET DEVOIRS : *Quelle est l'utilité des labours? — Quelles sont les différentes sortes de labours?*
Faites la description d'une charrue simple, double ou Brabant.
Indiquez l'utilité du hersage, du roulage, du binage.

✳ ✳ ✳

2ᵉ LEÇON

LES ENGRAIS

9. Le fumier. — Nous avons vu (44ᵉ Leçon) que c'est au moyen des engrais que nous fournissons à la plante les aliments nécessaires à sa nourriture.

Parmi ces engrais, le **fumier** est, sinon le seul, du moins le plus important parce qu'il renferme tous les éléments nutritifs de la plante et qu'il est un résidu naturel de la ferme qui ne coûte rien au cultivateur.

Mais sa valeur dépend de plusieurs éléments et principalement des soins pris pour empêcher la déperdition des matières fertilisantes qu'il renferme.

10. Composition du fumier. — Le fumier comprend deux parties : l'une solide, formée par la paille ou litière et les déjections solides des animaux; l'autre liquide, formée par les urines qui fermentent et qui constituent le **purin**. C'est le purin qui renferme la plus grande part de l'*azote* utilisé dans le fumier. L'odeur *ammoniacale* qui s'en dégage, indique bien la présence des sels ammoniacaux qui renferment l'azote.

On peut mettre en évidence les propriétés fertilisantes du purin au moyen de l'expérience suivante : en faisant

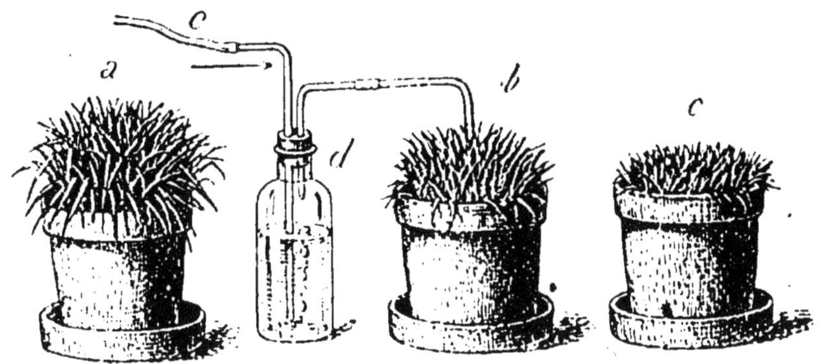

Fig. 8. — Valeur fertilisante du fumier.

Le pot *a* a reçu du purin; le pot *b* reçoit les vapeurs qui se dégagent du flacon *d* contenant du purin; le pot *c* n'a rien reçu et sert de témoin.

arriver les vapeurs qui se dégagent d'un vase contenant du purin au milieu d'un pot renfermant de la terre dans laquelle on a semé du gazon, on constate aisément, en comparant à une autre culture témoin, l'influence du purin sur la végétation.

11. Soins à donner au fumier. — Le cultivateur doit donc recueillir avec soin le purin de ses étables et celui qui s'écoule du fumier en tas. Pour cela, il devra placer ce dernier sur une surface rendue imperméable, afin d'empêcher le purin de se répandre dans le sol, un peu en pente, pour lui permettre de s'écouler dans une *fosse* étanche creusée auprès du fumier. De là, le purin sera retiré pour servir à l'arrosage du fumier ou pour être transporté dans les champs que l'on veut engraisser.

Le fumier abandonné à l'air *fermente*, s'échauffe, et

sous l'action de la chaleur, *laisse dégager l'azote ammo-niacal qu'il contient.*

Il faudra donc encore : 1° *ne pas laisser séjourner longtemps le fumier sous les animaux,* pour éviter la fermentation qui se produirait et qui nuirait à

Fig. 9. — Fumier bien tenu.
Sol cimenté légèrement en pente; fosse et pompe
à purin.

leur santé; 2° *le mettre en tas présentant la plus petite surface à l'air;* 3° *tasser le fumier pour empêcher l'arrivée de l'air* et ar-roser de temps en temps avec du purin pour prévenir un trop grand échauffement.

Tous ces soins concor-dent d'ailleurs avec les règles d'hygiène qui prescriventd'é-viter les infil-trations du pu-rin, parce que ces infiltra-

Fig 10. — Fumier mal tenu.
Éparpillé dans la cour, sur sol non cimenté,
laissant perdre le purin.

tions peuvent contaminer les sources d'eau qui servent à l'alimentation.

12. Emploi du fumier et du purin. — C'est généralement à l'automne que le fumier est transporté dans les champs. Il est disposé en petits tas appelés *fumerons*. On doit l'épandre aussitôt que possible pour ne pas laisser le purin s'infiltrer dans le sol à l'endroit seul des fumerons ; et, une fois étendu, il doit être enfoui par un labour rapide pour ne pas le laisser exposé à l'air et perdre les matières fertilisantes volatiles.

Le purin est employé en arrosage, au printemps, sur les céréales et sur les prairies qui ont besoin d'azote.

13. Engrais organiques. — Le cultivateur emploie d'autres engrais qu'il produit lui-même ou qu'il trouve dans le commerce.

Les **composts** formés des déchets de la ferme, ba-

Fig. 11. — Effet de l'azote fourni par un engrais vert.

1, témoin ; 2, engrais complet ; 3, engrais sans azote ; 4, engrais sans azote mais avec 100 grammes de terre tamisée provenant d'un champ venant de fournir une abondante récolte de trèfle ; 5, engrais sans azote mais contenant 1 gr. de sulfate d'ammoniaque par kilogr. de terre.

layures, curures de fossés, feuilles sèches, débris de toutes sortes qui sont mis en tas à pourrir.

Les **engrais animaux** comme le *guano* et la *colombine*, les débris de viande et le sang desséchés et réduits en poudre, les déjections de l'homme sous forme de *poudrette* et d'*engrais flamand*.

Les **engrais verts** formés de plantes, telles que le sarrasin, la navette, le colza, qui enfouies dans le sol lui restituent les aliments qu'elles lui avaient pris, mais sous une forme plus assimilable, ou telles que les *légumineuses* (trèfle, sainfoin, vesce) qui lui apportent en outre l'*azote* que ces plantes prennent directement à l'atmosphère.

C'est quand elles sont en fleur et qu'elles renferment la plus grande quantité d'éléments nutritifs que ces plantes doivent être enfouies.

RÉSUMÉ

9. Le *fumier* constitue le meilleur des engrais parce qu'il contient tous les éléments nécessaires à la plante.

10. Le *purin* est la partie du fumier la plus riche en principes fertilisants.

11. On devra donc éviter de laisser perdre le purin, en rendant *imperméables* le sol des étables et l'endroit où l'on dispose le fumier.

Le purin recueilli servira à arroser le tas de fumier.

Le fumier exposé à l'air *fermente* et laisse dégager son azote.

C'est une perte qu'il faut éviter en ayant soin de *tasser* le fumier et de l'arroser avec le purin pour l'empêcher de s'échauffer et de moisir.

12. Le fumier est transporté dans les champs et étendu à la surface ; un labour l'enfouit aussi promptement que possible pour ne pas le laisser exposé à l'air.

13. Le cultivateur emploie d'autres engrais : les *composts*, les *engrais animaux*, les *engrais verts* qui ont un grand pouvoir fertilisant.

QUESTIONS ET DEVOIRS : *Qu'est-ce que le fumier ? — Comment est-il composé ?*

Quels soins faut-il lui donner ?

Qu'appelle-t-on engrais verts ? Quelles sont les plantes qui conviennent le mieux comme engrais verts ? Pourquoi ?

✳ ✳ ✳

3ᵉ LEÇON

LES ENGRAIS COMPLÉMENTAIRES

14. Insuffisance du fumier et nécessité des engrais minéraux. — Si le fumier est un engrais *indispensable* et le *meilleur,* il est pourtant *insuffisant.* Son insuffisance résulte :

1º De ce qu'il ne rend à la terre qu'une partie des produits qui lui ont été enlevés par la récolte : une partie, en effet, est vendue, transformée en produits autres que le fumier et qui ne reviennent pas au sol ; il est donc nécessaire de remplacer cette partie qui manque par des **engrais complémentaires** ;

2º Le fumier renferme les mêmes éléments fertilisants, et presque toujours dans les mêmes proportions. Or les plantes n'utilisent pas toutes les mêmes éléments, ni dans les mêmes proportions ; il convient donc encore de leur donner les éléments qui leur sont particulièrement nécessaires : on ne peut les leur donner que sous forme d'*engrais minéraux* qui, selon leur nature, contiennent tel ou tel de ces éléments.

15. Engrais minéraux. — Les engrais *complémentaires* ou *minéraux* sont :

1º Les engrais **azotés** qui renferment de l'*azote;* ils se présentent dans le commerce sous forme de *nitrate* de *soude* qui nous vient du Chili, de *nitrate de potasse* ou salpêtre, de *sulfate d'ammoniaque,* résidu de la fabrication du gaz d'éclairage.

2º Les engrais **phosphatés** qui renferment de l'*acide phosphorique.* Ce sont les *phosphates naturels* qu'on trouve en gisements dans le sol, les *superphosphates* et les *phosphates d'os,* produits fabriqués, et les *scories de déphosphoration* provenant des usines métallurgiques.

3° Les engrais **potassiques** qui contiennent de la *potasse* et comprennent le *chlorure de potassium,* à l'état naturel en Allemagne, et le *sulfate de potasse.*

A ces engrais minéraux on peut ajouter la **chaux.**

La **chaux** est à la fois un *amendement* (v. 15° Leçon, § 78) et un *engrais.* Elle rend les terres fortes et argileuses moins compactes et elle les réchauffe.

Elle *active* la décomposition des matières organiques, *rend solubles* les éléments minéraux et permet aux plantes d'utiliser tous les principes nutritifs du sol. — Enfin, elle apporte aux plantes un élément indispensab'e à leur constitution.

Le *chaulage* des terres est donc une opération excellente à la condition de fumer abondamment, car elle épuise vite le sol. On emploie de 2.000 à 3.000 kilogrammes de chaux à l'hectare tous les 3 ou 4 ans.

16. Valeur et achat des engrais minéraux. — Tous ces engrais se trouvent dans le commerce, mais il ne faut pas oublier que leur *valeur* dépend exclusivement de la quantité d'*azote,* d'*acide phosphorique* ou de *potasse* qu'ils contiennent. Aussi le cultivateur a-t-il intérêt à faire analyser ses engrais, pour éviter la fraude, ou à s'adresser à des maisons de confiance pour ses achats. Ce qui serait encore préférable, ce serait la formation de petits syndicats ou associations, qui, en raison de l'importance des commandes, pourraient obtenir des prix plus avantageux, et faire analyser les produits achetés pour s'assurer de leur valeur.

17. Emploi des engrais minéraux. — L'emploi des engrais minéraux ne peut donner de bons résultats que s'il est fait d'une façon raisonnée.

L'expérience prouve que si l'*absence* ou l'*insuffisance* d'un des quatre éléments (azote, phosphore, potasse et chaux) donne une végétation faible, l'*excès* de l'un de ces éléments est nuisible et ne compense pas l'insuffisance de l'un des autres. Il sera donc nécessaire, avant d'employer un engrais de se rendre compte : 1° *de la composition chimique du sol que l'on veut cultiver* afin de lui donner les éléments qui manquent ; 2° *de l'élément ou des éléments qui conviennent à la plante cultivée ;* car les plantes ont aussi leurs préférences, ainsi l'*azote* convient particulièrement aux céréales et aux plantes racines ; l'*acide*

Fig. 12. — Expérience montrant l'effet produit par l'absence d'un élément.

Le premier pot n'a pas reçu d'azote, l'autre a reçu un engrais complet.

phosphorique convient surtout aux légumineuses et aux céréales ; la *potasse,* aux plantes racines, aux céréales et à la vigne.

Ajoutons enfin que le cultivateur devra se garder d'acheter des engrais complexes, des mélanges tout faits qui sont plus chers, plus faciles à frauder et qui ne permettent pas de modifier la proportion des éléments à introduire dans le sol, suivant la composition chimique de la terre et la nature de la récolte.

De plus, il convient de ne faire le mélange d'engrais qu'au moment de s'en servir ; certaines des matières qui les composent peuvent réagir les unes sur les autres et provoquer un dégagement d'un principe fertilisant volutil; la chaux en contact avec les sels ammoniacaux produit un dégagement d'ammoniaque.

RÉSUMÉ

14. Les *engrais complémentaires* sont nécessaires pour remédier à l'insuffisance du fumier.

15. Les engrais minéraux sont : les *engrais azotés*, les *engrais potassiques* et les *engrais phosphatés* qui contiennent et peuvent fournir à la terre l'élément qui lui manque. Il faut ajouter la *chaux* qui est à la fois un amendement et un engrais.

16-17. La valeur d'un engrais dépend exclusivement de la quantité d'*azote*, de *potasse* ou d'*acide phosphorique* qu'il contient. On doit s'en rendre compte en faisant analyser les engrais que l'on emploie.

La nature et la quantité des engrais à employer dépendent : 1° de la composition du sol; 2° de la nature de la plante à cultiver.

QUESTIONS ET DEVOIRS : *Pourquoi le fumier est-il insuffisant et a-t-on besoin d'y adjoindre des engrais complémentaires?*

Quels sont les engrais minéraux employés? Quel est l'élément essentiel de chacun d'eux?

Pourquoi faut-il faire analyser les engrais minéraux? De quoi dépend leur valeur?

Quelles règles faut-il suivre pour l'achat et l'emploi des engrais minéraux?

❋ ❋ ❋

4ᵉ LEÇON

LES ASSOLEMENTS

18. Nécessité des assolements. — L'expérience a montré depuis longtemps aux cultivateurs que lorsqu'on fait alterner les plantes cultivées successivement sur un même sol, les résultats sont meilleurs que si l'on cultive plusieurs années de suite la même plante sur le même terrain.

C'est qu'en effet, chaque espèce de plante se nourrit d'éléments différents, ou tout au moins des mêmes éléments, mais dans des proportions différentes : ainsi le blé

a besoin de plus d'azote que de potasse, tandis que la betterave, au contraire, consomme plus de potasse et moins d'azote.

De plus, suivant la forme et la longueur de leurs racines, les plantes prennent leur nourriture dans le sol, à des profondeurs diverses : ainsi le blé et les céréales vivent aux dépens des éléments contenus dans la couche superficielle du sol ; les plantes racines,

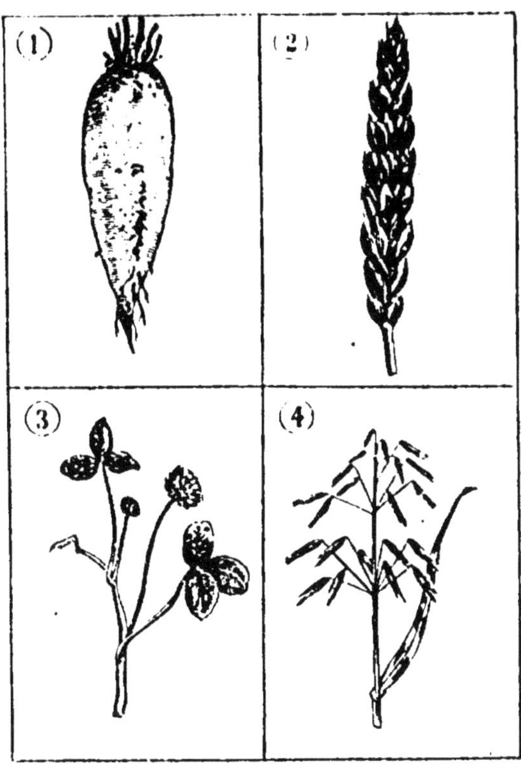

Fig. 13. — Plantes typiques d'un assolement quadriennal.

(1), betterave (plante sarclée); (2), blé (céréale d'automne); (3), trèfle (plante fourragère); (4), avoine (céréale de printemps).

comme la betterave, puisent au contraire leur nourriture à une certaine profondeur.

Il en résulte qu'après une récolte qui aura pris à la terre une partie seulement de ses éléments fertilisants, une seconde récolte de nature différente pourra encore trouver à y vivre, alors qu'une plante de même nature n'aurait pu s'y nourrir.

On appelle **assolement** le changement des cultures

opérées successivement sur un même sol pour lui faire produire le plus fort rendement possible avec le moins de perte d'engrais.

L'assolement a un autre avantage : en faisant succéder à la culture d'une céréale dont le sarclage est difficile, ce qui favorise le développement des mauvaises herbes, une plante sarclée comme la betterave, la pomme de terre, on nettoie la terre des mauvaises herbes qui s'y trouvent.

19. Comment on pratique les assolements. — Dans une ferme bien dirigée, la terre sera donc divisée en deux, trois ou quatre parties dans lesquelles alterneront successivement, dans le même ordre, les plantes que l'on veut cultiver. L'assolement sera ainsi biennal, triennal ou quadriennal.

Les règles suivantes doivent présider à la succession des récoltes : 1° faire succéder une plante à racines longues à une plante à racines courtes ; 2° remplacer une plante non sarclée par une plante sarclée ou nettoyante.

20. Quelques exemples d'assolements. — L'assolement biennal pratiqué dans quelques petites exploitations comprend :

1re année : Culture du blé.
2e année : Plantes sarclées ou trèfle.

Assolement triennal.
{
1re année : Plantes sarclées.
2e année : Blé ou autres céréales.
3e année : Trèfle.

Assolement quadriennal.
{
1re année : Plantes sarclées.
2e année : Blé.
3e année : Trèfle.
4e année : Orge ou avoine.

Plan schématique d'un assolement quadriennal

(ROTATION COMPLÈTE)

1re année				3e année
	1 Plantes sarclées.	**2** Céréales d'automne.	**1** Fourrages annuels.	**2** Céréales de printemps.
	4 Céréales de printemps.	**3** Fourrages annuels.	**4** Céréales d'automne.	**3** Plantes sarclées.
2e année	**1** Céréales d'automne.	**2** Fourrages annuels.	**1** Céréales de printemps.	**2** Plantes sarclées.
	4 Plantes sarclées.	**3** Céréales de printemps.	**4** Fourrages annuels.	**3** Céréales d'automne.
				1re année

On pratiquait autrefois la culture en *jachère*, c'est-à-dire qu'on laissait pendant un an la terre inoccupée pour se reposer.

L'emploi des engrais minéraux rend cette pratique inutile. Tout au plus laisse-t-on pendant une ou deux années, après une série de cultures, un sol en trèfle, luzerne ou autre légumineuse qui n'exige aucun soin et qui prend à l'air atmosphérique une partie de sa nourriture, l'azote, sans épuiser le sol ; c'est ce qu'on appelle une *jachère verte*.

Choix d'un assolement. — Ce choix dépend beaucoup de la nature du sol, des ressources en engrais et enfin des débouchés pour les produits récoltés ; c'est ce qui doit

surtout guider le cultivateur dans le choix des plantes
à cultiver.

RÉSUMÉ

18. On appelle *assolement* le changement de cultures opérées
successivement sur un même sol.

Les assolements ont pour but : 1° d'*utiliser* tous les produits
nutritifs que renferme le sol ; 2° de *favoriser* la destruction des
mauvaises herbes.

19. Dans un assolement bien compris, on fait succéder une
plante à racines longues (betteraves, carottes) à une plante à racines courtes (céréales) ; on remplace une plante non sarclée par une
plante sarclée.

L'assolement est *biennal*, *triennal*, *quadriennal*, suivant le temps
que la même culture met à revenir à la même place.

20. La culture en *jachère* n'a plus sa raison d'être depuis l'emploi
des engrais minéraux. On ne pratique plus guère que la *jachère
verte*.

Le choix d'un assolement doit être guidé par la préférence
à donner aux cultures dont les produits ont un débouché facile.

QUESTIONS ET DEVOIRS : *Qu'appelle-t-on assolement? Pour quelles
raisons doit-on pratiquer l'assolement!*

*Donnez des exemples d'assolements et justifiez-les. Que pensez-
vous de la jachère!*

❊ ❊ ❊

5ᵉ LEÇON

CULTURES DES CÉRÉALES

21. Le blé. — La plus importante des céréales est le
blé qui fournit à l'homme sa nourriture principale, le
pain, et qui donne aux animaux la *paille* employée comme
litière.

Le blé vient de préférence dans les terres franches,
plutôt argileuses. Le sol doit être bien ameubli pour favoriser le développement de ses nombreuses racines. Il

doit en outre être bien fumé : les engrais minéraux azotés ou phosphatés peuvent être employés, mais les nitra-
tes provoquent la *verse*, tandis
que les phosphates donnent de
la rigidité aux tiges.

22. Choix des semences.
— Le plus grand soin doit être
apporté dans le choix des semences. En outre, les grains
seront *chaulés*, au moyen d'un
lait de chaux ou *sulfatés* au
moyen d'une dissolution de sulfate de cuivre, à raison de 2 ki-
log. par 100 litres d'eau. Cette
opération a pour but de faire
disparaitre les germes d'une
maladie appelée *carie* qui détruit les grains de blé.

Les semailles ont lieu à l'automne. Les *semis en lignes* sont
préférables aux semis à la volée
parce qu'ils demandent une

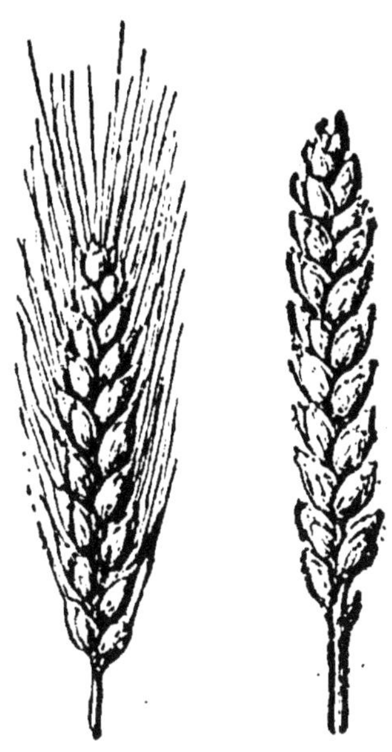

Fig. 14.
Blé barbu
de printemps.

Fig. 15.
Froment d'hiver
commun.

moins grande quantité de semence et facilitent les sarclages, mais ils exigent l'emploi d'un semoir mécanique.

23. Soins d'entretien. — Au printemps, on *roule*
le blé et un peu plus tard on le *herse* pour favoriser le
tallage, c'est-à-dire provoquer la pousse de nouvelles tiges.
— Les *sarclages* qui se font en avril-mai à la main ou,
dans les semis en lignes, avec la houe à cheval, sont nécessaires pour débarrasser le blé des mauvaises herbes.

La moisson a lieu généralement vers la fin de juillet.

Elle doit se faire avant la maturité complète pour éviter la perte par l'égrenage des épis. Le blé achève d'ail-

leurs très bien de mûrir en gerbes, en moyettes ou en meules.

On moissonne à la main avec des faux et des faucilles ou avec des machines appelées *moissonneuses*. On a également des *batteuses* mécaniques qui font plus vite et mieux que le battage à la main, au fléau ou au rouleau.

Fig. 16. — Une moissonneuse mécanique au travail.

Un nettoyage est nécessaire pour enlever les mauvaises graines.

Le grain mis en tas conserve de l'humidité; il faut avoir

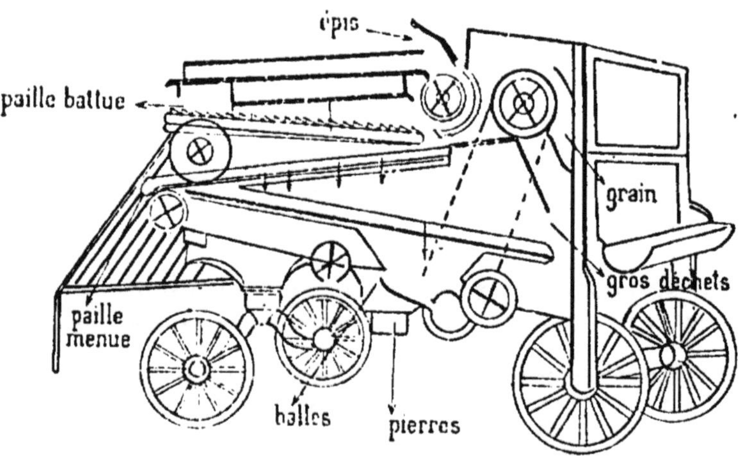

Fig. 17. — Coupe schématique d'une batteuse mécanique.

soin de le remuer fréquemment pour le faire sécher et empêcher les moisissures.

Le rendement peut varier de 15 à 30 hectolitres à l'hectare. — Une culture intelligente et un emploi judicieux des engrais augmentent le rendement dans des proportions assez grandes pour dédommager, et au delà, le cultivateur de ses soins et de ses frais.

24. Accidents et maladies du blé. — Le blé est sujet à la *verse* lorsque la tige est trop faible. On évite cet accident en usant modérément des engrais azotés et en employant des phosphates. Les semis en lignes empêchent également les blés de verser.

Certaines maladies, la *carie*, le *charbon*, la *rouille*, sont occasionnées par des champignons qui se développent dans le grain et le détruisent. On combat la carie au moyen du sulfatage.

Fig. 18. — Maladies des céréales.

Seigle ergoté.   Blé charbonné.

25. Diverses céréales. — Outre le blé, nous cultivons un certain nombre d'autres céréales, comme le seigle, l'orge, l'avoine, le maïs, le sarrasin.

Le *seigle* remplace quelquefois le blé dans la fabrication du pain : sa farine ajoutée à celle du blé donne le pain de *méteil*.

L'*orge* et l'*avoine* sont employées à la nourriture des animaux, surtout pendant l'engraissement.

Le mode de culture de ces céréales ne diffère guère de

celui du blé. Le seigle se sème à l'automne, il vient dans les sols légers où le blé ne réussirait pas.

L'orge et l'avoine se sèment à l'automne ou au commencement du printemps (orge et avoine de printemps). Ils

Fig. 19. — Diverses céréales.

demandent des terres plus riches et plus fertiles que le seigle.

Le *maïs* se cultive comme fourrage vert.

Le *sarrasin* vient dans les terrains pauvres où les autres céréales viendraient à peine.

RÉSUMÉ

21. La *culture du blé* est la plus importante parce qu'elle fournit à l'homme sa principale nourriture.

Le blé réussit de préférence dans les terres fortes, argileuses.

22. On le *sème* à la *volée* ou en *lignes*, à l'automne. La semence doit être choisie avec le plus grand soin et sulfatée.

23. Au printemps, on *roule* et on *herse* le blé pour favoriser le *tallage*. Des sarclages sont nécessaires pour détruire les mauvaises herbes.

La récolte se fait en juillet, avec des moissonneuses; le *battage mécanique* a remplacé le battage au fléau.

24. Le blé est sujet à certains accidents, la *verse*, et à certaines maladies, la *carie*, le *charbon*, la *rouille*.

25. Le *seigle*, l'*orge* et l'*avoine* sont des céréales dont la culture ressemble à celle du blé.

QUESTIONS ET DEVOIRS : *Quels soins doit-on prendre pour le choix et la préparation des semences de céréales? Pourquoi chaule-t-on les graines?*

A quelle époque, et comment se fait la moisson?

Quelles sont les céréales, autres que le blé, cultivées dans votre commune? Comment se fait cette culture?

❋ ❋ ❋

6ᵉ LEÇON

LES PLANTES FOURRAGÈRES

26. Les fourrages. — On appelle *fourrages* certaines plantes qui composent la nourriture des animaux et qui proviennent soit des *prairies naturelles,* soit des *prairies artificielles.*

27. Prairies naturelles. — Les prairies naturelles sont composées de plantes vivaces ; elles sont persistantes et peuvent durer indéfiniment : on leur donne le nom de *prés, herbages* ou *pâtures.*

Les plantes qui les composent appartiennent à la famille des *graminées* (paturin, dactyle, fléole, etc.) ou aux *légumineuses* (trèfle, sainfoin, luzerne).

L'établissement d'une prairie naturelle comprend : la préparation du sol, qui doit être bien ameubli et bien fumé, et les semailles. La semence doit être choisie avec soin et débarrassée des mauvaises graines.

28. Soins à donner aux prairies. — Comme soin d'entretien, les prairies exigent un nettoyage et un hersage au printemps, pour détruire les mousses et les mauvaises herbes.

Comme engrais, le fumier, les arrosages avec du purin

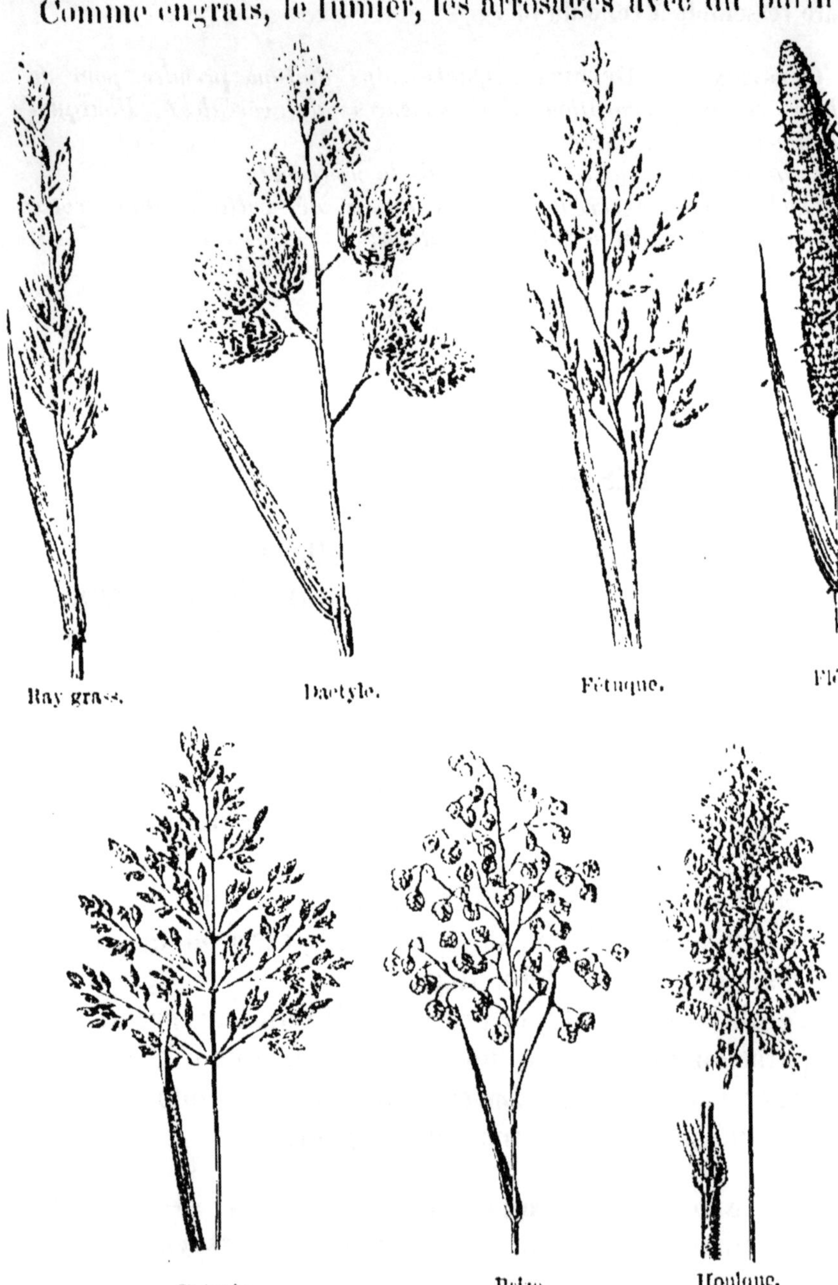

Fig. 20. — Plantes des prairies naturelles.

étendu d'eau, les engrais phosphatés à dose élevée donnent de bons résultats.

Les *irrigations* sont nécessaires pour les prairies hautes. Les prairies basses et humides ont besoin au contraire d'être asséchées au moyen d'un *drainage* qui enlève l'excès d'eau. Les *scories de déphosphoration* produisent également un bon effet pour détruire les mauvaises herbes, joncs, carex, prêles, produites par l'acidité du sol ; le *sulfate de fer* répandu à la suite d'un hersage détruit les mousses.

29. Prairies artificielles. — Les plantes qui les composent sont : le *trèfle*, la *luzerne*, et le *sainfoin*, appartenant toutes les trois à la famille des *légumineuses*.

Fig. 21. — Plantes des prairies artificielles.

Dans le choix de la plante qui doit servir à la formation d'une prairie artificielle, il y a lieu de tenir compte de la nature du sol, de l'époque de la production, afin d'avoir des fourrages aux diverses époques de l'année.

30. Luzerne. — La luzerne demande une terre saine et profonde, un peu calcaire. — Elle vient après les plantes sarclées ; ses racines s'enfonçant profondément dans le sol, peuvent puiser leur nourriture à une grande profondeur.

Les engrais qui lui conviennent sont les superphosphates, le chlorure de potassium et la chaux. Les engrais azotés sont inutiles, car la luzerne, comme les légumineuses, *prend à l'air l'azote qui lui est nécessaire*. Le plâtre produit également un excellent effet sur les prairies naturelles.

La luzerne se sème au printemps. Les soins d'entretien se bornent à des binages pour la débarrasser des mauvaises herbes. Elle est souvent envahie par une plante parasite, la *cuscute*. On s'en débarrasse en fauchant les endroits atteints avant la maturité de la cuscute, et en arrosant le sol avec une dissolution de sulfate de fer. Souvent on est obligé d'arracher et de défricher toute la partie atteinte.

La luzerne peut donner plusieurs coupes dans l'année ; on l'utilise comme fourrage vert et comme fourrage sec. Elle fournit un foin de très bonne qualité et très nutritif.

Le **trèfle** et le **sainfoin** se cultivent à peu près comme la luzerne et ont les mêmes propriétés.

Ils constituent une nourriture excellente pour les animaux, mais il faut prendre garde, quand on les fait

Fig. 22. — Faucheuse mécanique.

consommer en vert, de ne pas en donner une trop grande quantité à la fois : ils peuvent fermenter dans l'estomac et occasionner une grave maladie, la *météorisation*.

31. Fenaison. — La récolte ou fenaison doit s'effectuer lorsque les herbes sont en fleur ; c'est à ce moment qu'elles contiennent la plus grande quantité de principes nutritifs.

Le fauchage des prairies naturelles et artificielles se fait au moyen de *faucheuses* mécaniques.

L'herbe fanée ou *foin* doit, pour se conserver, être rentrée très sèche.

L'herbe qui repousse sur une prairie fauchée est utilisée, sous le nom de *regain*, pour faire paître les animaux.

RÉSUMÉ

26. Les *fourrages* qui servent à la nourriture des animaux sont produits par les *prairies naturelles* et par les *prairies artificielles*.

27-28. Les prairies naturelles nous donnent surtout le *foin* utilisé comme fourrage sec ; la qualité du foin dépend beaucoup de la nature des plantes et des conditions dans lesquelles il a été fait.

29-30. Les prairies artificielles, composées de plantes appartenant aux légumineuses, la *luzerne*, le *trèfle*, le *sainfoin*, donnent une nourriture excellente, soit à l'état de fourrage vert, soit à l'état de fourrage sec.

31. La *fenaison* doit s'effectuer lorsque les herbes sont en fleur.

QUESTIONS ET DEVOIRS : *Quelles sont les meilleures plantes des prairies naturelles?*

Soins et entretiens d'une prairie.

Comment constitue-t-on une prairie artificielle? Engrais et soins à donner.

Quand doit se faire la fenaison? Pourquoi?

❊ ❊ ❊

7ᵉ LEÇON

LES PLANTES RACINES

32. Plantes racines. — Les *plantes racines* ou *sarclées* exigent pendant leur végétation un certain nombre de façons, binages, sarclages, buttages, qui ont pour effet d'ameublir la terre et de la nettoyer des mauvaises herbes.

Les principales sont : la *betterave*, la *carotte*, le *navet*, la *pomme de terre*, le *topinambour*.

33. Betterave. — La betterave est une plante bis-annuelle que l'on arrache à la fin de la première année pour utiliser les réserves alimentaires qui se sont amassées dans la racine, et qui lui permettraient de se développer et de fructifier l'année suivante.

Elle demande une terre fertile et profonde, une abondante fumure au fumier de ferme, un premier labour

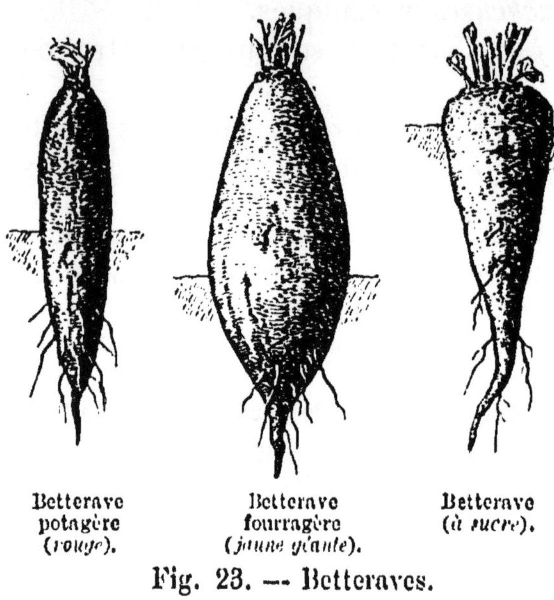

Fig. 23. — Betteraves.

avant l'hiver, un ou deux labours superficiels au printemps et des engrais complémentaires composés de scories ou de superphosphates, de nitrate de soude et surtout d'engrais *potassiques*.

On sème de fin mars à mai en lignes espacées de 30 à 40 centimètres pour les betteraves à sucre, de 50 à 60 centimètres pour les autres. On éclaircit, lorsque les jeunes plants sont assez forts, en laissant les pieds espacés de 30 à 40 centimètres.

Dans le courant de la saison, on pratique des binages et des sarclages. *Il ne faut pas effeuiller la jeune plante pendant son développement, car les feuilles sont nécessaires à la végétation.*

La récolte a lieu en octobre ; on conserve les betteraves dans un lieu sec, à l'abri de la gelée, ou en *silos,* c'est-à-dire en tas recouverts de paille et d'une couche de terre.

Les betteraves constituent une bonne nourriture pour les animaux.

Une variété, appelée *betterave à sucre,* est cultivée pour le sucre qu'elle renferme et que l'on en retire.

34. Carotte. — Les carottes sont cultivées comme *plantes potagères,* à l'usage de l'homme, et comme *plantes fourragères* pour la nourriture des animaux : dans ce cas, c'est la carotte blanche que l'on cultive. Elle demande les mêmes façons et les mêmes soins que la betterave ; elle se sème sur place.

Elle est plus nutritive que cette dernière.

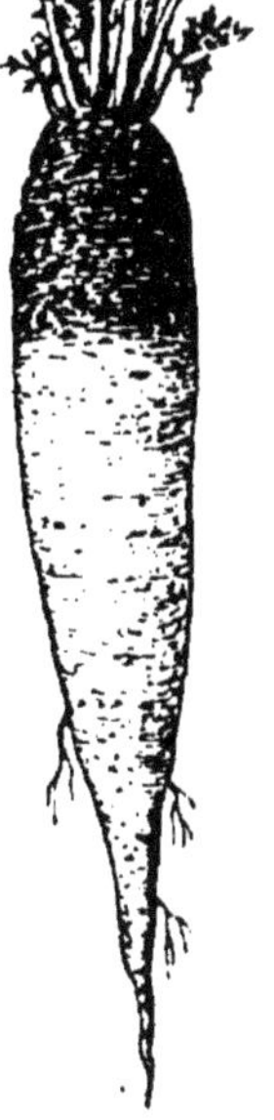

Fig. 24.
Carotte
blanche.

35. Pomme de terre. — La pomme de terre est une des plantes les plus utiles à l'homme : elle entre pour une grande part dans son alimentation ; c'est une nourriture excellente pour les animaux. On en extrait de la *fécule* et de l'*alcool* qui sont employés à de nombreux usages.

La pomme de terre demande un sol léger ; elle exige un labour profond. — On la sème en lignes, au printemps ; on emploie de préférence des tuber-

Fig. 25. — Le buttage de la pomme de terre favorise la production.

cules de moyenne grosseur ou, à défaut, des morceaux de tubercules portant deux ou trois yeux.

Comme soins d'entretien, la pomme de terre exige des *binages* et des *buttages :* le buttage favorise le développement des tubercules.

On l'arrache en septembre-octobre et on conserve la récolte dans un endroit sain et aéré.

36. Maladies de la pomme de terre. — La pomme de terre est attaquée par un champignon semblable au mildiou de la vigne. Ce champignon attaque les feuilles, les fait périr et empêche le développement de la plante. Un temps humide et chaud favorise la maladie.

On la combat en arrosant les feuilles avec un liquide formé d'eau, de chaux et de sulfate de cuivre (*bouillie bordelaise*).

Fig. 26.
Topinambour.

37. Topinambour. — Le topinambour produit, comme la pomme de terre, des tubercules employés à la nourriture des bestiaux. Il est peu cultivé en France, il réussit dans les terrains pauvres où la pomme de terre viendrait mal.

RÉSUMÉ

32. Les *plantes racines* accumulent dans leurs racines (betterave) ou dans des renflements de leurs tiges (pomme de terre) des réserves que l'homme utilise pour son alimentation et celle des animaux.

Toutes ces plantes exigent pendant leur végétation des *binages* et des *sarclages* qui ont pour effet de nettoyer la terre des mauvaises herbes.

33-34. La *betterave* et la *carotte* se sèment en lignes; on les éclaircit. Elles donnent une bonne nourriture pour les animaux.

* **35-37.** La *pomme de terre* est utilisée par l'homme pour sa nourriture et celle des animaux; c'est une plante précieuse.

Elle est sujette à une maladie due à un champignon : on la traite avec de la bouillie bordelaise.

QUESTIONS ET DEVOIRS : *Quelles sont les différentes sortes de betteraves? Comment les cultive-t-on?*

Culture de la pomme de terre. Pourquoi la butte-t-on? Quelles sont les maladies de la pomme de terre?

Comment conserve-t-on les racines et les tubercules?

❋ ❋ ❋

8ᵉ LEÇON

LES PLANTES INDUSTRIELLES

OBSERVATIONS ET REMARQUES. — *Examiner des échantillons de plantes industrielles.*

38. Plantes industrielles cultivées en France. — Les principales sont :

Les plantes textiles, comme le *lin* et le *chanvre,* dont la tige renferme des *fibres* qui peuvent être transformées en fil et en tissus.

Les plantes oléagineuses, comme le *colza,* la *navette,* l'*œillette,* dont les graines renferment de l'huile ;

Le tabac utilisé par les fumeurs, et le houblon employé dans la fabrication de la bière.

La culture des plantes tinctoriales qui donnent des matières colorantes végétales, comme la *gaude,* le *safran,* l'*indigo,* a beaucoup perdu de son importance depuis la découverte des couleurs artificielles provenant de la houille.

39. Culture du lin et du chanvre. — Le lin est cultivé dans le nord et dans l'ouest de la France. Il réclame un terrain abondamment fumé. Il se sème en mars-avril et demande à être tenu proprement par des sarclages nombreux. On l'arrache dès que la tige commence à jaunir.

Le chanvre est cultivé un peu partout, particulièrement dans les vallées de la Loire et de la Garonne. Il se sème en avril-mai sur une terre bien meuble et fortement fumée.

Les pieds se divisent en pieds *mâles* qui n'ont pas de graines, et en pieds *femelles*

Fig. 27.

qui en sont pourvus. On arrache les premiers en août, les autres un peu plus tard pour donner à la graine le temps de mûrir.

La graine de lin donne une huile *siccative* employée en peinture, la farine sert à faire des cataplasmes.

La graine de chanvre ou chènevis est employée à la nourriture des oiseaux de basse-cour.

40. Rouissage et teillage. — Les tiges de lin et de chanvre arrachées, et la graine enlevée, sont soumises au *rouissage*. On les laisse dans l'eau pendant une dizaine de jours pour dissoudre la matière gommeuse et faciliter la séparation de la filasse.

Les tiges séchées sont *broyées*, puis *peignées* au moyen de peignes en acier pour séparer les débris de l'écorce et nettoyer la filasse.

La filasse est transformée en fil, dans des machines à

filer; les fils sont tissés dans des métiers mécaniques pour donner la toile.

Le chanvre donne une filasse plus grossière qui est

Fig. 28. — Le chanvre.

Rouissage et broyage.

Fig. 29. — Machine.
à teiller.

Les palettes de la roue viennent
frapper les poignées de lin.

employée à la fabrication des grosses toiles, des toiles à voiles et des cordages.

41. Culture des plantes oléagineuses. — Ces plantes épuisent rapidement le sol; elles demandent des terrains fertiles et d'abondantes fumures; la navette réussit bien cependant dans les sols calcaires. Il leur faut, en outre, un climat humide et tempéré. Cette culture se pratique surtout dans le nord de la France.

Le colza se sème en mars ou avril, ou le plus souvent en juillet, pour être repiqué avant l'hiver, on le *fauche* en juin; l'œillette se sème en mars, on l'arrache en août.

La récolte se fait un peu avant la maturité complète de la graine.

L'olivier, qui donne l'huile la plus estimée, est un arbre des pays méridionaux qui ne fait pas l'objet d'une culture spéciale.

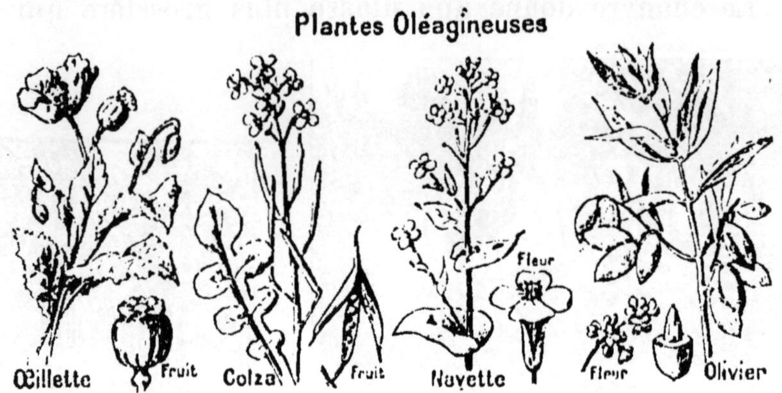

Fig. 30. — Plantes oléagineuses.

42. Extraction de l'huile. — Les graines sont broyées sous des meules, puis pressées à froid et ensuite à chaud pour obtenir l'huile de première et de seconde qualité.

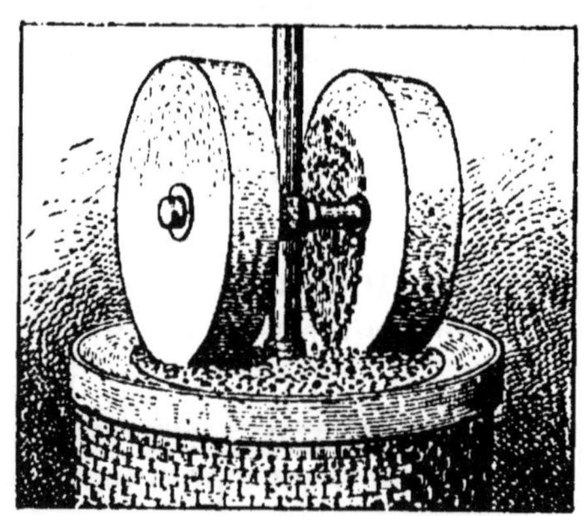

Fig. 31. — Moulin à huile.

L'huile d'olive et d'œillette est comestible; le colza et la navette fournissent les huiles à brûler et les huiles de qualité inférieure employées dans la fabrication des savons.

Les résidus forment des *tourteaux* employés à la nourriture des animaux.

43. Le houblon. — Les fleurs, ou *cônes*, du houblon sont employées dans la fabrication de la bière qu'elles servent à aromatiser.

Le houblon est une plante *vivace* et grimpante. On le reproduit par boutures ou par éclats plantés à l'automne. On élève les pieds au moyen de longues perches, ou tuteurs, autour desquelles elles s'enroulent. La récolte des cônes se fait en août et septembre.

Fig. 32. — Cône de houblon.   Fig. 33. — Tabac.

44. Le tabac. — La culture du tabac est soumise à une réglementation et n'est autorisée que dans une vingtaine de départements, sous la surveillance de la régie.

Il faut à cette plante une terre riche et fumée avec des engrais contenant de l'azote, de la potasse et de l'acide phosphorique. Il se sème en mars ; les feuilles mûres sont récoltées en août et septembre.

RÉSUMÉ

38. Les plantes qui donnent des matières premières à l'industrie et qui sont cultivées en France, sont le *lin* et le *chanvre*, le *colza*, la *navette* et l'*œillette*, le *tabac*, et le *houblon*.

39. Le *lin* est cultivé dans le nord et dans l'ouest de la France, le *chanvre*, dans les vallées de la Loire et de la Garonne.

40. Le *rouissage* et le *teillage* ont pour objet de séparer la filasse des débris de l'écorce et de la tige.

41. Les plantes oléagineuses ont besoin d'un climat humide ; on les cultive dans le nord de la France.

42. On extrait l'huile des graines écrasées par pression à froid, puis à chaud.

43-44. Le *houblon* donne des fleurs ou *cônes* employées pour aromatiser la bière. La culture du tabac n'est pas libre ; elle a lieu dans une vingtaine de départements, sous la surveillance de la régie.

Questions et Devoirs : Où cultive-t-on le lin et le chanvre ? Quels terrains leur conviennent ?

Décrivez le rouissage et le teillage du lin et du chanvre.

Quelles sont les plantes oléagineuses que l'on cultive ? Dans quelles régions les cultive-t-on ? Comment extrait-on l'huile ?

Pour quels usages cultive-t-on le houblon ?

❋ ❋ ❋

9° LEÇON

CULTURE DE LA VIGNE

Observations et Expériences. — Préparer une greffe en fente anglaise et planter la bouture.

Observer et reconnaître les différentes maladies de la vigne. Assister au soufrage de la vigne, et aux pulvérisations avec la bouillie bordelaise.

45. Culture de la vigne en France. — La culture de la vigne, en France, occupe une place importante ; la production annuelle s'élève à environ 50 à 60 millions d'hectolitres, et nos vins sont les plus estimés. C'est une culture rémunératrice, mais qui exige de nombreux soins et qui ne peut réussir que dans une certaine limite, parce que la vigne craint les grands froids et les gelées printanières.

46. Constitution d'un vignoble. — Depuis l'invasion du phylloxera qui a attaqué et détruit presque toutes nos vignes, il a fallu remplacer les plants français par des *plants américains* qui sont plus vigoureux et résistent mieux à l'insecte. Mais afin de conserver la qualité de nos vins, *supérieure* à celles des vins provenant de cépages étrangers, on a *greffé* sur ces plants américains des plants français, qui produisent les mêmes vins que les anciennes vignes.

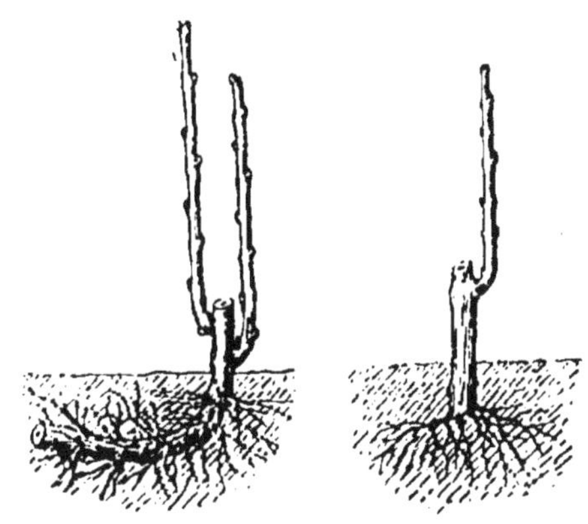

Fig. 34. — Marcotte et bouture de vigne.

La vigne se reproduit par *boutures* qui prennent facilement *racine*. C'est généralement avant la plantation que se fait la greffe. Les *boutures-greffes* sont ensuite plantées en pépinières, les racines se développent sur le plant américain, pendant que le greffon, de souche française, se soude au sujet et émet des bourgeons.

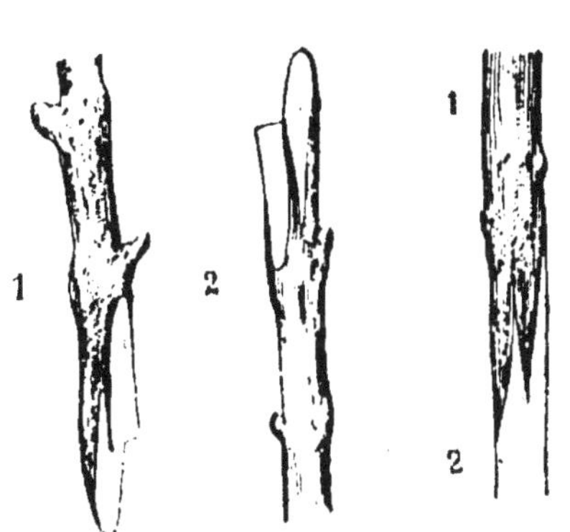

Fig. 35. — Greffe anglaise de la vigne.

1, greffon ; 2, sujet ; 1-2, taillés en biseau et mis en place.

47. Plantation. — Au bout d'un an, les pieds *greffés* et *racinés* sont propres à être mis en place. La vigne réussit dans presque tous les terrains, sauf dans ceux qui sont froids et humides.

Le sol doit être préparé à l'avance par un défoncement effectué à l'automne ; on met une bonne fumure composée de fumier et d'engrais à base de potasse et d'acide phosphorique, puis, au printemps, on plante en lignes espacées de 1 mètre à 1^m,20.

48. Soins d'entretien. — La vigne doit recevoir plusieurs façons : un premier labour après la taille et un second au mois de mai pour changer et ameublir la terre au pied du cep ; plus tard, quelques binages sont utiles pour enlever les mauvaises herbes.

49. Taille de la vigne. — La taille de la vigne est une opération importante et délicate : une vigne non taillée donnerait de longs sarments qui épuiseraient la plante au détriment de la quantité et de la qualité des fruits.

La taille a pour but de limiter et de régulariser la production du bois pour favoriser le développement du raisin.

Elle se pratique en janvier ou février, pendant le repos de la végétation.

Fig. 36. — A, pied de vigne avant la taille ; B, après la taille.

Au printemps, il est nécessaire d'*ébourgeonner,* c'est-à-dire d'enlever les bourgeons qui donneraient des rameaux inutiles et de *pincer* l'extrémité des branches qui prendraient un grand développement.

50. Maladies de la vigne. — Outre le phylloxera dont nous avons parlé, la vigne est encore attaquée par de nombreux insectes, comme la *pyrale* et la *cochylis,* dont les chenilles et les larves attaquent les bourgeons et les graines.

Mais ce sont surtout les maladies causées par le déve-

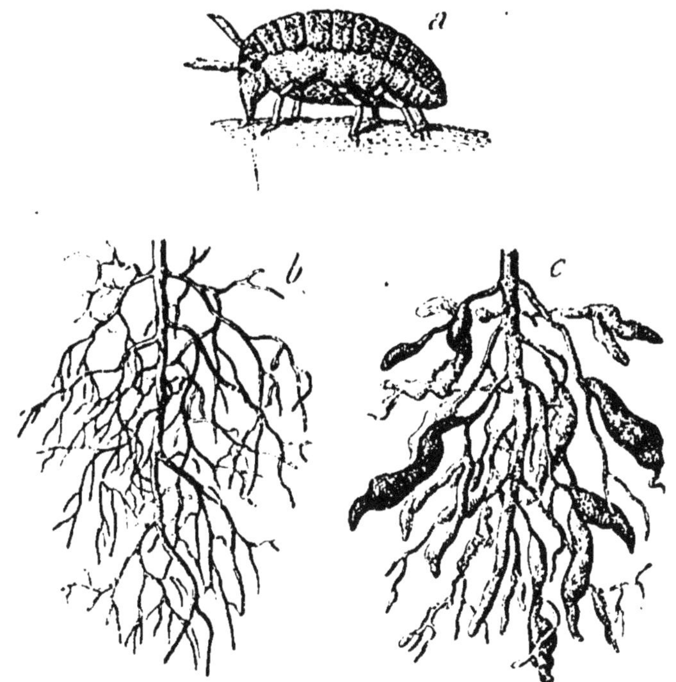

Fig. 37. — Le phylloxera.

a, insecte très grossi suçant une racine; *b*, racine saine;
c, racine malade.

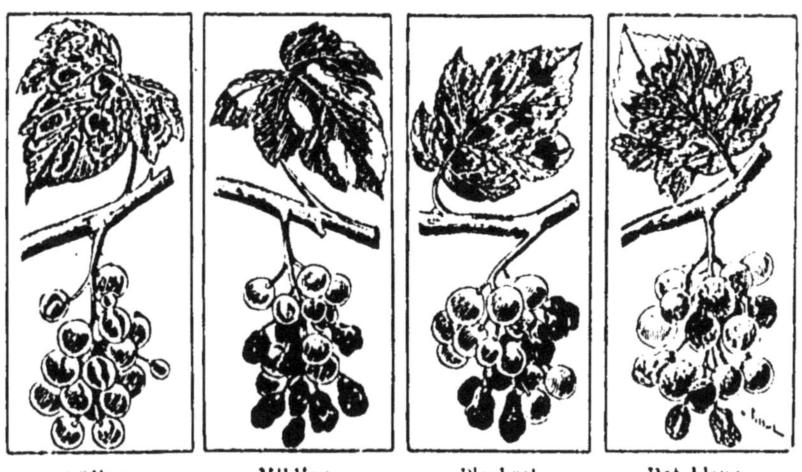

Fig. 38. — Maladies de la vigne.

loppement de champignons microscopiques qui occasionnent les plus grands ravages. Ces maladies sont l'*oïdium*, le *mildiou* et le *blackrot*.

Un temps froid et humide, les pluies persistantes favorisent leur développement.

L'oïdium attaque les feuilles, les grains et les parties vertes de la plante. On le

Fig. 39. — Soufrage de la vigne.

combat par des *soufrages* répétés, avec de la fleur de soufre, dès l'apparition des jeunes pousses.

Le mildiou s'attaque aux feuilles qu'il détruit ; le blackrot se développe sur les grains qu'il dessèche et fait tomber.

On les combat avec succès en aspergeant la vigne, au moyen

Fig. 40. — Sulfatage au moyen de la bouillie bordelaise.

d'un *pulvérisateur*, avec une *bouillie* composée de 2 kilogrammes de chaux et de 2 kilogrammes de sulfate de cuivre délayés séparément chacun dans 50 litres d'eau et mélangés ensuite pour donner 100 litres de liquide.

51. Fabrication du vin. — La récolte du raisin, ou *vendange,* s'effectue quand la maturité est complète.

Le raisin est écrasé et donne un jus sucré ou *moût* qui a la propriété de **fermenter** sous l'action de ferments qui s'y trouvent et avec l'aide de la chaleur. Le sucre se dédouble et donne du **gaz carbonique** qui se dégage et de l'alcool. Le vin résulte de cette transformation.

La fermentation s'opère, pour le vin rouge principalement, dans les cuves où le moût reste en contact avec le marc (résidu du foulage) et dissout la matière colorante contenue dans la pulpe. On procède au *soutirage* et on remplit les fûts. Pour le vin blanc, ce remplissage s'opère souvent avant la fermentation qui, alors, s'effectue dans les tonneaux qu'on ne ferme pas hermétiquement.

Le vin laisse déposer des *lies* et il faut plusieurs soutirages successifs pour le clarifier.

52. Maladies du vin. — Le vin est sujet à diverses maladies qui altèrent sa qualité; on les prévient en faisant brûler dans les fûts une mèche soufrée pour que le gaz sulfureux qui se dégage détruise les germes.

53. Alcool. — Vinaigre. — La distillation du vin donne de l'alcool. Elle se fait dans les alambics.

Le vin exposé à l'air donne du **vinaigre** employé dans l'économie domestique.

RÉSUMÉ

45. La culture de la vigne exige un climat modéré.

46. On reproduit la vigne par *boutures* prises sur des plants américains et que l'on *greffe* avec des plants français.

47-48. Le sol, pour la plantation, doit être bien défoncé et bien fumé; binages et sarclages sont nécessaires.

49. La *taille,* l'*ébourgeonnement* et le *pincement* ont pour objet de régler la production du raisin.

50. Outre le *phylloxera*, la vigne est attaquée par l'*oïdium* que l'on combat au moyen du soufre, par le *mildiou* et le *blackrot* contre lesquels on emploie la bouillie bordelaise.

51. La fabrication du vin comprend le *foulage* du raisin, le *pressurage*, la *fermentation*, le *soutirage*.

52-53. Le vin est sujet à un certain nombre de maladies qu'on prévient en soufrant les tonneaux. La distillation du vin donne de *l'alcool*; son oxydation à l'air le transforme en *vinaigre*.

QUESTIONS ET DEVOIRS : *Comment s'y prend-on pour constituer un vignoble? Pourquoi ne plante-t-on pas directement des plants français?*

Quelle est l'utilité de la taille de la vigne, de l'ébourgeonnement et du pincement? A quelle époque les pratique-t-on?

Quelles sont les différentes maladies de la vigne? Comment les combat-on?

Décrivez la fabrication du vin.

※ ※ ※

10ᵉ LEÇON

LES ARBRES FRUITIERS. — LA FORÊT

EXPÉRIENCES ET OBSERVATIONS. — *Semer des pépins et des noyaux et constituer une pépinière. — Pratiquer quelques greffes.*

Assister à la taille des arbres fruitiers.

54. Arbres fruitiers. — Les fruits donnent une nourriture saine et agréable; quelques-uns sont employés à la confection de compotes et de confitures, d'autres à la fabrication de boissons fermentées comme le cidre et le poiré.

La culture des arbres fruitiers est donc importante.

Les principaux sont : le *pommier* et le *poirier*, qui donnent des fruits à pépins, le *cerisier*, le *prunier*, l'*abricotier*, le *pêcher*, qui donnent des fruits à noyau.

Ils sont cultivés soit dans le *verger*, soit dans le jardin

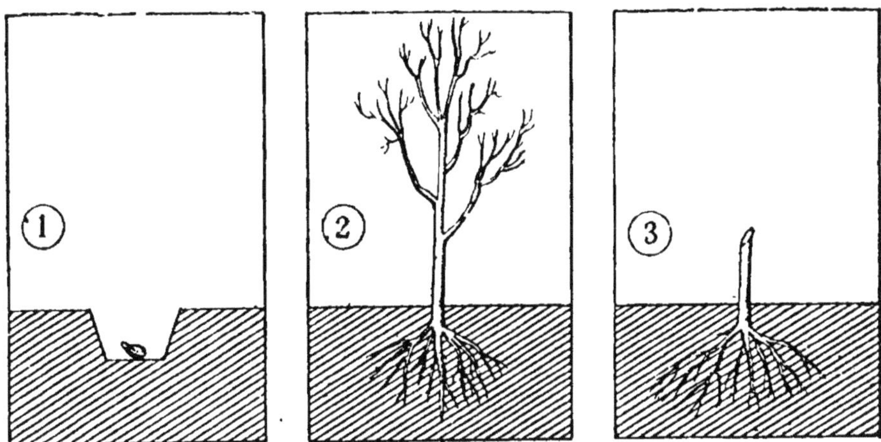

Fig. 41. — Multiplication des arbres fruitiers.
1. Pépin en terre; 3. Sujet obtenu de semis; 3. Sujet prêt à greffer.

où ils occupent le bord des allées et le long des murs,
en *espaliers*.

55. Multiplication. — Les arbres fruitiers peuvent
se reproduire par le bouturage et
par le marcottage, mais c'est le plus
souvent par *semis* qu'on les multi-
plie. Les graines (pépins ou noyaux)
sont d'abord placées par couches,
en *stratification,* dans de la terre
bien meuble et humide pour ramollir l'enveloppe et préparer la germination, puis elles sont semées en
pépinières.

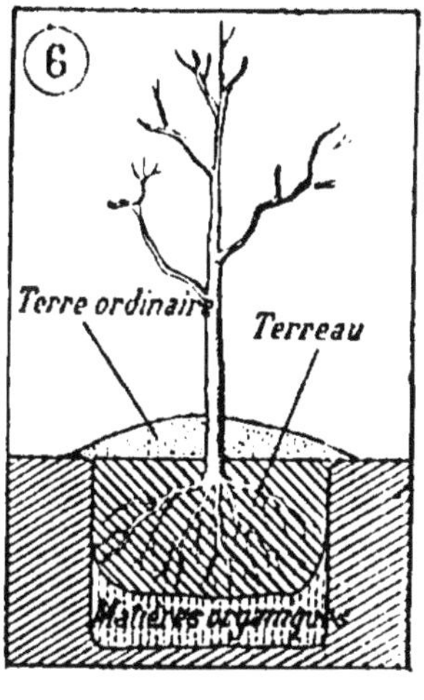

Le plus souvent, les jeunes plantes
sont *greffées* avec des rameaux pris
sur des arbres qui donnent d'excellents produits : on améliore ainsi la
qualité des fruits.

Fig. 42. — Sujet mis en
place définitive.

56. Plantation. — Les arbres greffés sont mis en
place à l'automne. La plantation exige des soins desquels

dépend souvent la réussite. On creuse un trou large et profond, suivant les dimensions de l'arbre ; on dépose au fond une couche de bonne terre mélangée de fumier peu consommé. Le jeune arbre arraché est placé sur cette couche, après qu'on a taillé les racines. On remplit ensuite

Fig. 43. — Taille des arbres fruitiers.

avec la terre retirée du trou à laquelle on peut ajouter quelques engrais minéraux, des phosphates naturels, par exemple.

57. Soins à donner aux arbres fruitiers. — Les arbres fruitiers dits à plein vent ou à haute tige ne sont pas taillés ; on coupe seulement les branches trop nombreuses ou gourmandes.

Les pommiers, les poiriers, cultivés au jardin, et les arbres élevés en espalier le long des murs sont, au contraire, soumis à la taille. La taille est une opération qui a pour objet de donner à l'arbre une forme déterminée, (cordon, pyramide, colonne ou fuseau, palmette), mais surtout de favoriser la production des fruits, en limitant et en régularisant la pousse des rameaux. Elle se pratique pendant l'hiver et elle est suivie au printemps et dans l'été d'opérations comme l'*ébourgeonnement*, le *pincement*, le *palissage*, l'*effeuillage*, qui ont le même but que la taille d'hiver.

58. Soins d'entretien. — Les arbres fruitiers sont souvent attaqués par des végétations parasites : la *mousse* et les *lichens* qui recouvrent le tronc et les branches ; un bon badigeonnage à la *chaux* les en débarrasse ; le *gui* qui envahit les pommiers et qu'il faut enlever.

Certains insectes attaquent la fleur et le fruit ; les chenilles dévorent les feuilles. Il est souvent difficile de les en préserver. Des liquides, comme le *jus de tabac*, le *lysol* sont employés avec succès. Il vaut mieux chercher à détruire les œufs qui sont logés sous l'écorce que de s'attaquer à l'insecte parfait. La destruction des bourses de chenilles, les lavages à la chaux avec les liquides indiqués plus haut doivent être pratiqués avec persévérance.

59. Le pommier et la fabrication du cidre. — En raison de la fabrication du cidre employé comme boisson dans plusieurs régions de la France, la culture du pommier a une grande importance.

Il y a plusieurs variétés de pommes à cidre, les unes *hâtives* qui mûrissent dès septembre, les autres plus *tardives* qui mûrissent en octobre et en novembre ; il y en a de *douces*, d'*amères* ou d'*acides*. C'est par un mélange, en proportions conve-

Fig. 44. — La fabrication du cidre en Normandie.

nables, de ces différentes pommes que l'on obtient le cidre de meilleure qualité.

La récolte se fait un peu avant la maturité complète. Les pommes mises en tas achèvent de mûrir et subissent une sorte de fermentation qui influe sur la qualité du cidre, en attendant sa fabrication.

Les pommes nettoyées sont écrasées, puis soumises au pressoir. Le premier cidre qui sort est le pur jus exempt d'eau. En ajoutant au marc quelques litres d'eau et laissant macérer quelques jours, on obtient un nouveau jus qui donne encore une boisson convenable.

Le jus mis en tonneaux fermente ; la fermentation dure plusieurs semaines, pendant lesquelles le gaz carbonique se dégage et l'alcool se produit.

Le cidre formé laisse déposer des impuretés, on le soutire et on achève de le clarifier en le collant au moyen de gélatine ou de colle.

La propreté méticuleuse des tonneaux est une garantie pour empêcher le cidre d'aigrir, d'engraisser ou de noircir. On peut aussi combattre ces maladies au moyen de bicarbonate de chaux et de tannin.

60. La Forêt. — L'exploitation d'un bois ou d'une forêt est souvent d'un bon rapport. Mais ce n'est pas seulement dans les produits qu'ils nous donnent que réside l'utilité des bois et des forêts.

La plantation d'arbres sur la pente des coteaux et des montagnes, empêche la dénudation de ces pentes et prévient les inondations : les racines, en effet, retiennent la terre, l'eau de pluie qui filtre à travers les feuilles a une action moins violente sur le sol ; l'écoulement de l'eau se régularise et se fait plus lentement sans entraîner la terre arable au fond des vallées.

Le *déboisement* des montagnes a produit des effets

désastreux et rendu certaines régions impropres à toute culture.

L'agriculteur a donc intérêt à reboiser les coteaux et les terres qui souvent ne peuvent servir à d'autres cultures.

Fig. 45. — Aménagement des forêts.

Exploitation rationnelle.
L'arbre de réserve ménagé dans taillis.

Exploitation néfaste
Forêt détruite par la coupe sans réserve.

(*D'après le « Manuel de l'arbre », édition du Touring Club de France.*)

Le *boisement* se pratique au moyen de semis ou de plantations. On éclaircit les jeunes plantes en ne laissant que les plus beaux sujets espacés d'une façon convenable.

RÉSUMÉ

54. Les *arbres fruitiers* sont cultivés soit au verger, soit au jardin et le long des murs, en espaliers.

55. On les obtient généralement par *semis*, mais les jeunes plants sont *greffés*.

56. La *plantation* se fait à l'automne; le sol doit être profondément défoncé et bien fumé.

57. On *taille* aussi les arbres fruitiers et on leur fait subir les mêmes opérations qu'à la vigne dans le but d'amener la production des fruits.

58. Les arbres fruitiers sont attaqués par des insectes nombreux souvent difficiles à détruire.

59. La culture du pommier est importante en raison de la fabrication du cidre qui sert de boisson dans plusieurs régions de la France.

60. Les bois et les forêts sont utiles, non seulement au point de vue du rendement, mais aussi parce qu'ils empêchent la pluie d'entraîner la terre sur les pentes. Le cultivateur doit reboiser les coteaux impropres souvent à d'autres cultures.

QUESTIONS ET DEVOIRS : *Comment reproduit-on les arbres fruitiers? Quelles précautions doit-on prendre pour la plantation?*

Quels sont les principaux ennemis des arbres fruitiers? Comment les combat-on?

Décrivez la fabrication du cidre.

Quelle est l'utilité des forêts? Quels sont les effets du déboisement?

✳ ✳ ✳

11ᵉ LEÇON

LE JARDIN POTAGER

OBSERVATIONS. — *Pratiquer quelques semis. — Constater l'effet des couches de fumier sur la végétation.*

61. Son installation. — Le jardin produit les légumes nécessaires à la consommation. Souvent il est planté d'arbres fruitiers, lorsque ceux-ci ne forment pas un verger distinct.

Il doit être situé à proximité de la maison d'habitation exposé de préférence au sud ou au sud-est, et entouré de murs qui le protègent et servent en même temps de supports et d'abris pour les arbres en espalier.

Il doit être pourvu d'eau assez abondamment pour

servir aux arrosages qu'exige la culture des légumes pendant l'été.

62. Culture et fumure. — Le jardin doit présenter un sol riche et profond défoncé à 50 ou 60 centimètres pour permettre aux racines de s'étendre.

La fumure doit être abondante en raison des récoltes multipliées qu'on cherche à lui faire produire. Le *fumier* est le meilleur des engrais pour le jardin. Il doit être bien consommé ; les *composts* riches en azote donnent également une bonne fumure. On emploie aussi les *engrais chimiques* avec avantage pour activer la végétation.

La culture se fait à la main avec les instruments de jardinage, bêche, houe, serfouettes, binettes, râteaux, etc.

63. Les légumes cultivés. — On peut les distinguer en :

Légumes racines ou *tubercules,* comme les carottes, les betteraves, les navets, les salsifis, les poireaux et les pommes de terre ;

Fig. 46. — Effet d'engrais sur légumes-feuilles.

A, témoin sans engrais ; B, avec fumier ; C, avec engrais chimiques complets.

(Extrait de l'Instruction ministérielle du 4 janvier 1897.)

Légumes cultivés pour leurs feuilles, leur tige ou *leurs fleurs :* choux, laitues, salades, épinards, oseille, céleri, asperges ;

Légumes cultivés pour leurs graines : pois, haricots, fèves ; *pour leurs fruits :* tomates, melons ; *pour leurs bulbes :* oignons, ails, échalotes.

64. Succession des cultures. — Le principe de l'assolement que nous avons exposé, peut s'appliquer au jardin. Après une première fumure abondante, on mettra les légumes feuilles ; les racines et tubercules viendront ensuite et trouveront encore à se nourrir dans les couches plus profondes du sol ; enfin, les légumineuses qui prennent une partie de leur nourriture dans l'atmosphère viendront la troisième année, sans nouvel apport qu'un engrais complémentaire contenant la potasse qui leur est nécessaire, cendres, sulfate de potasse.

Les artichauts, les asperges, les fraisiers, qui durent plusieurs années, occuperont une place distincte dans cet assolement.

65. Semis. — La plupart des légumes se reproduisent par semis. Le choix de la semence a une grande importance : les graines doivent être de l'année, récoltées à maturité sur les plus belles plantes.

On les sème à la volée ou en lignes, à une profondeur proportionnée à la grosseur de la graine.

On hâte la levée du semis, pour obtenir les primeurs, en se servant de *châssis* ou de *cloches,* et en semant sur *couches* de fumier dont la chaleur active la germination.

Fig. 47. — Semis sur couche.

Les jeunes plants sont repiqués et mis en place aussitôt qu'ils ont acquis un développement suffisant.

Des binages et des sarclages sont ensuite nécessaires pour tenir le sol meuble, entretenir l'humidité à la surface et le débarrasser des mauvaises herbes.

66. Plantes d'agrément. — C'est avec raison que l'on réserve généralement une petite partie du jardin à la culture des *fleurs*, elles servent à l'embellir et à orner la maison. La culture des fleurs ne diffère guère de celle des légumes : il leur faut une terre enrichie par des engrais comme le fumier, les composts, auxquels on peut ajouter quelques engrais chimiques.

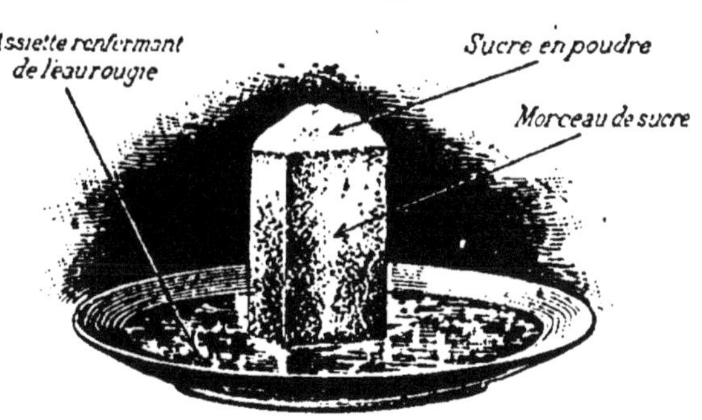

Fig. 48. — Expérience montrant l'utilité des binages.

L'eau monte dans le morceau de sucre, sans pénétrer dans le sucre en poudre. Conclusion : le binage conserve l'humidité des couches inférieures du sol.

Les plantes florales se reproduisent :

Par *semis*, comme la pensée, la reine-marguerite, la giroflée, etc. ;

Par *bouture* et *marcotte*, comme le géranium et l'œillet ;

Par *bulbes*, comme la jacinthe, la tulipe, les glaïeuls ;

Par *éclats* ou divisions de la racine, comme le chrysanthème, la primevère, la violette, l'iris, etc.

Quelques plantes, dites d'appartement, sont cultivées pour leurs feuilles : le *palmier*, l'*araucaria*, le *caoutchouc*.

Un certain nombre craignent les froids et la gelée et doivent être abritées en serres ou dans les appartements pendant l'hiver.

Enfin, quelques arbustes comme le *rosier*, le *lilas*, donnent des fleurs aussi belles qu'odorantes qui contribuent aussi à l'ornement du jardin.

La culture des fleurs est une distraction agréable. Les fleurs doivent avoir leur place dans toutes les habitations.

RÉSUMÉ

61. Le *jardin* est une dépendance de la maison, où l'on cultive les *légumes* et aussi quelques *fleurs*.

62. Il exige une bonne exposition, un sol riche et une fumure abondante.

63. Les *légumes* cultivés au jardin nous donnent leurs feuilles, leurs tiges ou leurs fleurs, leurs racines et leurs graines.

64. Chacun de ces légumes doit alterner à la même place.

65. Les légumes se reproduisent par *semis* : on emploie les *cloches*, les *châssis* et les *couches* pour hâter la végétation et obtenir des primeurs.

66. Les fleurs et plantes d'agrément doivent avoir leur place dans le jardin ; elles ornent la maison et en rendent le séjour agréable.

QUESTIONS ET DEVOIRS : *Quelles conditions rechercheriez-vous pour l'établissement d'un jardin?*

Quels sont les légumes cultivés au jardin? Quels produits nous donnent-ils?

A quoi servent les châssis et les cloches? Expliquez leur action.

Quelles fleurs cultiveriez-vous si vous aviez un jardin à votre disposition?

❀ ❀ ❀

12ᵉ LEÇON

LES ANIMAUX DE LA FERME

OBSERVATIONS ET REMARQUES. — *Assister au pansage d'un cheval.*

67. Élevage des animaux. — L'élevage des animaux domestiques constitue une source de revenus importants pour le cultivateur. Outre le *fumier,* les animaux nous donnent leur *travail,* leur *chair* et un grand nombre de *produits divers* (lait, œufs, laine, peau, etc.).

Les principaux animaux domestiques que nous élevons sont :

Le *cheval,* l'*âne,* le *mulet* et le *bœuf,* pour leur travail ;
Le *bœuf,* le *veau,* le *mouton,* le *porc,* pour leur chair ;
La *vache,* la *chèvre,* la *brebis,* pour leur lait.

68. Le cheval. — Le cheval est un *moteur* vivant que l'homme utilise pour traîner les voitures et porter les fardeaux. Sa conformation doit être appropriée à cet usage : les *membres* seront *solides, sains* et d'*aplomb*; il doit avoir une *encolure puissante*, la *poitrine large*, le *dos droit et solide*, les attaches *fortes*.

Il s'adapte assez facilement aux différents usages; et l'homme a su créer des races diverses selon ses besoins.

Fig. 49. — Cheval carrossier
(*anglo-normand*).

Fig. 50. — Cheval de gros trait
(*race boulonnaise*).

69. Races. — On distingue : les chevaux de *gros trait* (race boulonnaise) destinés à traîner de lourdes charges; les chevaux de *demi-trait* (percherons), race forte employée aussi pour les gros camionnages; les chevaux de *trait léger* (races bretonne, ardennaise, tarbaise) qui sont de plus petite taille, mais résistants et énergiques, qui s'attellent à la voiture et se montent comme chevaux de selle; puis les chevaux de *demi-sang* (anglo-normands) et de *sang* (cheval arabe) qui sont des chevaux de luxe, s'attellent et se montent.

Fig. 51 — Cheval de demi-trait
(*race percheronne*).

70. Soins et nourriture. — Le cheval est un auxiliaire précieux de l'homme, mais il exige des soins nombreux si l'on veut en tirer tout le parti désirable.

Il a besoin d'une nourriture saine et substantielle : le *foin* et l'*avoine* forment la base de cette nourriture; le *maïs,* l'*orge,* les *fourrages verts* lui conviennent également.

Il demande à être tenu proprement. Le *pansage,* qui comprend l'étrillage, le brossage, le lavage, le bouchonnage, lui est nécessaire; l'étrille et la brosse enlèvent la poussière du corps; les frictions avec un bouchon de paille empêchent le refroidissement quand il est en sueur; les bains et les lavages le maintiennent en bon état de santé.

71. L'âne et le mulet. — L'âne est moins grand et moins fort que le cheval, mais il est aussi moins coûteux à nourrir et moins exigeant sur la qualité des aliments. Quand il est bien traité, il est aussi docile que le cheval et peut rendre de grands services.

Le mulet est intermédiaire par la force entre le cheval

et l'âne. Il a des qualités d'endurance et de sobriété qui le

Fig. 52. — Ane.   Fig. 53. — Mulet.

font souvent employer à la place du cheval dans les pays pauvres et dans les pays de montagnes.

72. Race bovine. — Le bœuf, quand il est jeune, est employé aux travaux des champs ; plus tard, on l'engraisse pour le livrer à la boucherie.

La vache nous fournit le lait qui est consommé comme aliment, et qui sert à la fabrication du *beurre* et du *fromage*. Sa

Fig. 54. — Bœuf charolais.

chair est également utilisée comme viande de boucherie.

Les veaux sont élevés et engraissés pour leur chair.

Il y a différentes races bovines qui ont chacune leurs aptitudes : la race *normande* et la race *flamande* fournissent surtout de bonnes vaches laitières ; la race *limou-sine* et la race *charolaise* sont propres à l'engraissement ; la race *bretonne*, de petite taille et se contentant de peu,

Fig. 55. — Vache flamande.

donne de bonnes beurrières (lait riche) ; les races *auvergnate, gasconne, de Salers* (Cantal) fournissent des animaux de travail ; la race *Durham*, d'origine anglaise, donne surtout des animaux aptes à un engraissement rapide.

Les animaux de la race bovine exigent les mêmes soins d'hygiène et de propreté que la race chevaline. Ils ont besoin d'une nourriture moins délicate : du foin mélangé à des racines hachées (betteraves, carottes, pommes de terre), des fourrages verts leur conviennent.

Les vaches laitières doivent recevoir une nourriture con-

Fig. 56. — Vache bretonne.

tenant beaucoup d'eau pour favoriser la production du lait qui en contient environ 85 0/0 ; des soupes composées de son, de farine, de tourteaux délayés dans l'eau tiède seront ajoutées aux fourrages secs pendant l'hiver.

73. Le mouton et la chèvre. — Le mouton et la chèvre nous donnent leur *chair* et leur *laine*; la brebis et la chèvre nous donnent aussi leur *lait*.

Ces animaux se contentent d'une nourriture moins

Fig. 57. — Mouton.   Fig. 58. — Chèvre.

recherchée que celle des animaux précédents ; ils vivent au *pâturage* la plus grande partie de l'année. Ce n'est qu'au moment de l'engraissement qu'on les garde à l'étable pour leur donner une nourriture plus abondante et plus substantielle.

74. Le porc. — Le porc utilise pour sa nourriture un grand nombre de résidus qui ne trouveraient pas d'autres usages. On l'engraisse dans presque toutes les fermes, pour sa *chair,* au moyen des eaux grasses

Fig. 59. — Porc.

Le porc est élevé dans toutes les fermes, pour sa chair.

de la cuisine, du petit lait résidu de la fabrication du beurre, du fromage, de pommes de terre cuites, auxquelles on ajoute pour l'engraisser des farineux et des féculents : tourteaux, orge, maïs, etc.

RÉSUMÉ

67. Les *animaux de la ferme* nous donnent leur *chair*, leur *travail*, les uns leur *lait*, d'autres leur *laine* ou leur *peau*, tous le *fumier* employé comme engrais.

68-70. Le cheval nous donne son *travail*; il y a plusieurs races de chevaux adaptées à différents usages. Il est exigeant pour la nourriture et pour les soins de propreté.

71. L'*âne* et le *mulet*, moins coûteux à nourrir et plus endurants, nous rendent également des services.

72. Le *bœuf* nous donne son *travail* et sa *chair*; la vache nous donne son *lait*. Ils exigent les mêmes soins, mais une nourriture moins délicate que le cheval.

73-74. Le *mouton* et la *chèvre* vivent au pâturage. Le *porc* utilise pour sa nourriture les résidus de la ferme.

QUESTIONS ET DEVOIRS : *Quelles sont les principales races de chevaux? Quelles sont les aptitudes spéciales de chacune d'elles?*

Quelles sont les principales races bovines et leurs aptitudes?

Quels soins de propreté exige le cheval? Qu'appelle-t-on le pansage?

Dites ce que vous savez du mouton, de la chèvre et du porc.

✳ ✳ ✳

13ᵉ LEÇON

ALIMENTATION ET HYGIÈNE
DES ANIMAUX DOMESTIQUES

OBSERVATIONS ET REMARQUES. — *Visiter une étable bien tenue. — Assister au pansage des animaux.*

75. Choix des animaux. — Le cultivateur doit d'abord choisir, parmi les différentes races, *celles qui conviennent le mieux* au but qu'il se propose et selon les produits qu'il veut obtenir (viande, lait, travail).

Il doit ensuite choisir *celles qui sont le mieux adaptées*

au climat et à la région. En général, il aura plus d'avantages à chercher à perfectionner la race locale qu'à introduire de nouvelles races qui souvent s'acclimatent difficilement et réussissent mal.

Il doit en outre *proportionner* le nombre des animaux qu'il élève à ses ressources comme nourriture; car il ne doit pas oublier qu'*un animal mal nourri ne produit pas*.

Il doit enfin *soigner* ses animaux, car les animaux, comme l'homme, ont besoin d'une hygiène et d'une alimentation bien réglées pour se maintenir en bonne santé.

76. Alimentation. — Les animaux domestiques sont *herbivores;* ils ont besoin d'une nourriture abondante et variée.

Ils trouvent dans leurs aliments, herbe, fourrages verts ou secs, racines, pommes de terre, grains de céréales, tourteaux, etc., les substances azotées et les matières non azotées qui sont indispensables, les unes, à la formation des tissus, les autres, à la combustion destinée à fournir la chaleur animale; le sel marin et l'eau complètent leur alimentation; mais ces substances sont en quantité variable.

De même, tous les aliments ne sont pas également *nourrissants;* leur valeur dépend de la quantité de principes nutritifs qu'ils renferment et de leur *digestibilité,* c'est-à-dire de la facilité avec laquelle ils sont digérés.

La *ration journalière* devra comprendre des aliments riches et très digestibles, comme le son, l'avoine, les féverolles, combinés avec des aliments pauvres dont la digestion est plus difficile, comme le foin et la paille.

77. Ration d'entretien et ration de production. — Les animaux qui travaillent, que l'on engraisse, les vaches laitières qui produisent du lait ont besoin d'une nourriture plus abondante que ceux qui sont au repos. A ces derniers, il suffit de donner la nourriture nécessaire

pour les *entretenir* en bon éta.. Aux autres, la *ration
d'entretien* doit être complétée par une ration supplémen-
taire dite *ration de production*.

L'eau pure est pour les animaux la meilleure des boissons, et c'est un tort de penser qu'ils préfèrent l'eau des
mares et des fossés.

78. Repas. — Les repas doivent être donnés à heures
fixes et bien réglés, leur nombre est généralement de
trois pour les animaux de travail. Il peut être de quatre
pour les animaux soumis à l'engraissement et qui doivent
absorber le maximum de nourriture.

79. Installation des étables. — L'étable doit
être construite sur un lieu sain et exempt d'humidité.
Elle doit offrir
aux animaux
le volume d'air
nécessaire à la
respiration (en-
viron 20 à 30
mètres cubes
par tête de gros
bétail) et une
surface suffi-
sante pour leur
permettre de
se coucher.

Fig. 60. — Écurie bien installée.

Elle sera aé-
rée fréquem-
ment, pour renouveler l'air, au moyen d'ouvertures placées
de préférence d'un seul côté et au-dessus de la tête des
animaux, afin d'éviter les courants d'air.

Elle sera tenue proprement, les murs *blanchis à la
chaux*, le sol *dallé* pour empêcher les infiltrations du
purin, et légèrement en pente pour permettre aux urines

de s'écouler dans la fosse à purin. *la litière sera fréquemment renouvelée*.

80. Soins et bons traitements. — Les animaux eux-mêmes ont besoin d'être tenus très proprement; les lavages et même les bains favorisent les sécrétions de la peau et entretiennent la santé; un *pansage* quotidien à l'étrille et à la brosse donne les meilleurs résultats.

Enfin, les animaux sont sensibles aux bons et aux mauvais traitements.

Outre que la *loi Grammont* punit d'une amende de 5 à 15 francs et d'un emprisonnement de un à cinq jours les personnes qui maltraitent les animaux domestiques, le cultivateur a tout intérêt à les bien traiter.

Les animaux traités avec douceur et bien soignés sont capables d'un plus grand effort, ils engraissent plus rapidement, donnent des produits de meilleure qualité et en plus grande abondance; au contraire, les mauvais traitements, un travail trop pénible qui amène un excès de fatigue, empêchent la croissance et le développement des animaux.

RÉSUMÉ

75. Le cultivateur doit choisir la *race* qui convient le mieux au but qu'il se propose, et celle qui est le mieux adaptée au climat et à la région. Il doit proportionner le nombre de ses animaux à la nourriture dont il dispose.

76. L'*alimentation* doit être saine et variée.

77. *La ration journalière* doit être augmentée pour les animaux qui produisent : ration de travail, ration d'engraissement.

78. Les repas doivent être réglés, donnés à heures fixes.

79. L'étable doit être vaste, bien aérée, le sol dallé et en pente, les murs blanchis à la chaux.

80. Les soins hygiéniques, la propreté, les bons traitements sont favorables au développement et à l'engraissement des animaux.

QUESTIONS ET DEVOIRS : *Quelles considérations doivent guider le cultivateur dans le choix des animaux domestiques?*

*Comment doit être composée la ration alimentaire des animaux?
Qu'appelle-t-on ration de production?*

Décrire une étable bien tenue.

Quels sont les soins à donner aux animaux domestiques?

✳ ✳ ✳

14ᵉ LEÇON

LAIT. — BEURRE. — FROMAGES

OBSERVATIONS ET REMARQUES. — *Visiter une laiterie et une fromagerie.*

Laisser du lait dans un verre et observer la crème qui se forme.

Faire cailler du lait en versant un peu de vinaigre.

81. Production du lait. — Le lait est un produit de grande valeur qui est consommé en nature ou qui est employé à la fabrication du beurre ou des fromages. C'est au cultivateur à examiner sous quelle forme la plus avantageuse il pourra écouler ses produits.

La *traite* des vaches se fait ordinairement deux fois, plus rarement trois fois, par jour. Elle doit se *faire à fond* si l'on veut que le lait conserve toutes ses qualités.

82. La laiterie. — La laiterie est le lieu où l'on conserve et où l'on trait le lait. Elle doit être tenue avec le plus grand soin, car le lait est un liquide facilement altérable; il *tourne,* c'est-à-dire qu'il aigrit et se coagule sous l'action des fermentations produites par la chaleur, les mauvaises odeurs ou les acides.

La laiterie sera donc établie dans un endroit froid et bien aéré; le sol dallé ou pavé sera chaque jour lavé à grande eau, les murs blanchis à la chaux, et tous les ustensiles en usage lavés et nettoyés avec le plus grand soin.

83. Composition et conservation. — Abandonné à lui-même, le lait se sépare en deux : la crème matière grasse, plus légère, monte à la surface, le *petit lait* reste au fond. Ce petit lait contient une *matière sucrée* et la caséine, matière azotée qui se coagule sous l'action d'un acide. C'est

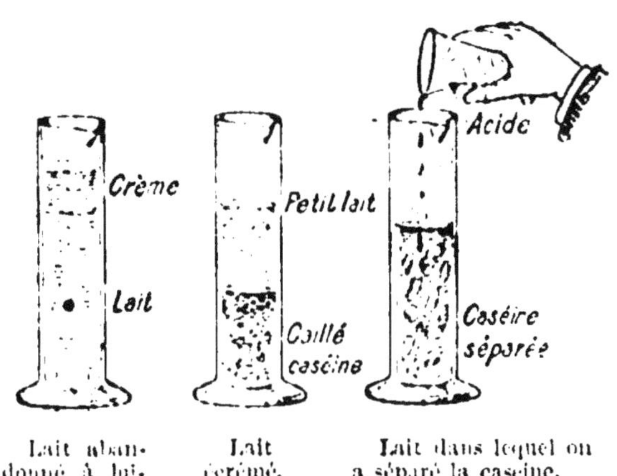

Fig. 61. — Composition du lait.

pour empêcher cette coagulation qu'il faut avoir soin de laver à l'eau bouillante et bien égoutter les vases ayant contenu du lait qui a pu aigrir. C'est pour la même raison qu'on fait bouillir le lait afin de le conserver : on détruit les germes qui produiraient la fermentation. On y ajoute encore du bicarbonate de soude pour neutraliser les acides en formation qui provoqueraient la coagulation.

L'écrémage du lait peut se faire artificiellement et plus vite au

Fig. 62. — Écrémeuse centrifuge.

En tournant rapidement, les globules de lait et de beurre, qui n'ont pas la même densité, se séparent et s'écoulent par des orifices différents.

moyen de l'écrémeuse, sorte de vase cylindrique qui, en tournant rapidement, opère la séparation de la crème.

84. Fabrication du beurre. — La crème, recueillie à la surface du lait ou au moyen de l'écrémeuse, est soumise au *barattage*.

Cette opération consiste à battre la crème pour rassembler les globules graisseux qui sont en suspension et en former le *beurre*.

On se sert d'une baratte qui peut présenter différentes formes.

Le beurre est ensuite pétri à la main ou à l'aide d'un malaxeur pour enlever le petit lait qu'il renferme encore et qui produirait une fermentation nuisible à la qualité du beurre. On le *sale* ou on le fait *fondre* pour le conserver et l'empêcher de rancir.

Fig. 63. — Fabrication du beurre.

En haut, baratte ordinaire et pétrissage du beurre ; *en bas*, baratte normande.

85. Fromages. — Les fromages sont fabriqués en faisant coaguler le lait au moyen d'un acide ou de la présure, substance acide qui provient d'une membrane de l'estomac du veau.

Si la coagulation a lieu avant l'écrémage, on a un *fromage gras* qui contient la matière grasse du lait (brie, camembert) ; si elle a lieu après, on a un *fromage maigre* (gruyère).

Les fromages sont consommés *frais* ou subissent une *fermentation* et quelquefois une *cuisson*.

Les fromages frais sont obtenus par un simple caillage de la *caséine* du lait, que l'on fait égoutter et que l'on sale, ou bien à laquelle on ajoute de la crème (fromages suisses et de Neufchâtel).

Les *fromages fermentés* subissent une fermentation due à des microbes ou à des moisissures. Ils sont *mous* (brie, camembert) ou subissent une dessiccation qui les rend *durs* (hollande, auvergne, roquefort).

Le fromage de gruyère est un *fromage cuit*.

Fig. 64. — Fabrication du fromage de gruyère.

RÉSUMÉ

81. Le lait est *consommé en nature* ou employé à la fabrication du *beurre* et du *fromage*.

82. La *plus grande propreté* doit régner dans la laiterie, car le lait s'altère facilement.

83. Le lait renferme la *crème*, substance grasse, et le petit lait qui contient la *caséine*, matière azotée.

84. Le *beurre* est fabriqué par le battage de la crème; on le fond ou on le sale, pour le conserver.

85. Le *fromage* est fabriqué en faisant coaguler le lait écrémé ou non.

QUESTIONS ET DEVOIRS : *Quelle est la composition du lait? Comment fait-on pour le conserver?*

Décrivez la fabrication du beurre et des fromages. Faites la description d'une laiterie bien installée.

✳ ✳ ✳

15ᵉ LEÇON

LA BASSE-COUR. — LES ABEILLES

Remarques et Observations. — *Visiter une basse-cour bien tenue.*

Assister à la récolte du miel et de la cire.

86. Produits de la basse-cour. — La basse-cour est une dépendance de la ferme où l'on élève les poules,

Fig. 65. — Oiseaux de basse-cour.

De gauche à droite : oie, paon, canard, dindon, pintade. Au fond : coq et poule.
En haut : pigeons autour de leur pigeonnier.

les oies, les canards, les dindons et les pigeons ; les lapins font aussi partie des animaux de basse-cour.

Tous nous donnent leur *chair,* quelques-uns leurs *œufs* et leur *plume,* les lapins, leur *peau.*

C'est une source de revenus qu'il ne faut pas négliger.

87. Installation de la basse-cour. — Cette installation exige peu de frais. On laisse souvent la volaille en liberté, mais il vaut mieux la renfermer à cause des dégâts qu'elle peut causer dans les champs, surtout à cer-

Fig. 66. — Incubation naturelle.
Poule couveuse.

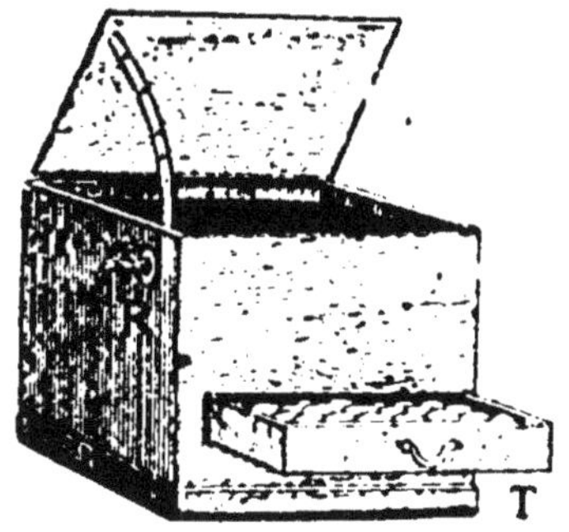

Fig. 67. — Incubation artificielle.
Couveuse artificielle.
R, robinet correspondant au réservoir d'eau chaude; T, tiroir où l'on dispose les œufs.

taines époques de l'année. Un espace assez vaste, entouré de grillage, et un *abri* muni de perchoirs et de nids pour les pondeuses suffisent à une installation convenable.

Les lapins occupent une partie séparée appelée *clapier*.

88. Élevage et nourriture de la poule. — La poule pond des œufs qu'elle couve; l'éclosion a lieu au bout de 21 jours. On emploie aussi des *couveuses artificielles* qui donnent le même résultat et qui permettent de faire éclore un plus grand nombre d'œufs à la fois.

A l'éclosion, les poussins prennent de suite leur nourriture : on leur donne, les premiers jours, une pâtée composée de mie de pain et de lait, ou de pommes de terre et de jaunes d'œuf écrasés, puis, plus tard, de grains de millet et de chènevis.

La nourriture des poules se compose surtout de *graines*, avoine, sarrasin, chènevis, de son détrempé et de pommes de terre écrasées, d'herbes et de fruits hachés. — Elles aiment une eau claire. Il faut également leur fournir des grains de sable ou gravier qu'elles avalent pour faciliter le broyage des graines dans le gésier.

89. Soins à donner. — Les poules craignent l'humidité ; le poulailler doit être tenu proprement, blanchi à la chaux pour détruire les insectes et la vermine qui envahissent facilement la volaille ; le fumier doit être enlevé fréquemment.

On évite ainsi un certain nombre de maladies qui peuvent atteindre les oiseaux de basse-cour.

90. Races de poules. — Il y a de nombreuses races de poules : les unes sont meilleures pondeuses, les autres ont une chair plus délicate et plus estimée.

Fig. 68. — Diverses races de poules.

La poule noire *commune* qui s'acclimate partout et qui n'est pas exigeante, est une bonne pondeuse ; sa chair est passable.

Les races de la *Flèche* et de la *Bresse* donnent des poulardes grasses estimées ; elles sont médiocres pondeuses.

La race de *Houdan* donne une chair excellente, celle de *Crèvecœur*, également ; elle est en outre assez bonne pondeuse.

Parmi les races étrangères, les *Cochinchinoises*, les *Dorking* sont estimées, mais exigent des soins plus délicats.

91. Oies, canards, dindons, pigeons. — L'élevage des canards exige un ruisseau, une mare, un étang qui puissent leur fournir l'eau nécessaire.

Les *oies* ont moins besoin d'eau; elles se contentent d'une nourriture herbacée et peuvent vivre au pâturage.

Le *dindon* demande des soins quand il est jeune; il redoute l'humidité et il lui faut une nourriture appropriée. A l'état adulte, il est moins délicat et s'élève facilement.

Les *pigeons* se nourrissent de graines; ils vivent par couples et produisent des pigeonneaux dont la chair est estimée.

92. Lapin. — Le *lapin* est d'un élevage facile et économique. Il se nourrit d'herbes, de légumes, de graines et de son. Le clapier doit être tenu proprement. La nourriture et les soins de propreté influent sur la qualité de la chair du lapin.

93. Les abeilles. — Le *rucher* où l'on élève les abeilles, se compose de ruches. Nous avons vu qu'il fallait donner la préférence aux ruches à cadres mobiles qui facilitent la récolte du miel et de la cire.

Les ruches doivent être abritées du vent et de la pluie, et établies à environ 0^m,50 du sol.

Les abeilles trouvent leur nourriture sur les fleurs.

Fig. 69. — Différentes espèces de ruches.
A gauche : ruches à cadres. A droite : ruches fixes.

Il faut donc que les environs du rucher soient pourvus de plantes dites *mellifères,* comme l'acacia, le sarrasin, le trèfle, la sauge.

En hiver, on supplée à cette nourriture au moyen d'une *miellée,* composée d'eau sucrée et de miel.

94. Récolte du miel et de la cire. — Cette récolte se fait une fois par an, à l'automne. On enlève les cadres mobiles, après avoir enfermé les abeilles pour éviter leurs piqûres, on détache les gâteaux de cire et on sépare le miel à la main ou au moyen d'extracteurs mécaniques.

RÉSUMÉ

86. La *basse-cour* est une dépendance de la ferme où l'on élève la volaille et les lapins.

87. Un terrain gazonné, entouré de grillage, et un abri muni de perchoirs et de nids fournissent une installation convenable.

88. La poule pond des œufs qu'elle couve et qui éclosent au bout de vingt et un jours.

89-90. La nourriture des poules se compose surtout de graines. Elles craignent l'humidité et doivent être tenues proprement.

91-92. Les *oies*, les *canards*, les *pigeons* exigent les mêmes soins et une bonne nourriture. Les *lapins* sont d'un élevage facile et économique.

93-94. L'élevage des abeilles exige des ruches et des fleurs riches en miel.

QUESTIONS ET DEVOIRS : *Comment doit être installée la basse-cour ?*

Quelles sont les principales races de poules ? Quelles sont leurs qualités ?

Dites ce que vous savez de l'élevage des oies, des canards, des pigeons.

Dites comment vous installeriez un rucher.

✷ ✷ ✷

TABLE DES MATIÈRES

DEUXIÈME PARTIE

L'HOMME ET LES ANIMAUX

TROISIÈME PARTIE

LES VÉGÉTAUX

QUATRIÈME PARTIE

COMPLÉMENTS DE PHYSIQUE

CINQUIÈME PARTIE

NOTIONS AGRICOLES

TYPOGRAPHIE FIRMIN-DIDOT ET Cⁱᵉ. — MESNIL (EURE).